전파흡수체공학

金東一 著

大英社

머리말

인간이 살고 있는 공간에는 낙뢰나 태양으로부터 오는 자연적인 전자파도 존재하며, 방송국이나 개인 휴대전화, 각종 통신장비로부터 방사되는 인공적인 전자파도 있다. 이 밖에도 각종 전기 · 전자 · 제어 · 정보처리장치 등에서 방출되는 비의도적인 방사 전자파도 있다. 따라서 현대의 전자 및 통신기술의 발달은 인간의 생활을 편리하고 윤택하게 해주는 반면, 기기의 내부 회로의 간섭은 기기 상호간의 간섭으로 인하여 기기의 오동작, 혼선 등 다양한 형태의 전자파장해를 일으키고 있으며, 전자파 유해성 등 인체에 미치는 영향에 관해서도 논란이 일고 있어서 전자파장해 문제는 심각한 사회문제로 대두되고 있다.

위와 같은 전자파장해에 대한 대책으로 차폐, 케이블링, 접지, 적합한 lay-out, 밸런싱과 필터링 등의 방법이 있지만, 불필요한 전자파를 열에너지의 형태로 변환함으로써 흡수하는 방법이 매우 효과적인 경우가 많으며, 레이다의 허상방지나 군사용의 스텔스화기술에도 전파흡수체 활용에 대한 기대가 증대되고 있다.

본서에서는 전파흡수체공학에 관한 기초이론부터 각종 전파흡수체의 설계 및 제작법, 재료정수 및 전파흡수능측정법, 전파무향실의 구성과 특성평가에 이르기까지 폭 넓은 내용을 다루고 있다. 최근 전자파환경은 악화일로에 있다고 해도 과언이 아니며, 이와 같은 열악한 전자파환경을 개선하기위한 전파흡수체의 필요성이 점점 높아지고 있다.

본서는 위의 내용을 총체적으로 다루기 위하여 전부 10장으로 구성하여 집필하였으며, 그 내용은 다음과 같다, 즉, 제1장 전파흡수체의 기초, 제2장 평면파와 전파흡수원리, 제3장 1층형 전파흡수체, 제4장 2층형 전파흡수체, 제5장 다층형 전파흡수체, 제6장 페라이트 전파흡수체, 제7장 밀리미터파 전파흡수체, 제8장 재료정수의 측정법, 제9장 전파흡수능의 측정법, 제10장 전파무향실의 특성평가로 이루어져 있다.

마지막으로 이 책의 집필을 도와준 한국해양대학교 마이크로파연구실의 최창묵, 최동한, 정재현, 최정현, 김대훈군 등 대학원생들에게 깊은 감사의 뜻을 전하며, 또한 이 책이 나오기까지 수고를 아끼지 않으신 대영사의 관계자 여러분께도 심심한 감사를 표한다. 모쪼록 전파관련분야의 전문대학, 대학학부생들은 물론 대학원생 및 현장의 기술자들에게 조금이라도 도움이 되면 큰 다행으로 생각한다.

2006년 2월

저자 김동일

차례

Contents

제 8 장 재료정수의 측정법 / 175

제 9 장 전파흡수능의 측정법 / 204

제 10 장 전파무향실의 특성평가 / 226

제 1장

전파흡수체의 기초

목표

전파흡수체의 기초

전파흡수체란 전자파의 반사를 저감시키기 위한 것으로서 본장에서는 전파흡수체의 간단한 역사와 함께 전파흡수체의 개황과 종류, 그리고 그 실현 방법에 관한 개요를 설명한다.

1-1 전파흡수체의 역사와 개황

우선 전파흡수체의 역사에 관하여 간단히 살펴보기로 한다. 전파흡수체에 관한 연구의 시작은 1930년으로 거슬러 올라간다. 당시 네덜란드 Naamlooze Vennootschap Machinerieen에서 2 GHz대의 전파흡수체에 관한 연구를 수행한 바 있다.

1945년에 군사용 전파흡수체가 개발되었으며, 이것은 그림 1-1에 나타내는 바와 같이 잠수함의 잠망경이나 부상시의 환기장치(snorkel)가 레이다에 탐지되는 것을 막기 위하여 사용되었다. 이 흡수체는 합성고무와 카보닐철, 저항피막 및 플라스틱으로 구성되는 Wesch material을 채워 넣은 구조로 이루어졌으며, 이러한 종류의 흡수체는 Jauman 흡수체라 불리워져 왔다.

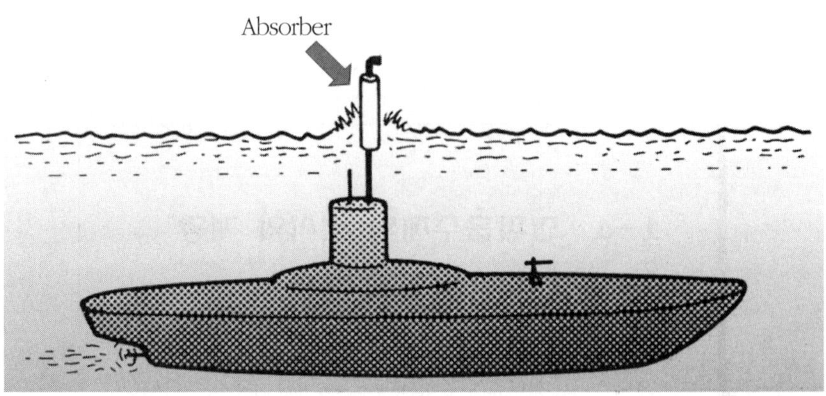

그림 1-1 전파흡수체의 최초 적용

미국의 MIT 복사연구실(Radiation Lab.)의 O. Halpen에 의하여 조직된 프로젝트에서는 응용형 전파흡수체가 개발되었으며, 이 프로젝트에서 도체판으로부터 1/4파장 전면에 377Ω의 표면저항을 가지는 저항피막을 배치한 구조를 가지는 공진형 흡수체의 일종인 Salisbury 스크린 흡수체가 개발되었다.

1953년에는 L. K. Neher에 의하여 피라미드형 전파흡수체가 개발되었으며, 이것은 오늘날에도 전파무향실 등에 널리 사용되고 있다.

이와 같이 당초에는 적의 레이다에 잠수함이나 비행기가 탐지되지 않도록 하는 등의 군사 장비면에서의 요구나 전파암실을 구축하기 위해 이용하는 것이 주된 사용 목적이었다. 그러나 근래에 들어서는 전자렌지(microwave oven)나 컴퓨터 등과 같이 우리의 주변에서 전자파가 많이 발생되고 있으며, 이들 전자기기에서 방사되는 불요전파가 다른 전자기기에 악영향을 주고 있다.

그림 1-2 각종 전파흡수체의 형상

이와 같이 전파환경이 악화일로로 가는 상황하에서 각종 전파흡수체를 필요로 하는 경우가 증가되어 오고 있다. 이외에도 전자파가 인체에 미치는 영향에 대한 관점은 최근 특히 주목되고 있으며, 전자파방해 대책용으로서의 전파흡수체의 이용은 점점 활발해지고 있다.

전파흡수체는 이와 같이 각 분야에서 널리 이용되며, 그림 1-2에 보이는 것처럼 여러가지가 있다. 이러한 전파흡수체는 다음 절에 보이는 것처럼 그 사용 목적에 어울리는 여러가지 형상이나 구성으로 이루어지지만, 크게 분류하면 특히 야외에 사용하는 박형 전파흡수체, 전파암실내에 사용하는 피라미드나 웨지(wedge) 형상 등의 다층형 전파흡수체, 또한 간이 용도의 도료형 전파흡수체 등 각양각색의 것이 실용화되어 있다.

1-2 전파흡수체의 종류

1.2.1 용도에 따른 전파흡수체의 종류

표 1-1과 표 1-2는 전파흡수체의 구체적인 용도의 예와 종류에 관하여 분류해 놓은 것이다. 이하, 이 표의 각종 전파흡수체에 관해서 간단히 설명한다.

표 1-1 전파흡수체의 용도와 구체적인 예

응용 범위	전파흡수체의 종류
레이다 허상방지 대책용 전파흡수체	• 고무-페라이트계 전파흡수체 • 고무-카본계 전파흡수체 • 저항섬유계 전파흡수체 • 금속섬유, 페라이트 다층형 전파흡수체 • FRP계 전파흡수체
전파장해방지 대책용 전파흡수체	• 페라이트계 전파흡수체 • 저항섬유계 전파흡수체 • 저항피막계 밀리미터파 전파흡수체
전파암실용 전파흡수체	• 페라이트 · 카본계 다층형 전파흡수체 • 카본계 피라미드형 전파흡수체 • 페라이트 · 저항필름 다층형 판상재 전파흡수체

표 1-2 용도에 따른 전파흡수체의 종류

용 도	구체적인 예
레이다 허상방지 대책	• 선박레이다의 허상방지－선박마스트, 교량 등 • 항공관제레이다의 허상방지－건축물(격납창고), 교량등
전파장해 방지대책	• 텔레비젼 고스트 방지대책－건축물 등 • 이동무선 장해대책－실내, 열차 등
전파무향실(암실)	• EMC측정용 전파암실 • 마이크로파용 전파흡수체 • 밀리미터파용 전파흡수체

(1) 전파장해방지 대책용 전파흡수체

최근 그림 1-3에 나타내는 바와 같이 고층 건축물에 의한 텔레비젼 고스트(ghost) 문제는 사회적 문제까지 되고 있다. 그 대책으로서 안테나의 지향성을 개선하거나 TV 수상기내에서 소거하는 방법, 또는 SHF대에 의한 재방송 등이 있지만, 결정적인 것이 없는 것이 현실이다. 이들 방법 중에서 건축의 벽면에 전파흡수체를 붙여 반사파를 적게하는 방법은 장해를 일으키고 있는 원인을 직접 없앤다는 의미에서 뛰어난 대책법이며, 이미 각 방면에서 실용화되어 있다.

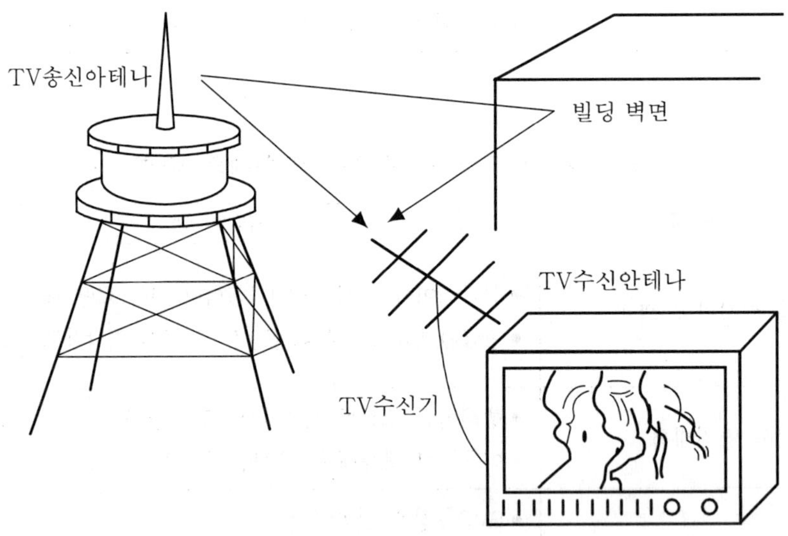

그림 1-3 TV 고스트의 발생 기구

(2) 레이다 허상방지 대책용 전파흡수체

레이다 허상(false echo)은 여러 가지 원인에 의해 발생할 수 있으나, 특히 선박의 마스트나 가시거리내의 교량으로부터의 반사에 기인하는 경우를 들 수 있다. 예를 들어 그림 1-4에 보이듯이, 대형교량이 해상에 건설된 경우 이것에 의한 선박용 X-밴드 레이다(주파수 9.375 GHz)의 전파반사에 기인한 레이다의 허상 문제가 야기되고 있다.

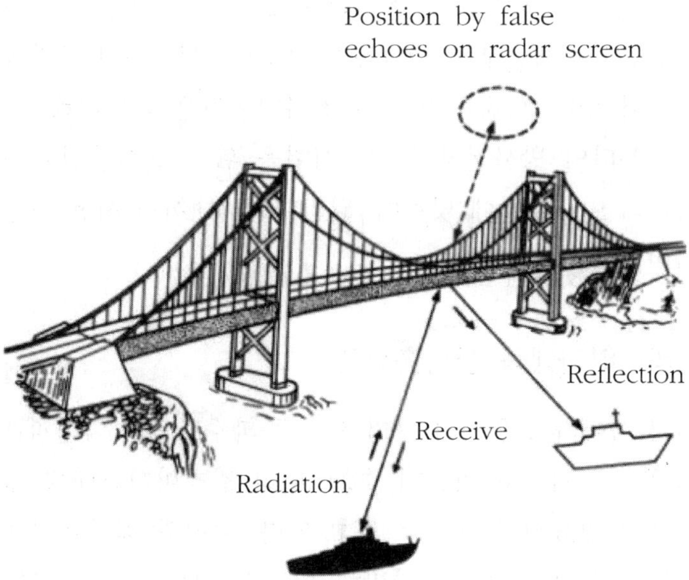

그림 1-4 레이다 허상의 발생기구

이 현상은 그림 1-4에 나타내는 바와 같이, 교량으로부터의 반사전파 때문에 선박이 없는 위치내 허상이 나타나거나, 위상관계에 따라서는 선박의 상이 잘 보이지 않게 되는 것으로, 경우에 따라서는 사고의 원인이 된다. 특히, 일본의 경우 혼슈-시코꾸(本州四國) 연락교공단에서는 이 레이다 전파장해대책을 검토하는 위원회가 발족되어, 그 성과로서 인노시마대교(因島大橋) 양측의 교량부재의 외면 약 560 m에 걸쳐 전파흡수체를 시공하였다.

(3) 전파암실용 전파흡수체

전파암실은 실내의 벽, 천정, 바닥면에 전파흡수체를 붙인 공간으로, 내부에서 발생된 전파는 벽, 천정, 바닥면에서 흡수되어 반사파가 생기지 않으므로 전파적으로 보면 무한공간과 등가가 된다. 따라서 종래로부터 안테나의 지향성 실험 등의 목적을 위해서 건설되어 왔다. 더욱이 최근의 전자파환경문제를 위해, 각종 전자기기로부터의 방사전자파 평가시험을 위한 전파암실이나 밀리미터파대의 연구개발에 맞추어, 밀리미터파대까지 사용 가능한 전파암실이 시공되고 있다.

(4) 밀리미터파대용 전파흡수체

최근 레이다나 통신기 등의 사용 주파수도 밀리미터파대의 높은 영역으로 옮겨가고 있으며, 그에 따라 밀리미터파대에 대한 전파흡수체의 필요성도 높아져 가고 있다. 이러한 배경에서 밀리미터파 전파흡수체의 연구도 활발해져서, 35 GHz대나 60 GHz대, 나아가서 94 GHz 대용 고무시트계 흡수체나 저항피막형 전파흡수체의 연구가 진행되고 있다.

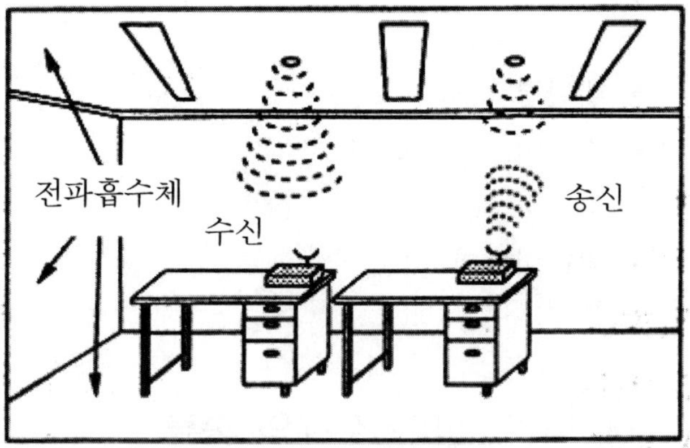

그림 1-5 무선 LAN의 실내 이미지

한 예로서 사무실이나 공장 등의 실내에서의 밀리미터파를 이용한 무선 LAN의 실내 이미지를 그림 1-5에 나타낸다. 이 경우 밀리미터파 전파흡수체를 천정이나 바닥의 벽면에 장착하여, 전파가 이들로부터 다중반사하는 것을 막아, 정보전달의 오류율(error rate)을 낮게 하고 있다. 나아가서 최근 전자파의 인체에 대한 영향에 관해서 우려하는 목소리가 높아지고 있다. 이러한 배경에서 인체의 전파흡수율(SAR ; Specific Absorption Rate)을 규명하는 연구가 이루어지고 있으며, 이러한 분야에 있어서도 전파흡수체의 역할은 중요해져 왔다.

이상과 같이 전파흡수체는 각 방면에서 사용되고 있지만, 전파흡수체에 요구되는 성능으로서, 현재 진행되어지고 있는 것을 포함하여 열거하면 다음과 같다.

- 박형, 경량
- 내환경 성능
- 광대역, 광각도 성능
- 양편파 대응
- 밀리미터파 대응

1.2.2 구조에 따른 전파흡수체의 종류

전파흡수체는 다양한 구조의 것들이 있지만, 여기서는 대표적인 몇 가지를 그림 1-6에 나타낸다.

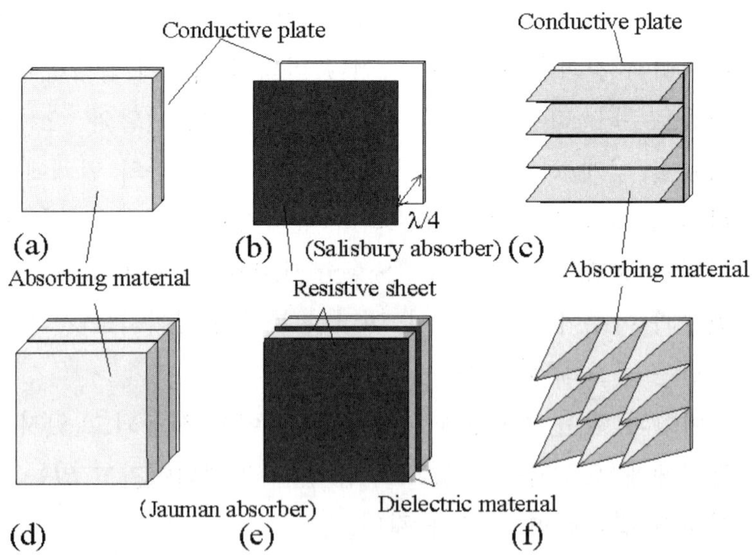

그림 1-6 구조에 따른 전파흡수체의 종류

1.2.3 주파수 특성에 따른 전파흡수체의 종류

전파흡수체를 주파수 특성에 따라 분류하면, 그림 1-7(a)와 같이 특정의 협대역에서만 허용치 이내의 반사를 일으키는 협대역형(narrow band type), 하한 주파수 (f_L)이상의 전파를 흡수할 수 있는 그림 1-7(c)의 초광대역형(ultra-broad band type) 및 (a)와 (c)의 중간에 해당되는 그림 1-7(b)의 광대역형(broad band type)이 있다.

한편, 전파흡수체의 반사계수를 dB단위, VSWR 및 전파 전력으로 환산하여 비교하면 표 1-3과 같다.

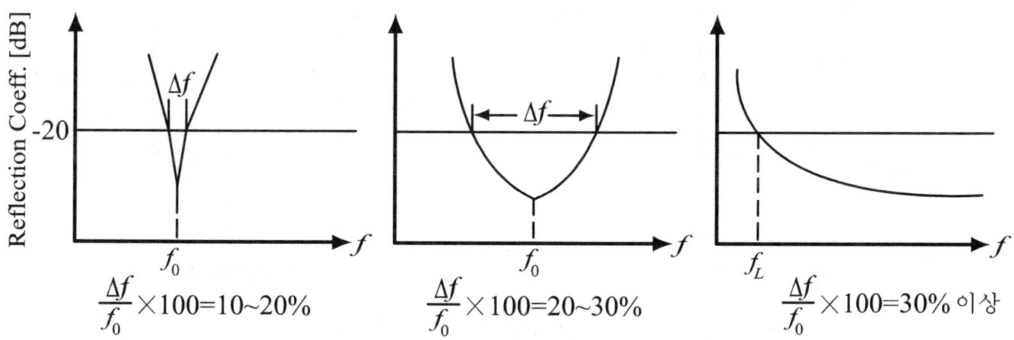

(a) narrow band type (b) broad band type (c) ultra-broad band type

그림 1-7 주파수특성에 따른 전파흡수체의 종류

표 1-3 전파흡수체의 반사계수

반사계수(dB)	전계에 의한 반사계수(S)	VSWR	전파전력에 의한 반사계수(Sp)
-20 dB	0.1	1.2	0.01
-30 dB	0.03	1.06	0.001

1.2.4 전파흡수 원리에 따른 종류

전파흡수체는 그 흡수원리에 따라 그림 1-8(a)와 같이 금속판 위에 전파흡수체를 밀착하여 부착시킨 밀착형과 (b)와 같이 금속판의 전면으로 $\lambda/4$ 이격시켜서 저항피막 또는 손실재를 장착한 $\lambda/4$ 이격형으로 분류될 수 있다.

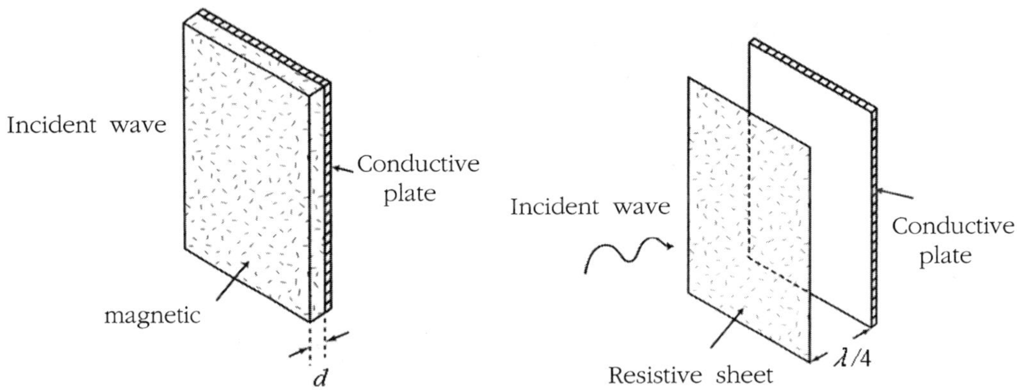

(a) 밀착형 (b) $\lambda/4$ 이격형

그림 1-8 전파흡수 원리에 따른 종류

1-3 전파흡수체의 실현

전파흡수체는 일반적으로 그림 1-9에 나타내는 바와 같이 크게 4단계의 프로세스를 거쳐 실현된다. 즉, 우선 각종 재료의 전기적 특성(복소유전율, 복소투자율)을 측정하고 사용재료를 선택한다.

다음에 그 재료를 사용하여 전파흡수체가 실현 가능한가 어떤가에 대해서 이론적으로 검토한다. 그리고 만약 그 재료를 사용하여 이론적으로 전파흡수체가 실현이 가능한 경우, 구체적으로 두께 등을 설계하고 그 제원에 기초해서 제조한다. 마지막으로, 제조한 전파흡수체의 흡수특성을 측정하고 이론치와 비교 검토하는 등 특성을 평가한다. 이와 같이 전파흡수체가 실현되기까지에는 각종 측정법이나 계산기를 구사한 시뮬레이션을 수행하지 않으면 안되며, 여러 종류의 기술과제가 포함되어 있다. 특히, 고손실재료의 고정도 복소유전율이나 복소투자율의 측정에는 여러 가지의 오차가 포함되는 경우가 많고, 이 측정결과에 포함된 오차가 나중에까지 제작한 전파흡수체의 특성에 영향을 준다. 또, 이후 전파흡수체의 특성은 흡수량을 사용하여 나타내지만, 이 흡수량은 완전반사체인 금속판으로부터의 반사레벨에 대해서 기하학적으로 같은 면적의 전파흡수체로부터의 반사레벨이 어느 정도 저하하느냐에 의해 정의된다.

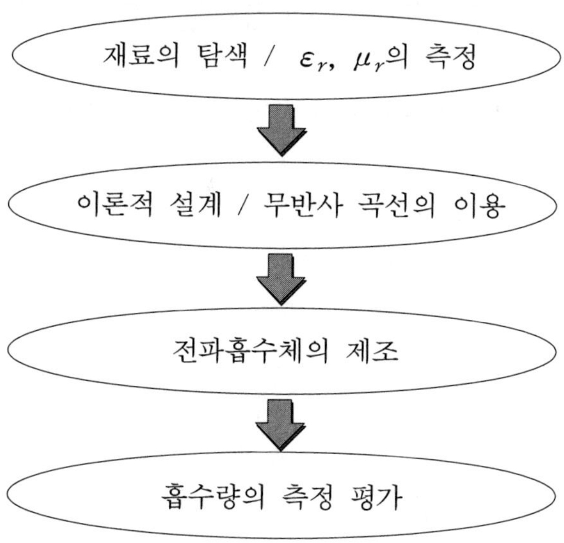

그림 1-9 전파흡수체의 실현 프로세스

그림 1-10은 그 모습을 나타낸 것이다. 또 측정에 있어서 그 측정계에서 어느 정도의 흡수량을 평가할 수 있는가의 기준으로서, 시료가 전혀 존재하지 않을 경우의 시료 지지대로부터의 반사 레벨과 금속판과의 레벨차를 사용하며, 이것을 그 측정계의 측정가능 범위라고 부르고 있다.

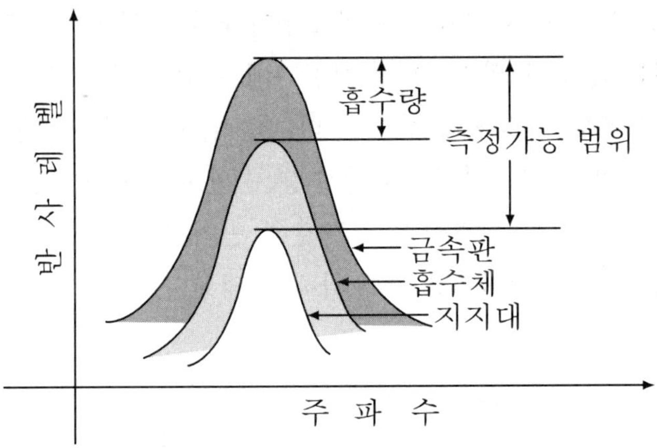

그림 1-10 흡수량과 측정가능 범위

참고문헌

1. 內藤 喜之, 電波吸收体, オーム社, 1987.
2. 淸水 康庚 外, 電磁波の吸收と遮蔽, 日經技術圖書株式會社, 1989.
3. 橋本 修, 電波吸收体入門, 森北出版株式會社, 1997.
4. 淸水 康庚, 杉浦 行, 電磁妨害波の基本と對策, コロナ社, 1995.

제2장

평면파와 전파흡수원리

목표

평면파와 전파흡수원리

전파흡수체의 전파흡수원리나 설계법을 이해하기 위해서는 공간을 전파(伝播)하는 평면파에 관한 기초적 지식이 필요하다. 또한, 평면파의 해는 전송선(분포정수)이론의 해와 완전 대응관계에 있으므로, 등가적으로 전송선이론으로 접근하면 물리적인 이해에 도움이 될 것이다. 따라서, 본장에서는 전송선이론과 함께 평면파의 전파에 대한 편파의 개념과 사입사특성의 해석에 관하여 설명한다.

2-1 평면파와 전송선 이론

2.1.1 평면파

(1) 기본적인 평면파

그림 2-1에 나타내는 바와 같이 전자파원으로부터 공간에 방사된 전자파는 공간을 전파함에 따라 위상면이 직선상인 평면파로 된다. 여기서는, z-방향으로 전파하는 평면파에 관해서, 다음의 맥스웰방정식으로부터 그 전자계를 검토해 보자.

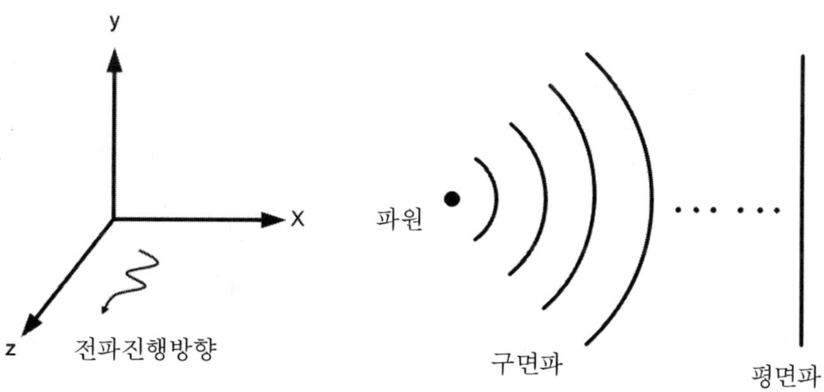

그림 2-1 평면파와 등위상면

$$\nabla \times \boldsymbol{E} = -\mu_0 \frac{\partial \boldsymbol{H}}{\partial t} \tag{2.1}$$

$$\nabla \times \boldsymbol{H} = \varepsilon_0 \frac{\partial \boldsymbol{E}}{\partial t} \tag{2.2}$$

즉, z-방향으로 전파하는 평면파이기 때문에, $\frac{\partial}{\partial t}$ 및 $\frac{\partial}{\partial z}$ 이외는 0(zero)인 것을 고려하면, 식 (2.1)은 다음의 두 개의 스칼라 방정식으로 분해될 수 있다.

$$\frac{\partial E_y}{\partial z} = \mu_0 \frac{\partial H_x}{\partial t} \tag{2.3}$$

$$\frac{\partial E_x}{\partial z} = -\mu_0 \frac{\partial H_y}{\partial t} \tag{2.4}$$

같은 방법으로 식 (2.2)에 관해서도 다음의 두 개의 스칼라 방정식이 얻어진다.

$$-\frac{\partial H_y}{\partial z} = \varepsilon_0 \frac{\partial E_x}{\partial t} \tag{2.5}$$

$$\frac{\partial H_x}{\partial z} = \varepsilon_0 \frac{\partial E_y}{\partial t} \tag{2.6}$$

여기서, ε_0와 μ_0는 각각 자유공간의 유전율과 투자율이다.

이 식 (2.3)과 식 (2.6)으로부터 H_x 및 식 (2.4)과 식 (2.5)로부터 E_x를 각각 소거하고 E_y 및 H_y에 관한 1차원 파동방정식이 얻어진다. 여기서, E_y에 관한 파동방정식을 고려하면 식(2.7a)와 같이 구해진다.

$$\frac{\partial^2 E_y}{\partial z^2} = \mu_0 \frac{\partial}{\partial z} \frac{\partial H_x}{\partial t} = \varepsilon_0 \mu_0 \frac{\partial^2 E_y}{\partial t^2} \tag{2.7a}$$

가령 E_y에 관한 파동방정식 (2.7a)의 해를 구하면 전계 E_y가 구해진다. 즉, 시간인자를 $e^{j\omega t}$라 하고, 이것을 식(2.7a)에 대입하면 식 (2.7b)와 같이 E_y에 관한 2계의 선형 미분방정식이 얻어진다.

$$\frac{\partial^2 E_y}{\partial z^2} + \omega^2 \varepsilon_0 \mu_0 E_y = 0 \tag{2.7b}$$

여기서, 전파정수 γ_0를 $\gamma_0 = \omega\sqrt{\varepsilon_0 \mu_0}$라 놓으면, 식 (2.7b)의 해는 다음과 같이 진행파 $E^+ e^{-\gamma_0 z}$와 후진파 $E^- e^{\gamma_0 z}$의 선형결합으로서 나타낼 수 있지만, 여기서는 그림 2-2(a)와 같이 +z 방향으로 전파하는 파(수직편파)를 고려하고 있기 때문에, 진행파($E^+ e^{-\gamma_0 z}$)만을 선택한다. 또, $\gamma_0 = j\omega\sqrt{\varepsilon_0 \mu_0}$ 라 놓으면

$$E_y = (E^+ e^{-\gamma_0 z} + E^- e^{\gamma_0 z}) e^{j\omega t} \tag{2.8}$$

이 된다. 이 E_y성분을 식 (2.3)에 대입하면 H_x성분도 다음과 같이 도출될 수 있다.

$$H_x = -\frac{\gamma_0}{j\mu_0 \omega} E^+ e^{-\gamma_0 z} e^{j\omega t} = -H^+ e^{-\gamma_0 z} e^{j\omega t} \tag{2.9}$$

더욱이, 이러한 평면파의 전계성분과 자계성분에 관해서, 그 방향도 고려하여 비를 구하면

$$Z_0 = \frac{E_y}{H_x} = \frac{j\mu_0 \omega}{\gamma_0} = \sqrt{\frac{\mu_0}{\varepsilon_0}} \tag{2.10}$$

으로 일정한 값이 된다. 자유공간에서 이 값은 약 377Ω이 되며, 파동임피던스라 불리워진다. 같은 프로세스에 따라 H_y에 관한 1차원의 파동방정식도 해석이 가능하고, 이렇게 하면 그림 2-2(b)에 나타낸 H_y와 E_x성분을 가지는 평면파(수평편파)에 관해서도 해를 구할 수 있다.

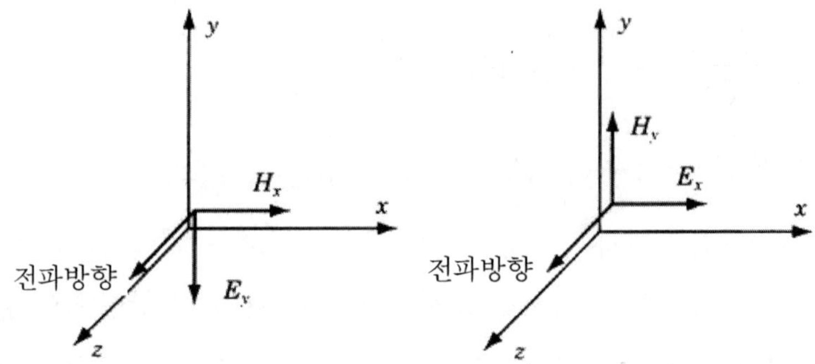

(a) 수직편파 (b) 수평편파

그림 2-2 평면파의 전자계성분

(2) 손실이 있는 일반 매질내에서의 평면파

전파흡수체와 같이 손실이 있는 매질의 영향을 고려하여 보자. 만일 매질이 도전율 σ를 갖는 도체이면, 식 (2.1)과 식 (2.2)의 맥스웰방정식은 다음과 같이 쓸 수 있다.

$$\nabla \times \boldsymbol{E} = -j\omega\mu \boldsymbol{H} \tag{2.11a}$$

$$\nabla \times \boldsymbol{H} = -j\omega\varepsilon \boldsymbol{E} + \sigma \boldsymbol{E} \tag{2.11b}$$

$\boldsymbol{E}$에 대한 파동방정식은

$$\nabla^2 \boldsymbol{E} + \omega^2 \mu\varepsilon\left(1 - j\frac{\sigma}{\omega\varepsilon}\right) \boldsymbol{E} = 0 \tag{2.12}$$

가 된다. 이 때 매질에 대한 복소 전파정수 γ는 다음과 같이 정의된다.

$$\gamma = \alpha + j\beta = j\omega\sqrt{\mu}\sqrt{1 - j\frac{\sigma}{\omega\varepsilon}} \tag{2.13}$$

x와 y방향에서 일정하고, $\hat{\boldsymbol{x}}$성분만을 갖는 전계를 가정하면 식 (2.12)의 파동방정식은

$$\frac{\partial^2 E_x}{\partial z^2} - \gamma^2 E_x = 0 \tag{2.14}$$

로 표현되며, 이 방정식의 해는

$$E_x(z) = E^+ e^{-\gamma z} + E^- e^{\gamma z} \tag{2.15}$$

따라서 $+z$ 방향으로 전파하는 파가 갖는 전파정수의 형태는

$$e^{-\gamma z} = e^{-\alpha z} e^{-j\beta z} \tag{2.16a}$$

이를 시변계로 나타내면 다음 식과 같다.

$$e^{-\gamma z} = e^{-\alpha z} \cos(\omega t - \beta z) \tag{2.16b}$$

위 식은 위상속도 $v_p = \omega/\beta$, 파장 $\lambda = 2\pi/\beta$와 지수함수적인 감쇠정수 α를 갖고 $+z$ 방향으로 진행하는 파를 나타냄을 알 수 있다. 식 (1.59)의 부의 방향으로 진행하는 파는 유사하게 $-z$ 방향을 따라 진행하면서 감쇠한다. 만일 손실이 없다면, $\sigma = 0$ 이므로 $\gamma = jk$ 이며 따라서 $\alpha = 0$, $\beta = k$ 가 된다.

손실항은 복소유전율을 사용하여 취급하면 편리하다. 따라서 식 (1.57)에서 $\sigma = 0$, $\varepsilon = \varepsilon' - j\varepsilon''$이라 놓으면

$$\gamma = j\omega\sqrt{\mu\varepsilon} = j\omega\sqrt{\mu\varepsilon'}\,(1 - j\tan\delta) \tag{2.17}$$

여기서, $\tan\delta = \frac{\varepsilon''}{\varepsilon'}$는 매질의 손실탄젠트(loss tangent)라 한다.

이와 연관된 자계는 다음과 같이 구해진다.

$$H_y = \frac{j}{\omega\mu}\frac{\partial E_x}{\partial z} = \frac{-j\gamma}{\omega\mu}(E^+ e^{-\gamma z} - E^- e^{\gamma z}) \quad (2.18)$$

무손실의 경우와 같이, 파동임피던스 η는 전계와 자계 사이의 관계로부터 정의될 수 있으며

$$\eta = \frac{j\omega\mu}{\gamma} \quad (2.19)$$

따라서 식 (1.62)는 다음 식으로 다시 쓸 수 있다.

$$H_y = \frac{1}{\eta}(E^+ e^{-\gamma z} - E^- e^{\gamma z}) \quad (2.20)$$

2.1.2 분포정수선로

그림 2-3은 단위길이당 저항 R[Ω/m], 인덕턴스 L[H/m], 용량 C[F/m], 컨덕턴스 G[S/m]를 가지는 분포정수선로의 미소구간 dz에 대한 등가회로를 나타내고 있다. 지금 이 회로에 있어서, 전류는 1-1′단에서 2-2′단 방향으로 흐르는 것으로 하고, 1-1′단에서의 전압과 전류를 V 및 I, 또 2-2′단에서의 전압과 전류를 각각 $V+dV$, $I+dI$라 한다. 이 경우, 양단자간의 소자값을 써서 전압과 전류는 다음과 같이 나타낼 수 있다.

$$V = (R + j\omega L)dzI + (V + dV) \quad (2.21)$$

$$I = (G + j\omega C)dz(V + dV) + (I + dI) \quad (2.22)$$

더욱이 dz, dV 및 dI가 극히 작은 것을 고려하면 다음 식이 얻어진다.

$$\frac{dV}{dz} = -(R + j\omega L)I \tag{2.23}$$

$$\frac{dI}{dz} = -(G + j\omega C)V \tag{2.24}$$

이들 식 (2.23) 및 (2.24)는 전송선로방정식(transmission line or telegrapher's equation)이라 불리운다.

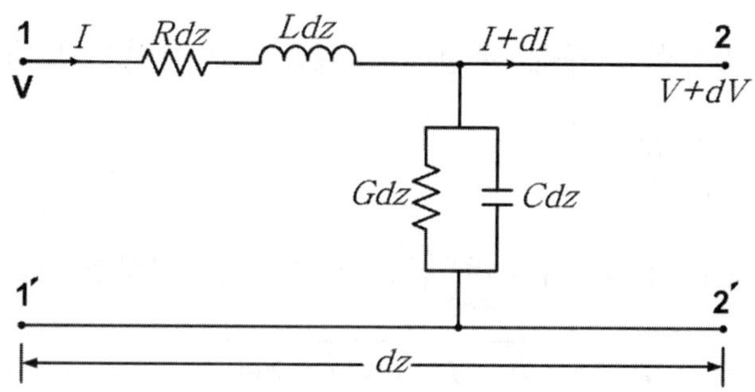

그림 2-3 분포정수선로(미소구간)의 등가회로

나아가서, 이것들의 양변을 z로 미분한 연립 방정식에 관해서 전압 또는 전류의 한쪽을 소거하면, 다음의 파동방정식 형태의 V 또는 I에 관한 2계선형 미분방정식(파동방정식)을 얻을 수 있다.

$$\frac{d^2V}{dz^2} = (R + j\omega L)(G + j\omega C)V \tag{2.25}$$

$$\frac{d^2I}{dz^2} = (R + j\omega L)(G + j\omega C)I \tag{2.26}$$

그리고, 이 미분방정식을 풀면, 일반적으로 잘 알려진 전압, 전류의 기본식을 유도할 수 있다.

$$V = V^{+}e^{-\dot{\gamma}z} + V^{-}e^{+\dot{\gamma}z} \tag{2.27}$$

$$I = \frac{V^{+}}{\dot{Z}_C}e^{-\dot{\gamma}z} - \frac{V^{-}}{\dot{Z}_C}e^{+\dot{\gamma}z} \tag{2.28}$$

여기서 V^{+} 및 V^{-}는 진폭계수이고, 첨자는 z의 정방향 및 부방향으로 전송되는 파를 나타내고 있다. 또, $\dot{Z}_c$는 이 선로의 특성임피던스이며, 미분방정식을 푸는 과정에서 다음식과 같이 유도할 수 있다.

$$\dot{Z}_c = \sqrt{\frac{R + j\omega L}{G + j\omega C}} \tag{2.29}$$

더욱이 $\dot{\gamma}$ 는 전파정수이며, 감쇠 정수를 α, 위상정수를 β로 놓으면

$$\dot{\gamma} = \alpha + j\beta = \sqrt{(R + j\omega L)(G + j\omega C)} \tag{2.30}$$

으로 나타낼 수 있다.

2.1.3 전송선이론과 평면파의 대응

이상 설명한 분포정수선로의 해와 뒤의 2.2절에서 맥스웰방정식으로부터 도출한 평면파의 해를 대응시켜보자. 즉, 식 (2.27)~식 (2.30) 및 식 (2.13)~식 (2.14)는 같은 형태이고, 평면파의 해인 식 (2.15), (2.18), (2.19) 및 (2.17)과 분포정수선로의 해인 식 (2.27)~(2.30)은 같은 형태를 취하고 있다. 따라서, <전압과 전류> 및 <전계와 자계> 사이에는 표 2-1에 나타내는 대응관계가 있고, 평면파를 해석할 때에는 분포정수선로로 치환해서 검토할 수 있음을 알 수 있다.

표 2-1 평면파와 분포정수 선로의 대응

$V \longleftrightarrow E$	$R \longleftrightarrow \omega\mu''$	$L \longleftrightarrow \mu'$
$I \longleftrightarrow H$	$G \longleftrightarrow \sigma + \omega\varepsilon''$	$C \longleftrightarrow \varepsilon'$

나아가서, 이들의 대응관계로부터 평면파의 파동임피던스, 전파정수에 관해서 살펴보면 식 (2.19)에 의하여 분포정수선로에서의 특성임피던스가 구해지므로 이것에 대응하도록 표 2-1을 참고하여 매질의 각 전기적인 정수를 대입하면

$$\dot{Z}_c = \sqrt{\frac{\omega\mu'' + j\omega\mu'}{(\sigma + \omega\varepsilon'') + j\omega\varepsilon'}}$$

$$= \sqrt{\frac{j\omega(\mu' - j\mu'')}{j\omega\left\{\varepsilon' - j(\varepsilon'' + \frac{\sigma}{\omega})\right\}}} = \sqrt{\frac{\mu' - j\mu''}{\varepsilon' - j(\varepsilon'' + \frac{\sigma}{\omega})}} \tag{2.31}$$

로 나타낼 수 있다. 더욱이 식 (2.44)에 나타내는 것처럼 $\varepsilon'' + \frac{\sigma}{\omega}$ 를 ε''으로, 즉

$$\varepsilon'' + \frac{\sigma}{\omega} \rightarrow \varepsilon'' \tag{2.32}$$

로 치환하면, $\dot{Z}_c$는 식 (2.33)과 같이 고쳐쓸 수 있고, 선로의 특성임피던스 $\dot{Z}_c$는 앞에 나타낸 평면파의 파동임피던스가 된다.

$$\dot{Z}_c = \sqrt{\frac{\mu' - j\mu''}{\varepsilon' - j\varepsilon''}} = \sqrt{\frac{\mu}{\varepsilon}} \tag{2.33}$$

또 선로의 전파정수에 관해서도, ε''에 이미 바꾸어 놓은 식 (2.32)을 사용하면,

$$\dot{\gamma} = \sqrt{(\omega\mu'' + j\omega\mu')(\omega\varepsilon'' + j\omega\varepsilon')}$$
$$= \sqrt{(j\omega)^2(\mu' - j\mu'')(\varepsilon' - j\varepsilon'')} = j\omega\sqrt{\dot{\varepsilon}\dot{\mu}} \qquad (2.34)$$

가 되며, 평면파에서의 전파정수와 같게 됨을 알 수 있다.

2.1.4 전송선이론의 응용

공간을 전파하는 평면파에 대응하는 해석이 전송선이론으로 단순화할 수 있다는 사실로 부터, 평면파가 복수의 경계를 통과하는 경우에도 그 반사나 투과의 문제를 전송선이론을 응용하여 해석할 수 있게 된다. 이하, 그 경우의 기초가 되는 전송선로상에서의 임피던스에 관해서 검토 한다.

(1) 경계가 2개인 경우

전파가 2개의 경계를 통과할 때의 전송선 모델을 그림 2-4(a)에 나타낸다. 이 전송선모델은 특성임피던스가 Z_0 및 $\dot{Z}_L$의 무한장 선로 A, C에 끼어 있고, 선로장 d_1의 선로 B_1이 접속되어 있는 모습을 나타내고 있다. 이와 같은 선로에서 선로 C가 무한히 긴 것을 고려하면 그림 2-4(b)처럼 종단에 선로 C의 특성 임피던스 $\dot{Z}_L$가 부하로서 접속된 형태로 치환된다. 이 때 이 등가회로에서 접속면 1-1´단으로부터 d_1만큼 좌측의 위치의 접속면 0-0′에

있어서, 오른쪽의 종단측을 들여다 본 임피던스 $\dot{Z}_1$은 선로 B_1의 특성임피던스 $\dot{Z}_{c1}$ 및 전파정수 $\dot{\gamma}_{c1}$을 사용하여

$$\dot{Z}_1 = \dot{Z}_{c1} \frac{\dot{Z}_L + \dot{Z}_{c1} \tanh \dot{\gamma}_{c1} d_1}{\dot{Z}_{c1} + \dot{Z}_L \tanh \dot{\gamma}_{c1} d_1} \tag{2.35}$$

로 나타낼 수 있다. 그리고 이 $\dot{Z}_1$을 사용하여 선로상의 접속면 0-0′에서의 반사나 투과의 문제를 취급할 수 있으며, 이와 같은 사고 방식은 후술하는 1층형 전파흡수체의 설계에 응용된다

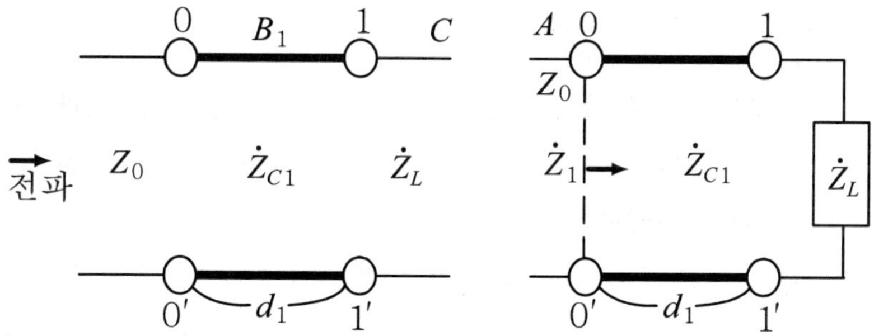

(a) 3종류의 선로의 접속 (b) 등가회로

그림 2-4 2경계가 존재하는 경우

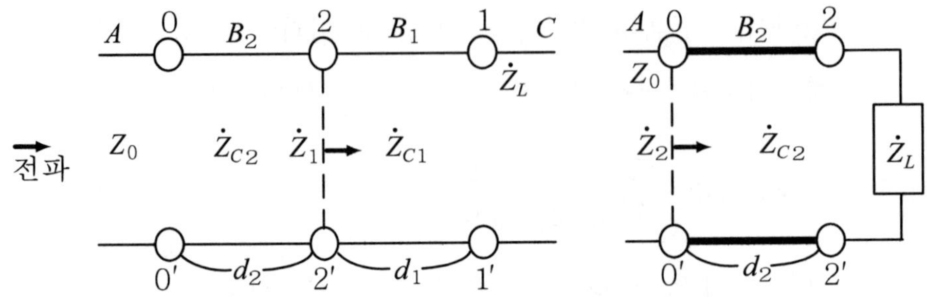

(a) 4종류의 선로의 접속 (b) 등가회로

그림 2-5 3경계가 존재하는 경우

(2) 경계가 3개 이상인 경우

전송선이론을 응용하면 경계가 3개 이상인 경우에 관해서도 취급이 가능하다. 일례로서 전파가 경계를 통과할 때의 전송선 모델을 그림 2-5(a)에 보인다.

이 모델은 특성 임피던스가 왼쪽부터 차례로 Z_0, $\dot{Z}_{c2}$, $\dot{Z}_{c1}$, $\dot{Z}_L$인 4종류의 선로(A, B_2, B_1, C)가 접속되어 있는 경우로서, A, C의 선로 길이가 무한, 그리고 B_1, B_2의 선로는 d_1, d_2의 유한한 길이를 가진다고 하자. 이 때, 그림 2-5의 2-2′단에서 우측(종단측)을 들여다 본 임피던스 $\dot{Z}_1$은 식 (2.35)와 같은 방법으로 구할 수 있기 때문에, 이 선로모델은 $\dot{Z}_1$을 부하로 접속한 그림 2-5(b)처럼 등가회로로 간략화할 수 있다. 그리고 이 간략화한 모델을 사용하면 앞에 나타낸 경계가 2개인 경우와 같기 때문에 식 (2.35)를 적용해서 접속면 2-2′단으로부터 d_2의 위치에 있는 접속면 0-0′로부터 들여다본 임피던스 $\dot{Z}_2$를 계산할 수 있다. 이와같이, 여기서는 3경계의 경우에 관해서 설명했지만, 보다 더 경계가 다수 존재하는 경우에도 이 방법을 반복함으로써 순차적으로 경계의 수를 줄일 수 있고, 임피던스의 계산을 용이하게 할 수 있다. 또 이 사고방식은 후술하는 다층형 전파흡수체의 설계에 응용할 수 있다. 또 그림 2-6에서 보듯이 선로 중에 임피던스 $\dot{Z}_S$의 소자가 병렬로 접속되어 있는 경우에는 이 부분의 선로길이가 0인 경우로 간주되기 때문에 1-1′단으로부터 오른쪽의 종단측을 들여다본 임피던스 $\dot{Z}_1$은 $\dot{Z}_S$와 $\dot{Z}_L$의 병렬접속으로 생각할 수 있다. 그리고 선로 B_1의 임의의 장소로부터 들여다 본 임피던스를 구하는 선로해석에 있어서는, 다음의 식 (2.36)에 보이는 임피던스 $\dot{Z}_1$이 종단에 부하로서 접속되어져 있다고 생각하면 된다. 또 이 사고방식은 7-2절에서 설명하는 저항피막형 전파흡수체의 설계에 응용된다.

$$\dot{Z}_1 = \frac{\dot{Z}_S \dot{Z}_L}{\dot{Z}_S + \dot{Z}_L} \tag{2.36}$$

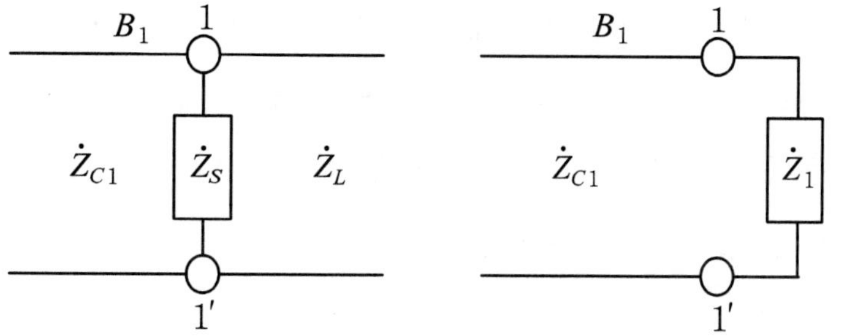

그림 2-6 소자가 병렬접속된 경우

2-2 전파에너지의 흡수원리

평면파가 자유공간을 전파하는 경우에는 거의 감쇠하지 않지만, 그림 2-7에서 보듯이 손실유전체나 손실자성체와 같은 매질을 전파하는 경우에는 그 재료의 전기적 특성에 따라 크게 감쇠한다. 즉, 손실 매질에서는 유전율 및 투자율이 $\dot{\varepsilon}=\varepsilon'-j\varepsilon''$및 $\dot{\mu}=\mu'-j\mu''$도 복소수가 되고, 또 도전율 σ가 유한한 값을 가지고 있기 때문에 맥스웰방정식은 식 (2.3)~식 (2.6)에 대응해서 다음과 같은 스칼라 방정식으로 분해할 수 있다.

$$\frac{\partial E_y}{\partial z}=\dot{\mu}\frac{\partial H_x}{\partial t} \tag{2.37}$$

$$\frac{\partial E_x}{\partial z}=-\dot{\mu}\frac{\partial H_y}{\partial t} \tag{2.38}$$

$$-\frac{\partial H_y}{\partial z}=\sigma E_x+\dot{\varepsilon}\frac{\partial E_x}{\partial t} \tag{2.39}$$

$$\frac{\partial H_x}{\partial z}=\sigma E_y+\dot{\varepsilon}\frac{\partial E_y}{\partial t} \tag{2.40}$$

일례로서 이 스칼라 방정식 (2.38) 및 식 (2.39)로부터 H_y성분을 소거하고, 이것으로부터 얻어지는 식 (2.5)의 E_x에 관한 파동방정식을 풀이하여 수평편파에 관한 전자파의 감쇠 상태를 알 수 있다.

$$\frac{\partial^2 E_x}{\partial z^2}=\sigma\dot{\mu}\frac{\partial E_x}{\partial t}+\dot{\varepsilon}\dot{\mu}\frac{\partial^2 E_x}{\partial t^2} \tag{2.41}$$

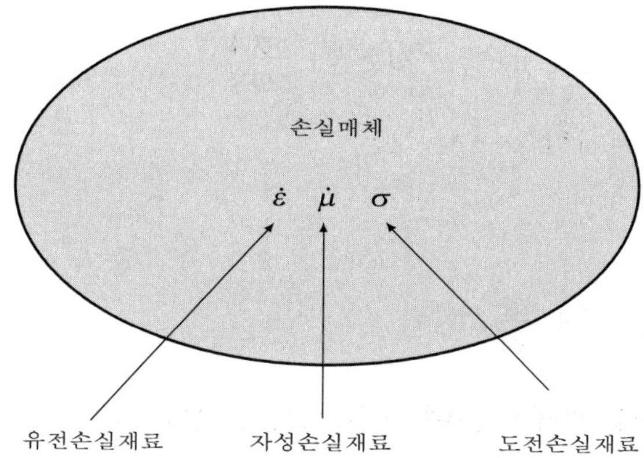

그림 2-7 손실매질

이를 위하여 다음의 $n^2 = \omega^2 \dot{\varepsilon}\, \dot{\mu} - j\omega\sigma\, \dot{\mu}\,(=-\gamma^2)$라 두고, 또한 편의상 $n^2 = (\beta - j\alpha)^2$라고 복소수로 정의하면, 이 파동방정식은 다음과 같이 표현된다.

$$\frac{\partial^2 E_x}{\partial z^2} + n^2 E_x = 0 \tag{2.42}$$

여기서, β 및 α는 각각 위상정수 및 감쇠정수라 불리우며, 전자파의 감쇠에는 이 α가 크게 영향을 준다. 일례로서 앞에서 나타낸 바와 같이 $\dot{\varepsilon}$과 $\dot{\mu}$가 모두 실수, σ가 0인 경우에는 α는 0이 되어 전자파는 감쇠하지 않는다. 또 $\dot{\varepsilon} = \varepsilon' - j\varepsilon''$, μ(실수) 및 $\sigma = 0$인 경우에는 n^2은 식 (2.43)이 된다

$$n^2 = \omega^2 \dot{\varepsilon}\mu \tag{2.43}$$

$$\begin{aligned} n^2 &= \omega^2\varepsilon'\mu - j\omega^2\mu\left(\varepsilon'' + \frac{\sigma}{\omega}\right) \\ &= \omega^2\varepsilon'\mu - j\omega^2\mu\varepsilon_t \end{aligned} \tag{2.44}$$

여기서

$$\varepsilon_t = \varepsilon'' + \frac{\sigma}{\omega}$$

이다. 이것을 α에 관해서 풀면 다음 식으로 나타내어지고, ε''이 존재함으로써 α는 유한의 값이 되어 전자파는 감쇠하게 된다.

$$\alpha = \sqrt{\frac{\omega^2\varepsilon'\mu}{2}}\left\{\sqrt{1+\left(\frac{\varepsilon''}{\varepsilon'}\right)^2}-1\right\}^{\frac{1}{2}} \tag{2.45}$$

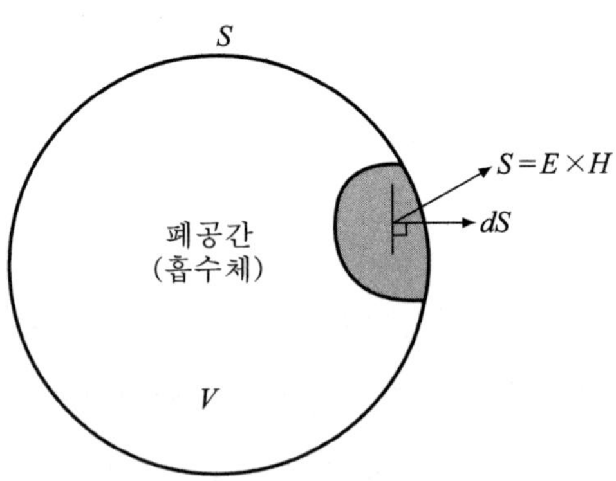

그림 2-8 에너지의 흡수

에너지의 흡수원리를 그림 2-8에 나타내는 폐영역 V에서 생각한다. 즉, 포인팅 벡터의 시간 평균치 $\langle S \rangle$를 구하기 위해서, $\boldsymbol{E}$, $\boldsymbol{H}$의 시간항을 $e^{j\omega t}$라고 두면,

$$\boldsymbol{E} = Re[\,\boldsymbol{E}e^{jwt}] = \frac{1}{2}\{\,\boldsymbol{E}e^{jwt} + (\,\boldsymbol{E}e^{jwt})^*\} = \frac{1}{2}(\,\boldsymbol{E}e^{jwt} + \boldsymbol{E}^*e^{-jwt})$$

$$= \frac{1}{2}(\,\boldsymbol{E}e^{j\frac{2\pi}{T}t} + \boldsymbol{E}^*e^{-j\frac{2\pi}{T}t}) \qquad (2\text{-}46)$$

$$\boldsymbol{H} = Re[\,\boldsymbol{H}e^{jwt}] = \frac{1}{2}\{\,\boldsymbol{H}e^{jwt} + (\,\boldsymbol{H}e^{jwt})^*\} = \frac{1}{2}(\,\boldsymbol{H}e^{jwt} + \boldsymbol{H}^*e^{-jwt})$$

$$= \frac{1}{2}(\,\boldsymbol{H}e^{j\frac{2\pi}{T}t} + \boldsymbol{H}^*e^{-j\frac{2\pi}{T}t}) \qquad (2\text{-}47)$$

로 나타낼 수 있으며, 이것을 이용해서 $\boldsymbol{E} \times \boldsymbol{H}$는

$$\boldsymbol{E} \times \boldsymbol{H} = \frac{1}{4}(\,\boldsymbol{E} \times \boldsymbol{H}e^{j\frac{4\pi}{T}t} + \boldsymbol{E}^* \times \boldsymbol{H}^*e^{-j\frac{4\pi}{T}t} + \boldsymbol{E} \times \boldsymbol{H}^* + \boldsymbol{E}^* \times \boldsymbol{H}\,)$$

$$(2.48)$$

로 된다. 따라서, 이 $\boldsymbol{E} \times \boldsymbol{H}$를 이용하면 $<\boldsymbol{S}>$는 다음과 같이 변형 가능하다.

$$\langle\,\boldsymbol{S}\rangle = \frac{1}{T}\int_0^T(\,\boldsymbol{E} \times \boldsymbol{H})\,dt$$

$$= \frac{1}{4T}\int_0^T(\,\boldsymbol{E} \times \boldsymbol{H}e^{j\frac{4\pi}{T}t} + \boldsymbol{E}^* \times \boldsymbol{H}^*e^{-j\frac{4\pi}{T}t} + \boldsymbol{E} \times \boldsymbol{H}^* + \boldsymbol{E}^* \times \boldsymbol{H})dt$$

$$= \frac{1}{4}(\,\boldsymbol{E} \times \boldsymbol{H}^* + \boldsymbol{E}^* \times \boldsymbol{H}^*) = \frac{1}{4}\{(\,\boldsymbol{E} \times \boldsymbol{H}^* + \boldsymbol{E}^* \times \boldsymbol{H}^*)^*\}$$

$$= \frac{1}{2}Re[\,\boldsymbol{E} \times \boldsymbol{H}^*] \qquad (2\text{-}49)$$

여기에서, $\boldsymbol{E} \times \boldsymbol{H}^*$는 포인팅 벡터를 복소수로 표시한 것으로, 복소 포인팅벡터라고 불리운다. 그리고, 이 복소 포인팅벡터에 면적분을 취하

면, 폐영역 V 내에 전파를 흡수하는 물체가 존재한다고 가정하면, 외부에서 내부로 향하는 에너지 W는 부호를 고려해서 다음과 같이 나타낼 수 있다.

$$W = -\frac{1}{2}\int\int_S Re[\boldsymbol{E}\times\boldsymbol{H}^*]\cdot ds = -\frac{1}{2}Re\int\int\int_V div(\boldsymbol{E}\times\boldsymbol{H}^*)dv$$

$$= \frac{1}{2}Re\int\int\int_V jw(-\dot{\varepsilon}^*\boldsymbol{E}\cdot\boldsymbol{H}^* + \dot{\mu}H\cdot H)^* dv + \frac{1}{2}Re\int\int\int_V \sigma\boldsymbol{E}\cdot\boldsymbol{E}^* dv$$

$$= \frac{1}{2}\int\int\int_V (\omega\varepsilon''\boldsymbol{E}\cdot\boldsymbol{E}^* + \omega\mu''\boldsymbol{H}\cdot\boldsymbol{H}^* + \sigma\boldsymbol{E}\cdot\boldsymbol{E}^*)dv \qquad (2\text{-}50)$$

이에 따라, 폐영역이 외부로부터 흡수한 전자파 에너지는 열로서 흡수되며, 그 형태는

- 유전손실(dielectric loss) : ε''에 기인하는 것
- 자성손실(magnetic loss) : μ''에 기인하는 것
- 도전손실(conductive loss) : σ에 기인하는 것

의 3 종류로 분류 할 수 있다.

이상의 이론으로부터, 전자파는 손실매질중에 있어서 ε'', μ''과 σ의 효과에 의해 감쇠하는 것을 알 수 있으며, 그 에너지는 열로 변환된다. 그리고 이 관점으로부터 전파흡수체는 전자파의 감쇠(흡수)가 다음에 나타내는 어느 요인에 기인하는가에 따라 3종류로 분류되며, 또 이때의 단위 면적당의 전파흡수에너지 P [W/m^2]는 전계 $\boldsymbol{E}$와 자계 $\boldsymbol{H}$를 사용하여 다음과 같이 나타낼 수 있다.

a) 유전손실 : ε'' 에 기인하는 것으로서 $P = \frac{1}{2}\omega\varepsilon''|\boldsymbol{E}|^2$

b) 자성손실 : μ'' 에 기인하는 것으로서 $P = \frac{1}{2}\omega\varepsilon''|\boldsymbol{H}|^2$

c) 도전손실 : σ 에 기인하는 것으로서 $P = \frac{1}{2}\sigma|\boldsymbol{E}|^2$

단, 고주파에 있어서는 식 (2.44)에 나타내는 바와 같이 ε''과 σ를 나누어서 설명할 수 없기 때문에, 어느 쪽의 손실이 지배적인지에 따라 도전성 손실재료가 되는지 유전 손실재료인지를 분류하고 있다.

2-3 전파흡수재료

전파흡수재료로 사용되는 재료는 여러 종류가 있지만, 여기에서는 전술한 전파흡수 기구(원리)에 따라 다음과 같은 세가지로 분류하여 설명한다.

(1) 도전손실재료

저항체에 전류를 흘리면 흐르는 전류에 의해 열이 발생한다. 이와 마찬가지로 유한한 도전율 σ를 가지는 매질에 전계가 가해지면 도전전류가 흘러서, 전자파 에너지는 열로 변환된다. 이 재료에서는 앞에서 나타낸 식 (2.44)의 관계가 성립하고, 고주파영역에 있어서도 ε''이 극히 작은 유전손실재료라고 표현해도 좋다.

이 재료로서 전파흡수용으로 널리 쓰이고 있는 것은 카본(carbon)이다. 통상은 이 카본분말과 그것을 공간적으로 보지하기 위해 사용되는 보지재와 같이 사용되고 있다. 보지재에는 종이나 테프론시트를 쓰기도 하고, 또는 수지나 도료상의 수지, 카본 페이퍼 등도 있다. 또 어떤 종류의 재료를 가열해서 탄화한 상태로써 사용하는 것도 있다.

이 밖에도 도전성 손실재료에는 도전성섬유를 부직포 형태로 짜서 만든 베나 산화인듐 방울을 증착한 유전체 시트 등이 있다. 이들은 저항피막이라 불리우며, 그 전기적 특성은 두께를 무시할 수 있는 정방형상의 저항으로서 면저항치(Ω□)로 표시된다. 여기서 4단자법에 의한 면저항치의 측정법에 관하여 간단히 기술한다.

그림 2-9는 4단자법에 의한 면저항치의 저항율 측정법의 개략도이다. 4단자법은 시료가 전극의 간격에 대해서 충분히 클 때에 시료표면에 4개의 단자를 붙이고, 외측의 2단자간에 전류 I를 흘리고, 내측의 2단자간의 전위차(부유 포텐셜) V를 측정함으로써, 시료의 저항율을 구하는 측정법이다. 지금, 각 단자의 간격을 S_1, S_2, S_3라 하면, 시료의 저항율 $\rho[\Omega m]$는 다음과 같이 나타낼 수 있다.

$$\rho = \frac{V}{I}\left\{\frac{2\pi}{\frac{1}{S_1}+\frac{1}{S_2}-\frac{1}{S_2+S_3}-\frac{1}{S_1+S_2}}\right\} \tag{2.51}$$

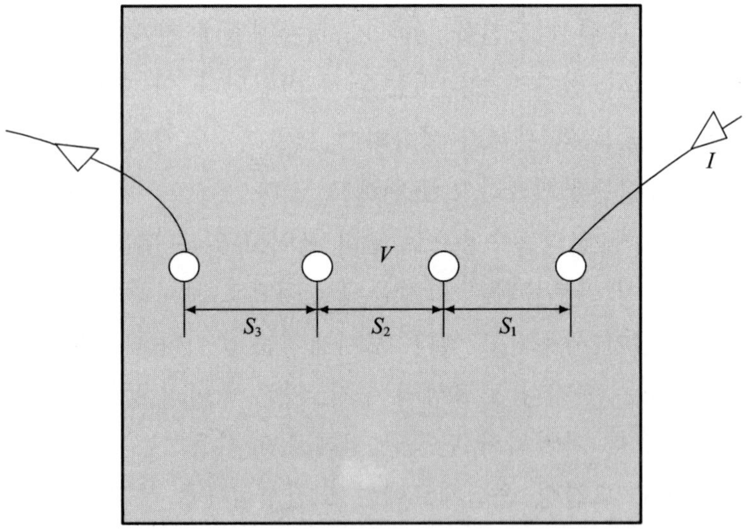

그림 2-9 4단자법에 의한 저항율의 측정

더욱이, 단자간격을 전부 같게 $L = S_1 = S_2 = S_3$로 하면, 윗 식은 간단히 되어

$$\rho = 2\pi L \frac{V}{I} \tag{2.52}$$

로 된다. 또 , 이들의 식으로 구한 ρ를 면저항치의 정의에 따라 다음의 식에 대입함으로써, 면적이 S = a × b [m^2]의 시료에 대한 면저항치 R[Ω□] 또는 [Ω/□]를 다음 식으로 구할 수 있다.

$$R = \rho S \tag{2.53}$$

(2) 유전손실재료

모든 유전재료는 유전손 ε''를 가지는 것은 타당하지만, 우리들이 일반적으로 생각하는 전파흡수체로 사용되는 주파수대역에서는 이 값은 반드시 큰 것은 아니다. 마이크로파 대역(4 GHz 정도)에서 ε''가 큰 재료의 대표적인 예는, 직류시에 있어서 유전율이 큰 티탄산바륨($BaTiO_3$)이지만, ε''에 의한 전파흡수체의 특성은 자성손실재에 비교해 뛰어난 점이 없으므로, 실용적 재료로서는 의미가 없다고 해도 좋다.

그러나, 고주파영역에서는 매질의 복소유전율의 허수부가 식 (2.44)에 보였던 것처럼 ε''과 σ를 가지고 표현되며, 주파수가 높아질수록 이것들을 따로따로 논하는 것은 불가능하기 때문에 인가한 전계에 의해 생기는 유전분극에 의한 흡수와 도전전류에 의한 흡수를 합해서 표현한다. 그리고 이와 같은 흡수재료로서는 카본입자를 혼입한 고무시

트, 그라파이트(흑연) 함유 발포 폴리스티로폼, 카본 함유 발포 우레탄 등이 있다. 특히 그라파이트 함유 발포 폴리스티로폼에 관해서는 그라파이트 함유량이나 주파수의 변화에 대한 복소유전율을 실험식으로 표현하고 있으며, 전파암실용의 광대역 특성을 가지는 다층형 전파흡수체에 사용되고 있다.

(3) 자성손실재료

유전손실재료가 가해진 전계에 의하여 전파를 흡수하는 데에 대해서, 자성손실재료에 있어서는 가해진 자계에 의해 흡수된다. 자성손실재료로서 페라이트는 가장 대표적인 것이다. 즉, 페라이트의 복소 비투자율의 실수부 μ_r' 과 허수부 μ_r'' 의 주파수특성을 관찰하면 그림 2-10과 같이 된다. 여기서 특히 주목할 것은 그림 중의 C영역으로서 이 영역에서의 허수부는 주파수가 높아짐에 따라서 감소하기 때문에 후술하는 설계이론에 비추어 보면 정합 주파수대가 넓어지는, 소위 광대역성을 가지게 된다. 또, 이 주파수대는 수 10 MHz에서 수 100 MHz 대에 존재하고 있기 때문에 텔레비젼 고스트 대책이나 전파암실용의 흡수재료로서 이용되고 있다. 더욱이 D영역은 수 GHz에서 수 10 GHz 대에 존재하고 있어서 레이다 허상방지용 흡수체로서 박형의 1층형 전파흡수체에 이용되고 있다.

모든 자성재료는 자성손 μ''을 가지고 있다. 자성재료에는 금속자성재료(철, 니켈과 철의 합금 등), 산화물 자성재료(페라이트)가 있으나, 통상의 전파흡수체에 금속자성재료는 사용되지 않고 있다. 일반적으로, 산화물 자성재료의 소결체나 그것을 분말로 한 것을 보지재에 혼합한 것이 쓰여지고 있다. 한편, 전파흡수체로서는 μ_r''의 값이 크고

μ_r' 의 값이 작은 주파수 대역에서 쓰여지는 것이다. μ_r' 이나 μ_r'' 이 주파수가 GHz대의 고주파 대역으로 갈수록 급격히 줄어듬을 알 수 있다. 그러나 고성능 전파흡수체의 제조를 위해서는 고주파 대역에서 μ_r'이 작음과 동시에 μ_r''이 큰 재료의 개발이 요구된다.

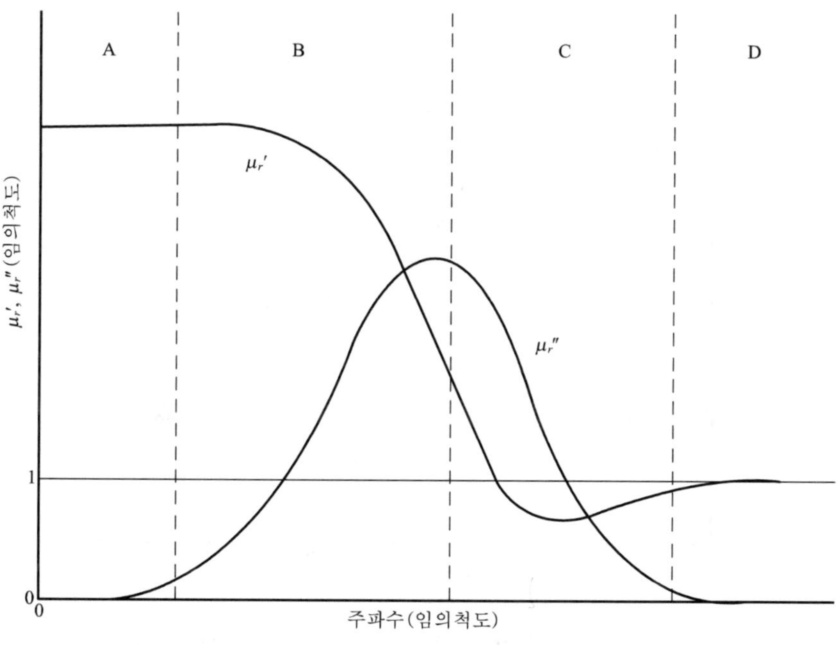

그림 2-10 일반적인 페라이트의 복소투자율

이와 같이 마이크로파대에서 사용되고 있는 페라이트에는 페라이트 분말을 고무같은 비자성재료에 분산시킨 복합 페라이트가 있으며, 복합페라이트의 경우에는 그림 2-11에 나타내는 것처럼 완화현상이 마이크로파대에 존재한다. 그러나 상기한 일부의 재료를 제외하고는 일반적으로 허수부는 작고 자성손실이 그다지 기대할 수 없는 경우도 있으므로 특히 고주파영역에 있어서는 유전(도전)손실재료와의 조합에 의하여 그 흡수효과를 증대시키고 있다.

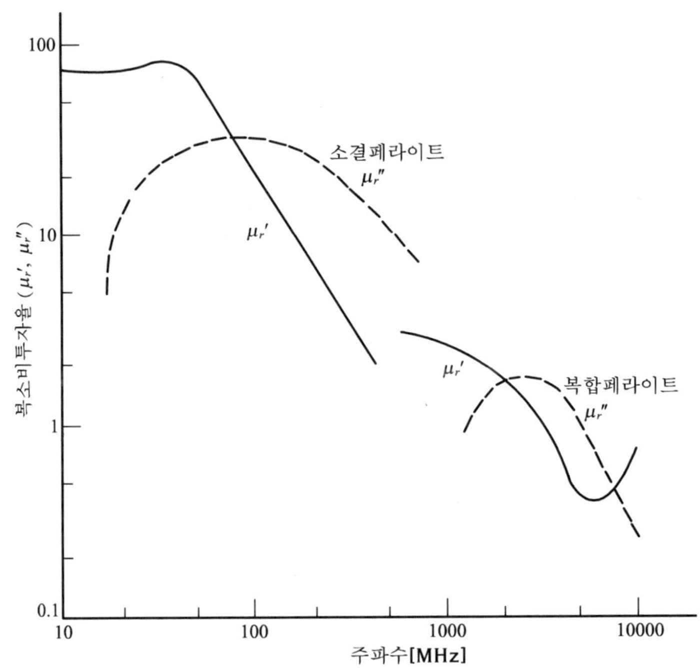

그림 2-11 고주파용 페라이트의 복소 비투자율

2-4 경계에서의 반사와 투과

매질의 경계를 통과하는 평면파를 취급하는 데에는 그 전자파의 편파의 개념을 알 필요가 있다. 그림 2-12는 편파의 모양을 보여주는 것이다. 여기서 전자파가 경계에 수직으로 입사하는 경우에는 그림 2-2에 나타낸 바와

같이 전계방향에 따라 수직 편파와 수평편파로 분류하지만, 전파가 비스듬히 경계에 입사하는 경우에는 TE파(transverse electric wave)와 TM파(transverse magnetic wave)로 분류한다. 즉, 입사파와 반사파로 이루어지는 면을 입사면이라 부르며, TE파는 전계가 이 입사면에 수직한 성분만이 존재하는 경우이고 TM파는 자계가 입사면에 수직한 자계성분만이 존재하는 경우로 정의한다.

더욱이 이러한 편파에 대해서 경계에서의 반사와 투과 문제를 취급하는 경우에는 각각의 영역에서의 파동임피던스와 전파정수가 중요하게 된다. 따라서, 여기에서는 각각의 편파에 관한 파동임피던스와 전파정수를 유도해 둔다.

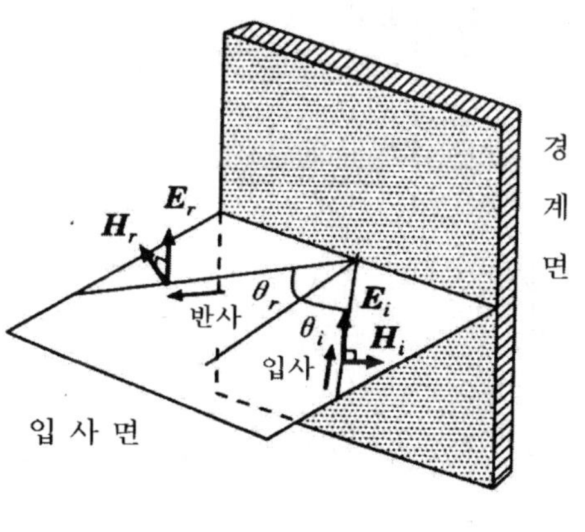

(a) TE 파

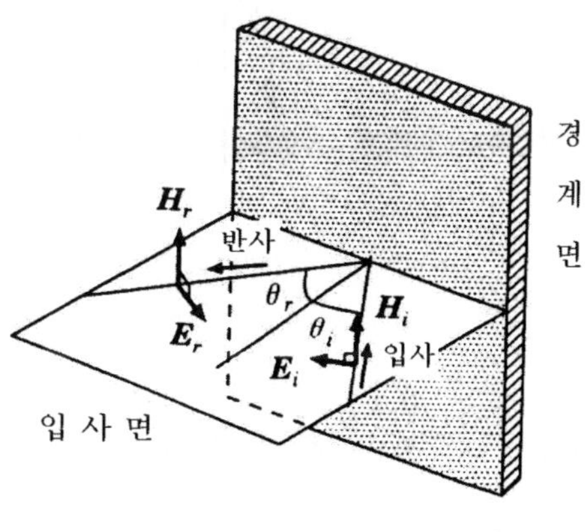

(b) TM 파

그림 2-12 사입사시의 편파의 분류

2.4.1 수직입사의 경우

z축의 정(+)방향으로 진행하는 전파가 자유공간으로부터 매질(복소비유전율 $\dot{\varepsilon}_r$, 복소비투자율 $\dot{\mu}_r$)에 수직으로 입사한 경우(수직입사 ; normal incident)의 모양을 그림 2-13에 보여준다.

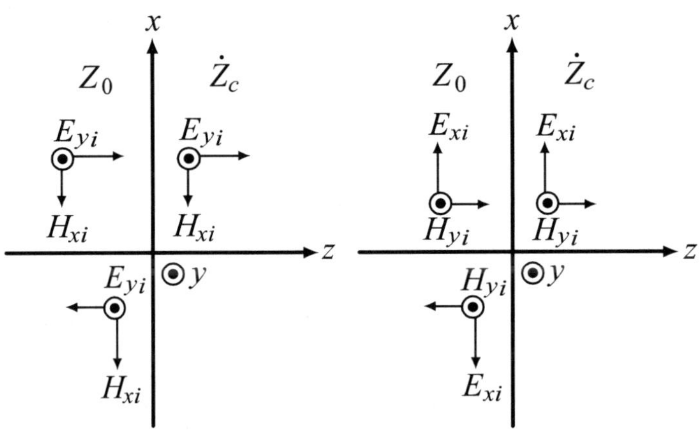

그림 2-13 수직입사시의 반사 및 투과

이 경우 자유공간에 있어서의 파동임피던스를 Z_0, 매질내에서의 파동임피던스를 $\dot{Z}_c$라고 두면, 식 (2.10)에 나타낸 것처럼 전계와 자계의 비에 의하여 Z_0와 $\dot{Z}_c$는 각각 다음과 같이 표현할 수 있다.

$$Z_0 = \frac{E_{yi}}{H_{xi}} = \frac{E_{xi}}{H_{yi}} = \sqrt{\frac{\mu_0}{\varepsilon_0}} \tag{2.54}$$

$$\dot{Z}_c = \sqrt{\frac{\dot{\mu}_r}{\dot{\varepsilon}_r}\frac{\mu_0}{\varepsilon_0}} = \sqrt{\frac{\dot{\mu}_r}{\dot{\varepsilon}_r}}Z_0 \tag{2.55}$$

또 수직입사의 경우 자유공간 및 매질중에 있어서의 전파정수 γ_0와 $\dot{\gamma}_c$는 식 (2.7b)의 파동방정식을 푸는 과정에서 보았던 것처럼 아래와 같이 나타낼 수 있다. 단, 자유공간에 있어서 파장을 λ_0라 놓고 있다.

$$\gamma_0 = j\omega\sqrt{\varepsilon_0\mu_0} = j\frac{2\pi}{\lambda_0} \tag{2.56}$$

$$\dot{\gamma}_c = j\omega\sqrt{\dot{\varepsilon}_r\varepsilon_0 \cdot \dot{\mu}_r\mu_0} = j\frac{2\pi}{\lambda_0}\sqrt{\dot{\varepsilon}_r\dot{\mu}_r} \tag{2.57}$$

2.4.2 TE파의 경우

그림 2-14에서 보듯이 $\dot{\varepsilon}_r$, $\dot{\mu}_r$의 매질에 TE파가 z축에 대해 θ_i의 각도로 입사하고, 반사각 θ_r의 반사파 및 굴절각 θ_t의 투과파가 생긴 경우에 관해서 생각하자. TE파에서는 입사파의 전계 E_i는 y성분 뿐이고 입사면(xz-평면)에 수직, 또 자계 H_i는 z성분 및 x성분을 가지며 입사면내에 있다.

이처럼 TE파에 관해서, 경계면에서의 반사나 투과 문제를 생각하는 경우에는 자유공간, 매질중의 각각의 파동임피던스 Z_0 및 $\dot{Z}_c$의 수직성분(z방향으로 전파하는 평면파성분에 대한 파동임피던스 성분) Z_{0n} 및 $\dot{Z}_{cn}$을 구할 필요가 있다.

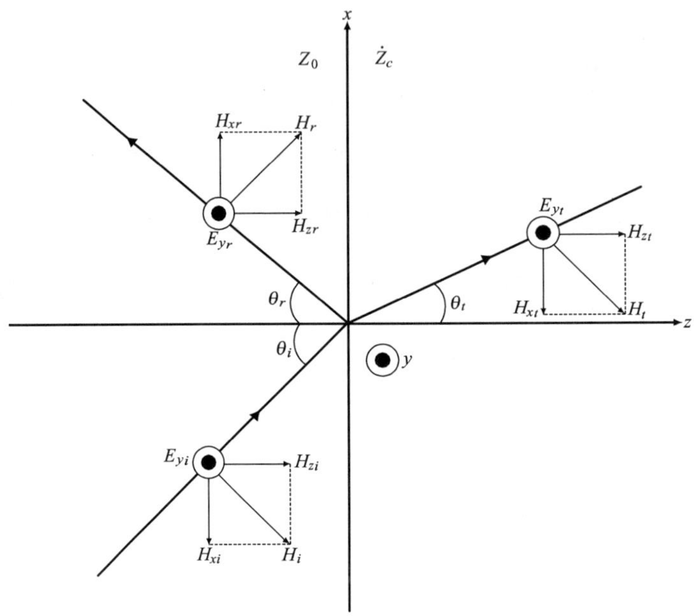

그림 2-14 TE파의 반사 및 투과

이 경우 전계 E_i 및 자계 H_i 성분의 z방향에 대한 수직성분에 관해서 생각하면 되기 때문에 Z_{0n} 및 $\dot{Z}_{cn}$은 각각 다음 식으로 표현된다.

$$Z_{on} = \frac{E_{yi}}{H_{\xi}} = \frac{E_{yi}}{H_i \cos\ \theta_i} = \sqrt{\frac{\mu_0}{\varepsilon_0}}\ \frac{1}{\cos\ \theta_i} = \frac{Z_0}{\cos\ \theta_i} \tag{2.58}$$

$$\dot{Z}_{cn} = \frac{E_{yt}}{H_{xt}} = \frac{E_{yt}}{H_t \cos\ \theta_t} = \sqrt{\frac{\dot{\mu}_r}{\dot{\varepsilon}_r}\ \frac{\mu_0}{\varepsilon_0}}\ \frac{1}{\cos\ \theta_t} = \frac{\dot{Z}_c}{\cos\ \theta_t} \tag{2.59}$$

또 자유공간 및 매질 내부에 있어서의 전파정수의 z방향에 대한 수직성분 γ_{on}, $\dot{\gamma}_{cn}$은 자유공간 및 매질내의 입사각 및 굴절각이 각각 θ_i 및 θ_t 일 때 아래와 같이 나타낼 수 있다.

$$\gamma_{on} = j\frac{2\pi}{\frac{\lambda_0}{\cos\theta_i}} = j\frac{2\pi}{\lambda_0}\cos\theta_i \tag{2.60}$$

$$\dot{\gamma}_{cn} = j\frac{2\pi}{\frac{\lambda_0}{\cos\theta_t}}\sqrt{\dot{\varepsilon}_r\dot{\mu}_r} = j\frac{2\pi}{\lambda_0}\sqrt{\dot{\varepsilon}_r\dot{\mu}_r}\cos\theta_t \tag{2.61}$$

더욱이, 입사각 θ_i 와 굴절각 θ_t 의 사이에는 다음 식 (2.62)로 표현되는 굴절에 관한 스넬(Snell)의 법칙이 성립한다.

$$\frac{\sin\theta_i}{\sin\theta_t} = \frac{\sqrt{\dot{\varepsilon}\dot{\mu}}}{\sqrt{\varepsilon_0\mu_0}} = \frac{\sqrt{\dot{\varepsilon}_r\varepsilon_0\cdot\dot{\mu}_r\mu_0}}{\sqrt{\varepsilon_0\mu_0}} = \sqrt{\dot{\varepsilon}_r\dot{\mu}_r} \tag{2.62}$$

따라서, 이 식을 사용하여 상기 식 (2.59) 및 식 (2.61)에서 θ_t 를 소거할 수 있다.

2.4.3 TM파의 경우

그림 2-15에 보이는 TM파가 z축과 θ_i 의 각도로 입사하고 반사파 및 투과 파가 생기는 경우에 관해서 생각하자. TM파에서는 입사파의 자계 H_i 는 y성분뿐이고 입사면(xz평면)에 수직이며, 또 전계 E_i 는 z성분 및 x성분을 가지고 입사면내에 있다.

TM파가 입사하는 경우에는 TE파의 경우와 같이 자유공간 매질중의 각각의 파동임피던스 Z_0 및 $\dot{Z}_c$ 의 수직성분 $\dot{Z}_{on}$ 및 $\dot{Z}_{cn}$ 을 구할 필요가 있다. 이들은 TE파의 경우와 마찬가지로 전계 E_i 및 자계 H_i 의 각 성분에 있어서 z방향에 대한 수직성분에 관해서 생각하면 되기 때문에 각각 다음 식으로 나타내어진다.

$$Z_{on} = \frac{E_{xi}}{H_{yi}} = \frac{E_i \cos\theta_i}{H_{yi}} = \sqrt{\frac{\mu_0}{\varepsilon_0}} \cos\theta_i = Z_0 \cos\theta_i \quad (2.63)$$

$$\dot{Z}_{cn} = \frac{E_{xt}}{H_{yt}} = \frac{E_t \cos\theta_t}{H_{yt}} = \sqrt{\frac{\dot{\mu}_r}{\dot{\varepsilon}_r} \cdot \frac{\mu_0}{\varepsilon_0}} \cos\theta_t = \dot{Z}_c \cos\theta_t \quad (2.64)$$

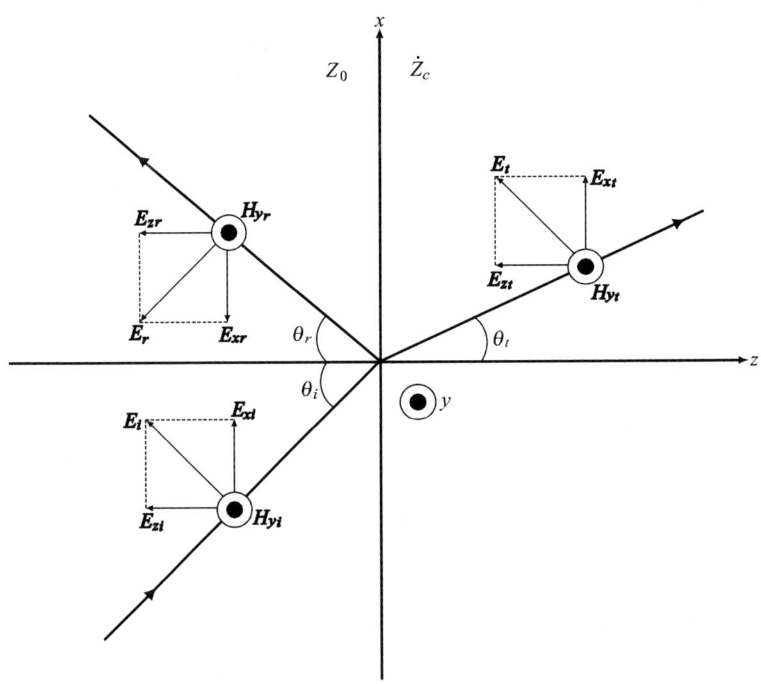

그림 2-15 TM파의 반사 및 투과

또, 전파정수 및 입사각과 굴절각의 관계(굴절에 관한 스넬의 법칙)는 편파에 의존하지 않기 때문에 TE파의 경우와 같이 다음 식으로 나타낼 수 있다.

$$\gamma_{on}=j\frac{2\pi}{\lambda_0/\cos\ \theta_i}=j\frac{2\pi}{\lambda_0}\cos\ \theta_i \tag{2.65}$$

$$\dot{\gamma}_{cn}=j\frac{2\pi}{\lambda_0/\cos\theta_t}\sqrt{\dot{\varepsilon}_r\ \dot{\mu}_r}=j\frac{2\pi}{\lambda_0}\sqrt{\dot{\varepsilon}_r\ \dot{\mu}_r}\cos\theta_t \tag{2.66}$$

여기서,

$$\frac{\sin\ \theta_i}{\sin\ \theta_t}=\sqrt{\dot{\varepsilon}_r\ \dot{\mu}_r} \tag{2.67}$$

이다.

참고문헌

1. 김동일, 나정웅, 박동철, 전파공학, 청문각, 2002.
2. 김기채, 김동일, 명노훈, 박동철, 이영훈, 전자파환경공학, 대영사, 2001.

제3장

1층형 전파흡수체

목표 1층형 전파흡수체

이 장에서는 전파흡수체로서 가장 구조적으로 단순한, 후면에 금속을 붙인 1층구성 전파흡수체에 대하여, 그 흡수원리 및 설계법, 나아가서 고무재료에 탄소입자를 혼입한 1층형 고무시트 전파흡수체의 구체적인 실현법에 관해서 설명한다.

3-1 흡수원리

1층형 전파흡수체는 흡수재의 후면에 금속판을 붙이고, 이것으로부터의 반사파와 흡수재 전면으로부터의 반사파의 진폭 및 위상을 조절하여, 반사파를 상쇄 또는 저감시키는 형태로 구성한 흡수체이다. 즉, 이 원리를 전파의 나아가는 순서에 따라 그림 3-1을 참고로 설명한다.

- 흡수체에 전계 $\dot{E}_0$ 의 전파가 입사하면 그 전면에서 전계 $\dot{E}_{r1}$ 이 반사되고, 나머지 $\dot{E}_{t1}$ 은 흡수재 내부에 투과한다.
- 내부로 투과한 파는 흡수재의 감쇠정수 α에 의하여 지수함수적으로 감쇠한다.
- 흡수재의 두께는 얇기 때문에 후면의 금속판에 도달한 전파의 전계의 크기가 충분히 작아지지는 않기 때문에 재차 금속판에서 완전 반사된다.
- 반사된 파는 다시 흡수재 내에서 감쇠하면서 후진하여 전계 $\dot{E}_{b2}$ 가 흡수재 표면에 도달한다.
- 이 후진한 전계 $\dot{E}_{b2}$는 표면의 경계면에서 부분적으로 반사된 $\dot{E}_{b2}$로서 흡수재 내부로 다시 돌아오고, 나머지는 투과하여 $\dot{E}_{r2}$로서 흡수재 전면으로 나와서 흡수체를 왕복해서 통과한 반사파가 된다.
- 2회째 내부로 들어온 파 $\dot{E}_{t2}$ 는 앞서 설명한 것과 동일한 과정을 몇 번이고 거치며, $\dot{E}_{r3}$, $\dot{E}_{r4}$ … 로 반사파를 전면으로 내보내게 된다. 그러나 흡수재 내부를 왕복할 때마다 감쇠를 받기 때문에 반사의 회수를 더해감에 따라 전계의 크기는 점차 작아진다.

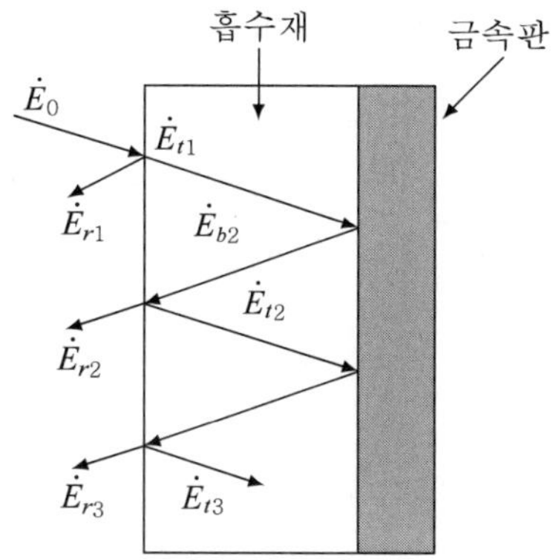

그림 3-1 흡수원리

이상의 현상으로부터, 전파흡수체 전면에서의 반사계수 $\dot{\Gamma}$는 식 (3.1)에 나타내는 바와 같이 $\dot{E}_{r1}$, $\dot{E}_{r2}$, …의 벡터적인 합 $\dot{E}$를 사용하여 구할 수 있다.

$$\dot{\Gamma} = \frac{\dot{E}}{\dot{E}_0} = \frac{\sum_{n=1}^{\infty} \dot{E}_{rn}}{\dot{E}_0} \tag{3.1}$$

그리고 반사계수의 계산에 있어서, 몇 번째까지 왕복한 전파를 고려하면 충분한지에 관해서는, 흡수재의 감쇠정수 α나 흡수재의 두께에 의해 결정된다. 예를 들어, 제1 근사로서 1회의 왕복에서의 감쇠가 대단히 큰 것으로 하여, 2회째 이후의 왕복에 의한 반사의 영향을 무시하고 생각해 보자. 이 경우 흡수재 표면에 있어서 최초의 반사전계 $\dot{E}_{r1}$과 후면 금속판에 의해서 반사되어 돌아온 반사전계 $\dot{E}_{r2}$ 의 크기가 같고, 그 위상을 역상(180° 위상차)으로 하는 것이 가능하면 흡수체의 반사계수가 0이 되고, 이 경우 흡수체는 전계를 감쇠시킴과 동시에 전계의 위상을 지연시키는 역할을 하게 된다. 그러나, 현실적인 예를 들어 20 dB 이상의 큰 흡수량을 가지는 흡수체의 경우에는 이처럼 1회의 왕복만을 고려하는 것만으로는 불충분하며 보다 여러번 왕복한 전파까지 고려할 필요가 있다.

3-2 설계법

3.2.1 무반사곡선

지금, 그림 3-2에 나타내는 바와 같이 자유공간을 전파하는 평면파가 전파흡수체에 수직입사하는 경우를 생각한다. 전파흡수체의 후면에는 반사판으로서의 역할을 하는 금속판이 붙여져 있다. 이 전파흡수체를 분포정수선로로 바꿔 놓으면 그림 3-3과 같이 된다. 이와 같이 종단에 $\dot{Z}_L$의 부하를 접속한 특성 임피던스 $\dot{Z}_c$의 분포정수선로에 있어서, 종단으로부터 거리 d의 위치에 있는 점으로부터 종단측을 들여다본 입력임피던스 $\dot{Z}_{in}$은 전파정수를 $\dot{\gamma}_c$라 하면,

$$\dot{Z}_{in} = \dot{Z}_c \frac{\dot{Z}_L + \dot{Z}_c \tanh \dot{\gamma}_c d}{\dot{Z}_c + \dot{Z}_L \tanh \dot{\gamma}_c d} \tag{3.2}$$

가 된다. 여기에서, 전파흡수체의 특성임피던스 $\dot{Z}_c$ 및 전파정수 $\dot{\gamma}_c$는, 식 (2.33) 및 식 (2.34)에 나타낸 바와 같이

$$\dot{Z}_c = Z_0 \sqrt{\frac{\dot{\mu}_r}{\dot{\varepsilon}_r}} \tag{3.3}$$

$$\dot{\gamma}_c = j\frac{2\pi}{\lambda}\sqrt{\dot{\varepsilon}_r \dot{\mu}_r} \tag{3.4}$$

로 나타낼 수 있다.

더욱이, 그림 3-2의 해석모델에서 $\dot{Z}_L$은 금속판의 특성 임피던스가 되므로 $\dot{Z}_L = 0$ 이 된다. 여기서, 식 (3.3) 및 식 (3.4)를 이 조건하에서 식 (3.2)에 대입하면 최종적으로 식 (3.2)는 다음과 같이 고쳐 쓸 수 있다.

$$\dot{Z}_{in} = Z_0\sqrt{\frac{\dot{\mu}_r}{\dot{\varepsilon}_r}}\tanh\left(j\frac{2\pi d}{\lambda}\sqrt{\dot{\varepsilon}_r \dot{\mu}_r}\right) \tag{3.5}$$

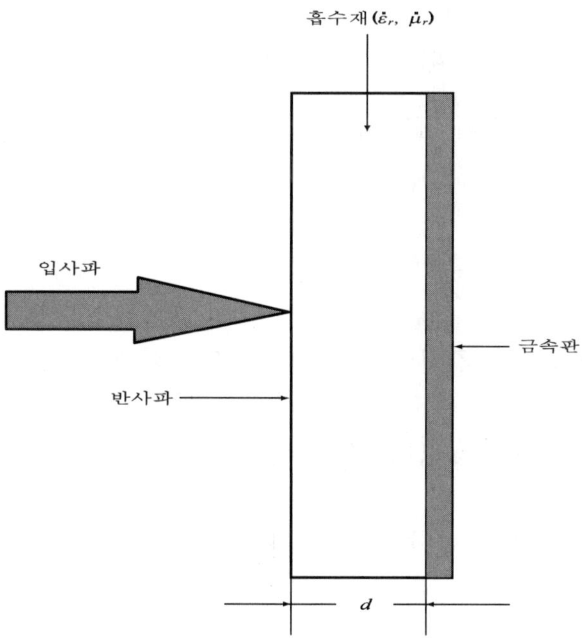

그림 3-2 1층형 전파흡수체의 구성

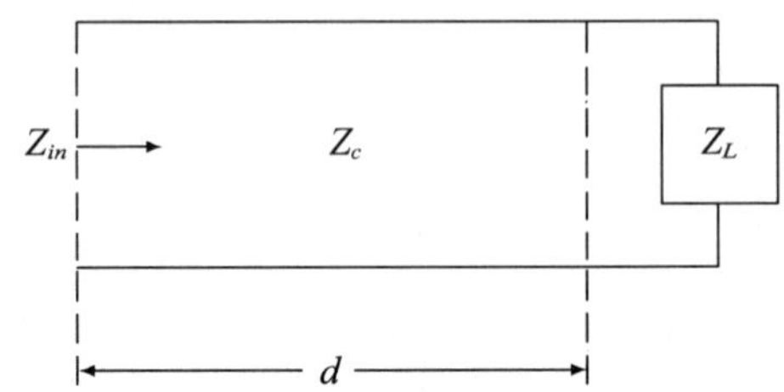

그림 3-3 전기적 등가회로

일례로서 전파흡수체를 유전재료를 이용해서 제작한다면, $\dot{\mu}_r=1$이기 때문에 식 (3.5)는 다시 고쳐 쓰면,

$$\dot{Z}_{in}=Z_0\frac{1}{\sqrt{\dot{\varepsilon}_r}}\tanh\left(j\frac{2\pi d}{\lambda}\sqrt{\dot{\varepsilon}_r}\right) \tag{3.6}$$

이 된다. 또, 흡수체 표면에서의 무반사(즉, 반사계수 $\dot{\Gamma}=0$)가 되는 조건은

$$\dot{\Gamma}=\frac{\dot{Z}_{in}-Z_0}{\dot{Z}_{in}+Z_0} \tag{3.7}$$

에 의하여 $\dot{Z}_{in}=Z_0$이기 때문에 이 조건 식에 식 (3.6)을 대입하면

$$1=\frac{1}{\sqrt{\dot{\varepsilon}_r}}\tanh\left(j\frac{2\pi d}{\lambda}\sqrt{\dot{\varepsilon}_r}\right) \tag{3.8}$$

로 되고, 이것을 무반사조건식이라 부른다.

더욱이 이러한 수직입사의 경우와 같은 방법으로 2.4.2항 및 2.4.3항에 보였던 TE파, TM파의 사입사에 대한 무반사조건식도 각각 TE파와 TM파에 대한 파동임피던스와 전파정수를 사용해서 다음 식으로 구할 수 있다.

• TE파의 경우

$$1=\frac{\cos\theta}{\sqrt{\dot{\varepsilon}_r-\sin^2\theta}}\tanh\left(j\frac{2\pi d}{\lambda}\sqrt{\dot{\varepsilon}_r-\sin^2\theta}\right) \tag{3.9}$$

• TM파의 경우

$$1=\frac{\sqrt{\dot{\varepsilon}_r-\sin^2\theta}}{\dot{\varepsilon}_r\cos\theta}\tanh\left(j\frac{2\pi d}{\lambda}\sqrt{\dot{\varepsilon}_r-\sin^2\theta}\right) \tag{3.10}$$

이상의 식 (3.8) ~ 식 (3.10)에서 파장 λ로 규격화한 흡수체의 두께 d/λ에 대해서 복소비유전율의 실수부 ε_r'과 허수부 ε_r''의 해를 구하고, 이 값을 복소평면($\varepsilon_r'-\varepsilon_r''$ 평면)상에 나타낸다. 이 곡선은 통상 무반사곡선이라 불리며, 이 곡선을 이용해서 간단한 수직입사나 TE파, TM파의 사입사에 대한 전파흡수체의 설계가 가능하다.

그림 3-4에 이상 설명한 무반사곡선의 일례를 TE파, TM파에 대한 사입사의 경우도 포함해서 나타낸다. 또한, 무반사곡선을 나타내는 경우 식 (3.8)~식 (3.10)에는 ε_r' 및 d/λ의 조합으로써 다수의 해가 존재하고, 두께가 최소가 되는 최저차의 해에서 고차의 해까지 여러 종류의 곡선이 얻어진다(고차의 해에 관해서는 그림 3-5 및 그림 7-5 참조). 또, 여기에서는 유전재료에 착안해서 설명해 왔지만, 자성재료($\dot{\mu}\neq 1$)의 경우에 관해서도 식 (3.5)를 식 (3.7)에 대입하여 얻어지는 무반사조건식을 풀이함으로써, 무반사곡선을 도출할 수 있다.

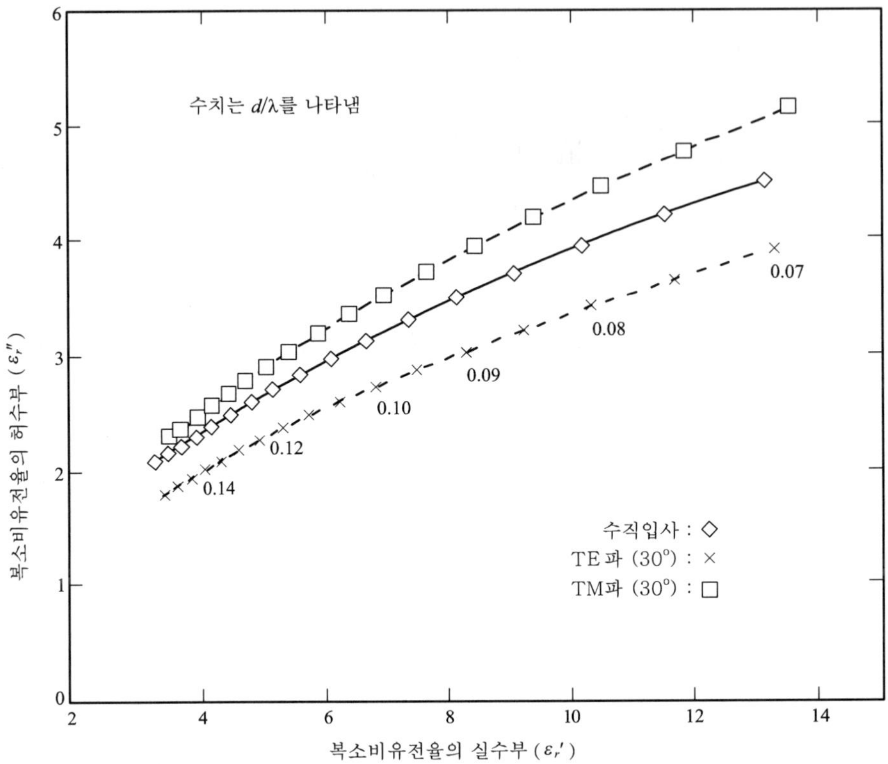

그림 3-4 무반사곡선의 일례

3.2.2 설계절차

이상에서 기술한 바와 같이 전파흡수체에서는 재료정수($\dot{\varepsilon}_r$, $\dot{\mu}_r$)가 흡수량에 큰 영향을 미친다. 따라서 전파흡수체를 설계할 때에는 사용하는 재료의 재료정수를 측정하여 무반사곡선과 비교 검토할 필요가 있다.

예를 들면, 그림 3-5에서 보듯이, 주목하고 있는 유전손실재료의 복소비유전율을 A, B, C점처럼 변화시켜 제작할 수 있는 경우, B점처럼 무반사 곡선과 거의 교차하는 점에서 전파흡수체가 실현될 수 있다.

여기서, 구체적인 설계 절차를 요약하면 다음과 같다.

1. 유전재료(예를 들면, 고무재료)에 함유되는 손실재료(예를 들면, 카본입자)의 함유량을 변화(복소 비유전율을 변화)시켜 재료를 제작한다.
2. 제작한 재료의 복소 비유전율을 설계주파수(반사계수를 0으로 하고 싶은주파수)에서 측정하고 그 측정치를 무반사곡선상에 플롯트(plot)한다.
3. 가장 무반사곡선에 가까운 d/λ을 선택한다(그림 3-5에서 점 B).
4. 선택된 d/λ와 설계주파수에서 계산한 파장 λ로부터 전파흡수체의 두께 d를 결정한다. 그리고 이 재료를 사용하여 결정한 두께를 기초로 전파흡수체를 제작한다.

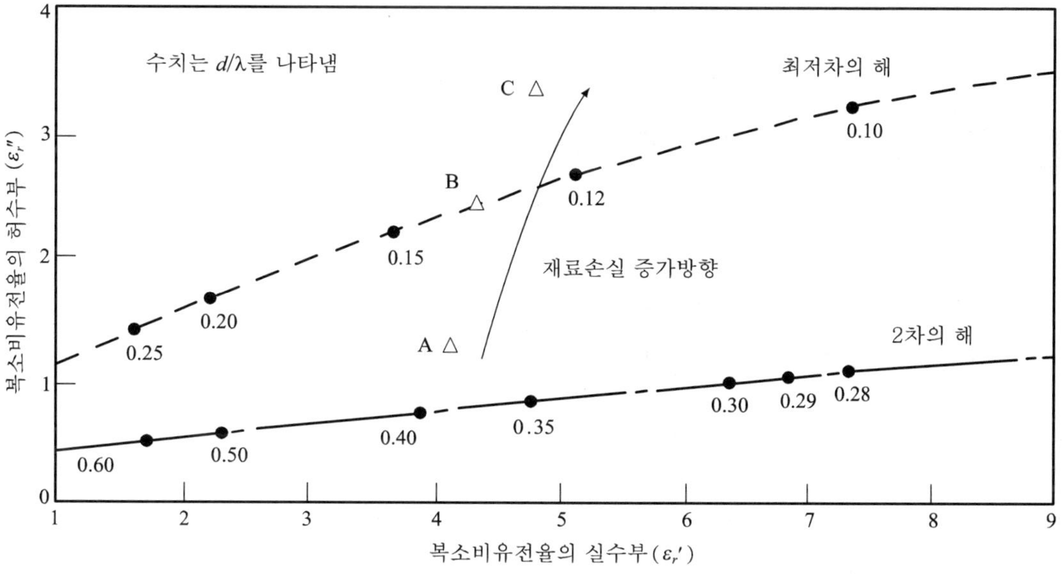

그림 3-5 전파흡수체의 설계와 무반사곡선

또 여기서 다시 반사계수 $\dot{\Gamma}$에 착안해 본다. 식 (3.7)~(3.10)에서 알 수 있는 것처럼 반사계수는 사입사의 경우도 포함해서 생각하면, 편파(TE파, TM파), 입사각 θ, 주파수 f, 재료의 재료정수($\dot{\varepsilon}_r$, $\dot{\mu}_r$) 및 두께 d의 함수로 표현되므로 간략화하여 다음과 같이 정합조건을 표현하는 것도 가능하다.

$$\dot{\Gamma}(\theta,\ f,\ \dot{\varepsilon}_r,\ \dot{\mu}_r,\ d,\ TE,\ TM) = 0 \tag{3.11}$$

이와 같이 반사계수는 각종의 파라미터를 이용하여 나타내어지지만, 전파흡수체의 설계시에 있어서는 주파수나 입사각, 더욱이 편파를 선택하고 각각의 사용목적을 만족하는 흡수특성이 얻어지도록 설계한다.

이상, 1층형 전파흡수체의 설계방법을 설명하였으며 뉴튼-래프슨(Newton- raphson)법(부록 I 참조)을 이용하여 상기한 무반사곡선을 계산하는 프로그램을 부록II에 첨부한다.

3-3 고무시트 전파흡수체

여기서는 1층형 전파흡수체의 설계예로서 내환경성(내습성, 내충격성 등)에 우수한 에폭시 변성우레탄 고무에 손실재료로서 탄소입자(카본 블랙)를 혼입한 고무시트 전파흡수체에 관하여 설명한다.

(1) 제작법

고무시트의 제작법에는 크게 나누어 압연 롤 방식과 핫프레스(hot press) 방식이 있지만, 여기서는 제작한 시트에 이방성(방향성)이 생기지 않는 핫프레스 방식을 사용하는 경우에 대하여 기술한다.

그림 3-6은 그 제조공정을 보여주고 있다. 이 그림에 보듯이 고무에 대한 카본블랙(평균입자: 20~30 μm)의 혼합비(PHR; Parts per Hundred Parts of Rubber, 보지재인 고무 100 g당 함유된 탄소의 g수)를 0, 3, 5, 7 및 10 PHR로 변화시켜 혼입하고, 이것을 롤러로 혼합한 후, 핫프레스로 각 시트를 제작한다. 특히, 여기에서의 제작에 있어서는 3단의 롤러를 사용하여 시트내에서의 카본블랙의 분산상태가 균일하게 되도록 한다.

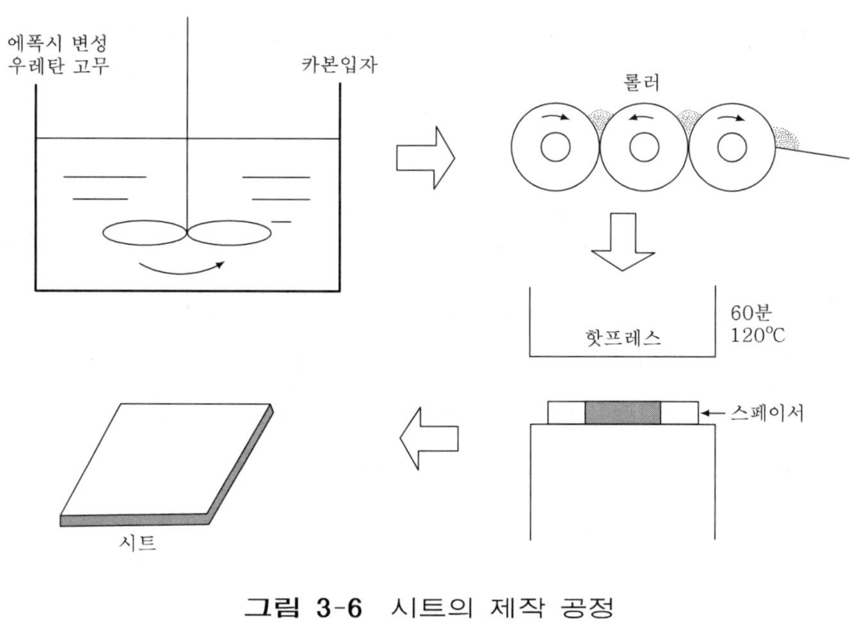

그림 3-6 시트의 제작 공정

(2) 실험식

전파흡수체의 설계에 있어서는 설계 주파수에 있어서의 재료의 재료정수를 파악하는 것이 필요불가결하다. 따라서 여기에서는 먼저 전파흡수체의 설계를 위하여 카본블랙의 함유량 G 및 주파수(X-밴드 : 8~12 GHz)의 변화에 대한 복소 비유전율의 실험식을 구한다.

이를 위해, 상기 제작한 고무시트로부터 시편을 여러 개 잘라내어 구형도파관 정재파법을 사용하여 복소 비유전율을 측정한다. 측정은 주파수를 변화시키면서 행하지만, 여기에서는 X-밴드에 촛점을 맞추고 있기 때문에 주파수를 9, 9.4(선박용 레이다 주파수), 10, 11 및 12 GHz로 변화시키면서, 각각 PHR이 다른 시편에 관해서 측정한다.

다음으로, 이 데이터에 최소자승법(부록III참조)을 적용하여 실험식을 결정한다. 이 실험식의 도출에 있어서는 복소 비유전율($\dot{\varepsilon}_r = \varepsilon_r' - j\varepsilon_r''$)과 카본블랙의 함유량 G [PHR] 및 주파수 f [GHz]와의 관계를 다음 같이 가정한다.

$$\varepsilon_r' = K + aG^b f^c \tag{3.12}$$

$$\varepsilon_r'' = K' + a'G^{b'} f^{c'} \tag{3.13}$$

여기서, G의 단위는 PHR이고, f의 단위는 GHz이다.

여기에 K 및 K′은 G = 0 PHR인 때의 값이며, 각 주파수에 대하여 일정치이다. 또, a~c′은 측정치로부터 결정해야 할 미지수이다. 그리고, 이와 같이 가정한 실험식에 $\dot{\varepsilon}_r$의 측정치를 사용하여 최소자승법을 적용하면 각 미지수 a~c′가 구해져, 식 (3.12) 및 식 (3.13)은 다음과 같이 결정될 수 있다.

$$\varepsilon_r' = 3.0 + 2.881G^{1.236} f^{-0.610} \tag{3.14}$$

$$\varepsilon_r'' = 0.3 + 0.832G^{1.777} f^{-0.782} \tag{3.15}$$

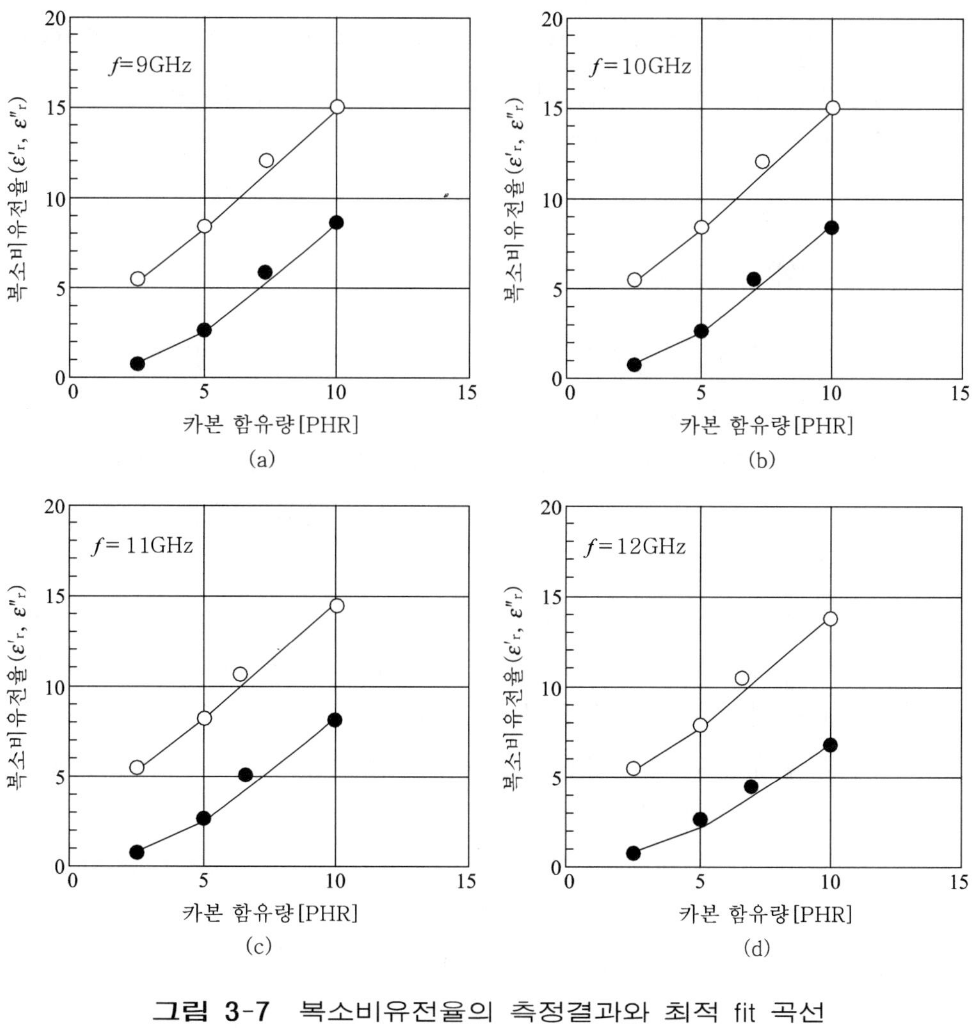

그림 3-7 복소비유전율의 측정결과와 최적 fit 곡선

그림 3-7의 (a)~(d)의 각 주파수에 대하여, 이 실험식을 사용하여 계산한 복소 비유전율(실선 : ε_r', 점선 : ε_r'')과 함유량 G의 관계 및 실제로 측정한 복소 비유전율 값의 평균치를 ○기호(ε_r') 및 ●기호(ε_r'')로 표시한다. 여기에서, 측정치에 대한 편차는 측정치의 최대치와 최소치를 나타내고 있다. 이 결과 각 주파수에 있어서 측정치와 계산치는 잘 일치하고 있으며, 최소자승법에 의한 실험식이 정확히 구해져 있는 것을 알 수 있다.

(3) 실현성

이와 같이 하여 도출한 $\dot{\varepsilon}_r$의 실험식을 사용하여, 여기서는 1층형 전파흡수체의 설계도표(chart)를 나타낸다. 즉, 이 설계도표는 실험식 (3.14) 및 (3.15)를 수직입사에 대한 무반사조건식 (3.8)에 대입하고, 각 주파수에 있어서의 카본블랙 함유량 G와 두께 d의 해를 구함으로써 작성된다.

이 결과를 그림 3-8에 나타내며, 이것으로부터 각 주파수에 있어서 무반사가 되는 경우의 함유량 G와 두께 d를 알 수 있다. 그리고 이 설계도표에 기초하여, 예를 들면 중심 주파수를 10 GHz로 선택하면 카본블랙 함유량 G = 6.26 PHR, 두께 d = 2.44 mm로 하면 전파흡수체를 실현할 수 있음을 알 수 있다.

나아가서 이들 제원을 기반으로 앞에서 기술한 핫프레스 방식을 사용하여 뒷판(back plate) 알루미늄박을 하층에 놓고 크기 300 mm × 300 mm, 두께 d = 2.39 mm(평균 두께)의 전파흡수체를 제작한다. 여기에서 시트의 설계 두께는 d = 2.44 mm이지만, 이 두께보다 약간 얇게

하고 있는 것은 두께를 컨트롤하는 스페이서의 가공정도나 고무의 신축에 따른 것이다.

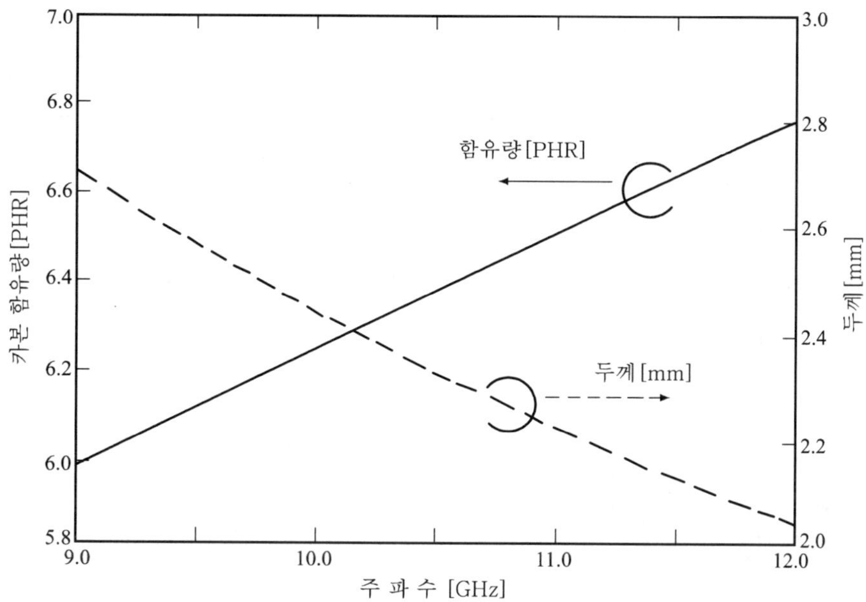

그림 3-8 설계도표

그림 3-9는 이와 같이해서 설계·제작한 전파흡수체의 흡수특성을 숏트 펄스법(9.5절 참조)으로 측정한 결과를 보여주고 있다. 여기서, 횡축은 주파수(GHz), 종축은 흡수량(dB)을 나타내고, △ 및 ○ 표시는 각각 수직 및 수평편파의 측정치를 나타내고 있다. 이 결과, 10 GHz 부근에서 최대 27 dB 정도의 흡수량이 얻어지고, 또 수직, 수평편파의 측정결과는 1 dB 정도의 차이로 거의 일치하며, 면내에서의 이방성도 없는 것이 관측되고 있다. 단, 이 측정결과를 설계치와 비교해 보면, 중

심주파수가 약간 낮아지고 흡수량도 저하하고 있다. 그 이유는 제작시에 있어서 두께나 카본 함유량의 조정오차 때문으로 생각되며, 금후 제조시에 이들의 컨트롤을 정확히 할 수 있으면 더욱 더 큰 흡수량이 얻어질 수 있을 것으로 보인다

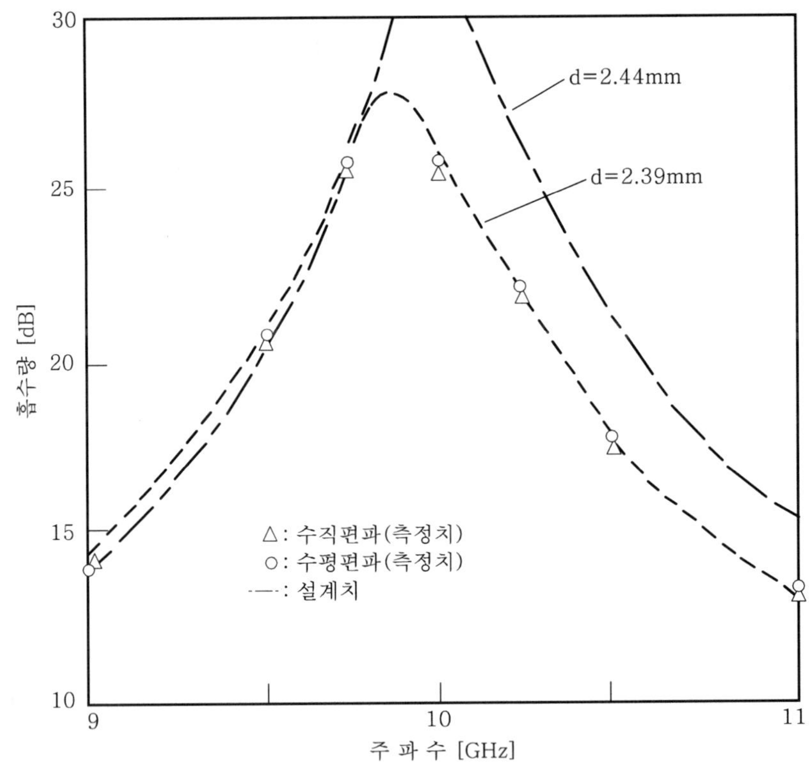

그림 3-9 측정결과와 설계치

참고문헌

1. Dong Il Kim and Su-Jung Kim, Jae-Man Song, "Dependence on Preparation Temperature of the Microwave Absorption Properties in Absorbers for Mobile Phones," Journal of the Korean Physical Society, Vol.43, No.2, pp.269-272, August 2003.
2. Jae Man Song, Hyun Jin Yoon, Dong Il Kim, "Dependence of electromagnetic wave absorption on ferrite particle size in sheet-type absorbers," J. Korean Phys. Soc, vol. 42, no. 5. pp.671-875, May. 2003.
3. Jae Man Song, Dong Il Kim, Seung Jae Shin, Sang Hyun Moon and Ki Man Kim, Keel Soo Rhyu, "Development of Electromagnetic Wave Absorbers with Alnico Magnets," Journal of the Korean Physical Society, Vol.44, No.6, pp.1495-1498, June 2004.
4. Jae-Man Song, Dong Il Kim, Seung-Jae Shin, Sang-Hyun Moon, Jung-Hyun Choi, Jae-Hyun Jeung, "Microwave Absorbers Prepared with Alnico Magnets," International Journal of Navigation and Port Research, Vol.29, No.2, pp.147-150, 2005. 03.
5. 김동일, 옥승민, 김수정, 박우근, 송재만, "Sheet형 전파흡수체에 있어 Ferrite 입자 크기의 제어에 따른 전파흡수체의 특성," 한국항해항만학회지, Vol.27, No.1, pp.71-74, 2003. 03.
6. 김동일, 최동한, 박우근, 송재만, "NC와 옻칠을 소재로 한 고성능 전파흡수체에 관한 연구," 한국항해항만학회지, Vol.27, No.1, pp.75-79, 2003. 03.
7. 김동일, 신승재, 문상현, 송재만, "X-Band용 Sheet형 Sr Ferrite의 전자파흡수능에 관한 연구," 한국해양대학교 산업기술연구소 연구논문집, Vol.21, pp.107-113, 2004. 01.

8. 清水 康敬, 西方 敦博, 鈴木 松一：“ゴムカーボンシートによるレーダー電波障害對策用吸收体,” 電子情報通信學會論文誌, Vol.J68-B, No.8, pp.928- 934, 1985.
9. 橋本 康雄, 市原 謙一, 石野 健, 清水 康敬：“厚膜塗料による電波吸收体の實用的檢討,” 電子情報通信學會論文誌, Vol.J73-B-Ⅱ, No.4, pp.214-223, 1990.
10. 橋本 修, 宗 哲：“炭素粒子混入エポキシ変性ウレタンゴムシートの複素誘電率に對する實驗式とその電波吸收体への應用,” 電子情報通信學會論文誌, Vol.J74-B-Ⅱ, No.10, pp.563-565, 1991.
11. 橋本 修, 近藤 愼平, 辻村 彰宏, 宗 哲：“炭素粒子混入エポキシ変性ウレタンゴムシートを用いたマイクロ波帯用電波吸收体の設計チヤートとその實現性,” 電子情報通信學會論文誌, Vol.J76-B-Ⅱ, No.4, pp.311-313, 1993.

제4장

2층형 전파흡수체

목표

2층형 전파흡수체

이 장에서는 전파흡수체로서 그 응용범위가 넓은, 금속을 뒷면에 부착한 2층 구성 전파흡수체의 일반적인 설계법, 나아가서 이 설계법의 응용으로서 그라파이트 함유 발포 폴리스티로폼이나 탄화규소 FRP를 사용한 전파흡수체의 구체적인 구현법에 관하여 설명한다.

4-1 설계법

그림 4-1에 나타내는 바와 같이 표면층과 흡수층을 가지는 2층형 전파흡수체의 해석은 제2장에서 기술한 전송선이론에 의하여 이루어질 수 있다. 즉, 그림 2-5에 나타낸 전송선로에 있어서, 부하로부터 거리 d에서의 입력 임피던스 $\dot{Z}_{in}$은 다음 식으로 표현된다.

$$\dot{Z}_{in} = \dot{Z}_C \frac{\dot{Z}_L + \dot{Z}_C \tanh \dot{\gamma}_C d}{\dot{Z}_C + \dot{Z}_L \tanh \dot{\gamma}_C d} \tag{4.1}$$

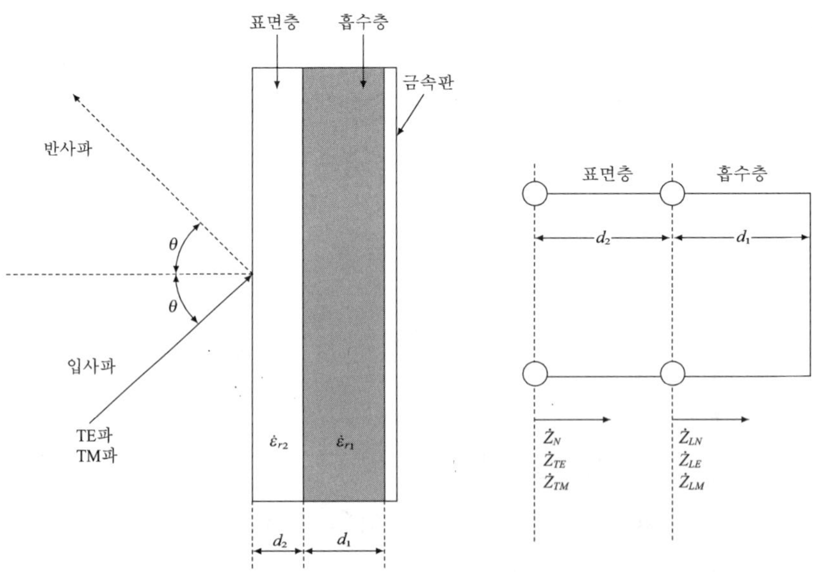

(a) 구성　　　　(b) 전기적 등가회로

그림 4-1 2층형 전파흡수체의 구성

그러므로, 금속판으로 단락된 1층 구성의 전파흡수체의 경우, 부하 임피던스 $\dot{Z}_L$은 0(zero)지만, 2층의 전파흡수체의 경우에는 먼저 최초에 흡수층 전면으로부터 금속판의 방향을 들여다 본 입력 임피던스를 계산하고, 이것을 부하 임피던스 $\dot{Z}_L$로 식 (4.1)에 대입하면, 표면층 전면으로부터 금속판 방향을 들여다 본 입력 임피던스를 계산할 수 있다. 이하, 같은 방법으로 계산된 표면층 전면에서 들여다 본 입력 임피던스를 써서, 수직입사 및 사입사의 경우로 나누어 반사계수를 유도해 본다.

(1) 수직입사의 경우

흡수층 전면으로부터 들여다 본 수직입사시의 입력임피던스 $\dot{Z}_{LN}$ 은

$$\dot{Z}_{LN} = \frac{Z_0}{\sqrt{\dot{\varepsilon}_{r1}}} \tanh\left(j2\pi\sqrt{\dot{\varepsilon}_{r1}}\frac{d_1}{\lambda}\right) \tag{4.2}$$

로 된다. 또한 표면층의 특성 임피던스 $\dot{Z}_c$는

$$\dot{Z}_C = \frac{Z_0}{\sqrt{\dot{\varepsilon}_{r2}}} \tag{4.3}$$

이 되므로 이들을 식(4.1)에 대입한 후, $X = \tanh\left(j2\pi\sqrt{\dot{\varepsilon}_{r1}}\frac{d_1}{\lambda}\right)$, $Y = \tanh\left(j2\pi\sqrt{\dot{\varepsilon}_{r2}}\frac{d_2}{\lambda}\right)$라 놓고 정리하면, 2층형 전파흡수체에 대한 수직입사시의 입력임피던스 $\dot{Z}_N$은 다음 식과 같이 구해진다.

$$\dot{Z}_N = \frac{Z_0}{\sqrt{\dot{\varepsilon}_{r2}}} \frac{\sqrt{\dot{\varepsilon}_{r2}}X + \sqrt{\dot{\varepsilon}_{r1}}Y}{\sqrt{\dot{\varepsilon}_{r1}} + \sqrt{\dot{\varepsilon}_{r2}}XY} \tag{4.4}$$

이 입력임피던스를 이용하여, 수직입사에 대한 반사계수 $\dot{\Gamma}_N$은 1층의 경우와 마찬가지로 다음 식으로 나타낼 수 있다.

$$\dot{\Gamma}_N = \frac{\dot{Z}_N - Z_0}{\dot{Z}_N + Z_0} \tag{4.5}$$

(2) TE파의 경우

TE파가 입사각도 θ로 입사하는 경우, 흡수층 전면으로부터 들여다본 입력 임피던스 $\dot{Z}_{LE}$는

$$\dot{Z}_{LE} = \frac{Z_0}{\sqrt{\dot{\varepsilon}_{r1} - \sin^2\theta}} \tanh\left(j2\pi\sqrt{\dot{\varepsilon}_{r1} - \sin^2\theta}\ \frac{d_1}{\lambda}\right) \tag{4.6}$$

이고, 또 표면층의 특성 임피던스 $\dot{Z}_c$는

$$\dot{Z}_c = \frac{Z_0}{\sqrt{\dot{\varepsilon}_{r2} - \sin^2\theta}} \tag{4.7}$$

이다. 이들을 식 (4.1)에 대입한 후,

$$\dot{X} = \tanh\left(j2\pi\sqrt{\varepsilon_{r1} - \sin^2\theta}\,\frac{d_1}{\lambda}\right),\quad \dot{Y} = \tanh\left(j2\pi\sqrt{\varepsilon_{r2} - \sin^2\theta}\,\frac{d^2}{\lambda}\right)$$

라 놓고 정리하면, 2층형 전파흡수체에 대한 TE파의 입력 임피던스 $\dot{Z}_{TE}$는 다음 식으로 구해진다.

$$\dot{Z}_{TE} = \frac{Z_0}{\sqrt{\dot{\varepsilon}_{r2} - \sin^2\theta}} \cdot \frac{X/\sqrt{\dot{\varepsilon}_{r1} - \sin^2\theta} + Y/\sqrt{\dot{\varepsilon}_{r2} - \sin^2\theta}}{1/\sqrt{\dot{\varepsilon}_{r2} - \sin^2\theta} + XY/\sqrt{\dot{\varepsilon}_{r1} - \sin^2\theta}} \qquad (4.8)$$

그리고, 반사계수 $\dot{\Gamma}_{TE}$는 $\dot{Z}_{TE}$를 이용하여 다음과 같이 나타낼 수 있다.

$$\dot{\Gamma}_{TE} = \frac{\dot{Z}_{TE} - Z_0/\cos\theta}{\dot{Z}_{TE} + Z_0/\cos\theta} \qquad (4.9)$$

(3) TM파의 경우

TM파가 입사각 θ로 입사하는 경우에도 마찬가지로, 먼저 흡수층 전면으로부터 들여다 본 입력임피던스 $\dot{Z}_{LM}$은

$$\dot{Z}_{LM} = \frac{Z_0\sqrt{\dot{\varepsilon}_{r1} - \sin^2\theta}}{\dot{\varepsilon}_{r1}} \tanh\left(j2\pi\sqrt{\dot{\varepsilon}_{r1} - \sin^2\theta}\,\frac{d_1}{\lambda}\right) \qquad (4.10)$$

이 되고, 또 표면층의 특성 임피던스 $\dot{Z}_c$는

$$\dot{Z}_c = \frac{Z_0}{\sqrt{\dot{\varepsilon}_{r2} - \sin^2\theta}} \qquad (4.11)$$

로 표현된다. 따라서 TE파의 경우와 마찬가지로 이들을 식 (4.1)에 대입하여 정리하면, 2층형 전파흡수체에 있어서 TM파의 경우의 입력 임피던스 $\dot{Z}_{TM}$은 다음 식으로 구해진다.

$$\dot{Z}_{TM} = \frac{Z_0\sqrt{\dot{\varepsilon}_{r2} - \sin^2\theta}}{\dot{\varepsilon}_{r2}} \cdot \frac{X\sqrt{\dot{\varepsilon}_{r1} - \sin^2\theta}/\dot{\varepsilon}_{r1} + Y\sqrt{\dot{\varepsilon}_{r2} - \sin^2\theta}/\dot{\varepsilon}_{r2}}{\sqrt{\dot{\varepsilon}_{r2} - \sin^2\theta}/\dot{\varepsilon}_{r2} + XY\sqrt{\dot{\varepsilon}_{r1} - \sin^2\theta}/\dot{\varepsilon}_{r1}} \tag{4.12}$$

따라서 반사계수 $\dot{\Gamma}_{TM}$은 $\dot{Z}_{TM}$을 이용하여

$$\dot{\Gamma}_{TM} = \frac{\dot{Z}_{TM} - Z_0/\cos\theta}{\dot{Z}_{TM} + Z_0/\cos\theta} \tag{4.13}$$

으로 나타낼 수 있다.

이상, 2층 구성의 전파흡수체에 관해서 기술한 바와 같이 수직 입사나 사입사에 대하여 표면에서 들여다 본 입력임피던스 $\dot{Z}_N$, $\dot{Z}_{TE}$ 및 $\dot{Z}_{TM}$는 여러가지의 변수에 따라 변화한다. 따라서 설계시에 있어서는 어떤 변수에 착안하느냐에 따라 각종 특성을 가지는 전파흡수체를 설계 할 수 있다. 그림 4-2는 그 특성의 개요를 보여주는 것으로, (a) 주파수, (b) 입사각도, (c) 편파에 착안한 경우로 대별된다. 즉, 주파수에 착안한 경우에는 광대역특성, 입사각도에 착안한 경우에는 광각도 특성, 편파에 착안한 경우에는 양편파특성이 뛰어난 전파흡수체가 실현될 수 있게 하는 것이 중요하다.

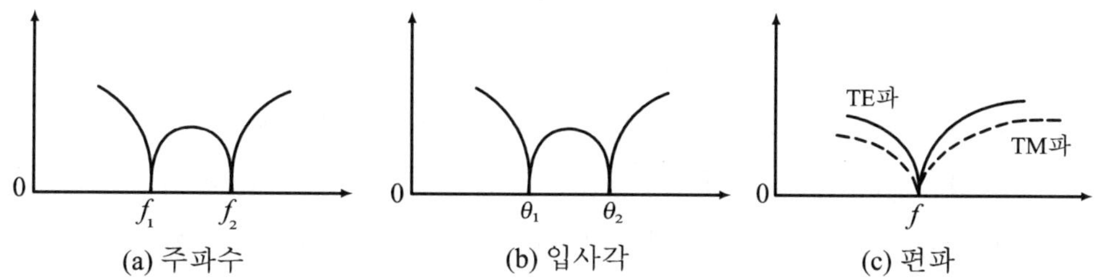

그림 4-2 2층형 전파흡수체의 설계

일례로서, 만일 $\theta = 0°$ (수직입사)에 대하여, 2 주파수 f_1과 f_2에서 $\dot{\Gamma}_N = 0$ (반사계수 0)이 되도록 설계하고자 하는 경우, 만족해야 하는 조건은

$$\dot{Z}_N = (\dot{\varepsilon}_{r1},\ \dot{\varepsilon}_{r2},\ d_1,\ d_2,\ f_1) = Z_0 \tag{4.14}$$

$$\dot{Z}_N = (\dot{\varepsilon}_{r1},\ \dot{\varepsilon}_{r2},\ d_1,\ d_2,\ f_2) = Z_0 \tag{4.15}$$

이며, 이 조건을 사용해서 수직입사에 대하여 광대역특성을 가지는 전파흡수체의 최적 설계가 가능하게 된다. 즉, 식 (4.14) 및 식 (4.15)를 사용해서 전파흡수체를 설계하는 경우, f_1과 f_2는 설계주파수로서 이미 알고 있기 때문에 미지수는 각층의 복소 비유전율의 실수부와 허수부 및 두께로 6개가 된다.

한편, 식 (4.14)와 식 (4.15)는 복소 연립 1차방정식이기 때문에, 실제로는 이들로부터 4개의 방정식이 얻어진다. 그러므로, 예를 들어 두께 d_1과 d_2를 지정하면 미지수와 방정식의 수는 모두 4개가 되고, 주어진 두께에 대한 표면층과 흡수층의 복소비유전율($\dot{\varepsilon}_{r1}$ 및 $\dot{\varepsilon}_{r2}$)이 결정될 수 있게 된다.

그러나, 이 경우 식 (4.14)와 식 (4.15)는 $\dot{\varepsilon}_{r1}$ 및 $\dot{\varepsilon}_{r2}$에 관한 초월방정식이 되고, 직접 해를 구하는 것은 곤란하기 때문에, 뉴튼법(부록 I 참조)을 적용해서 연립 1차방정식을 풀어서 구한다. 즉. 식 (4.14)와 식 (4.15)로부터 얻어지는 4개의 식을 f_i (i=1~4)라 하고, 결정해야 할 변수를 ε_i, 그 초기치를 ε_i', 더욱이 ε_i 가 참값으로 수렴하기 위한 증분을 $\triangle\varepsilon_i$ 라 하면 4차원의 뉴튼법에 의하여 $\triangle\varepsilon_i$ 는 다음 식으로 계산할 수 있다.

$$[a_{ij}][\triangle\varepsilon_i]=[b_i] \tag{4.16}$$

여기서,

$$a_{ij}=\left(\frac{\partial f_i}{\partial \varepsilon_i}\right)_{\varepsilon_i=\varepsilon_i'} \qquad (i=1\sim4,\quad j=1\sim4)$$

$$b_i=-f_i(\varepsilon_i')$$

이다. 이와 같은 이론을 기반으로 해서 이하에 구체적인 최적설계법에 관해서 설명한다.

4-2 양편파용 2층형 전파흡수체

(1) 설계법

여기서는 2층형의 전파흡수체에 의하여 양편파용 흡수체를 실현하는 프로세스에 관해서 설명한다. 즉, 그림 4-1에 나타낸 바와 같이 뒷면에 금속판을 붙인 2층형 전파흡수체에 입사각 θ로 TE파 및 TM파가 입사한 경우를 검토한다. 이 경우 TE파 및 TM파에 대한 전파흡수체의 반사계수(흡수량)는 식 (4.9) 및 식 (4.13)을 사용해서 계산할 수 있으므로, 이와 같은 설계를 하는 데에는 선택한 입사각도 θ 및 주파수 f에 대하여 다음과 같은 복소 연립 1차방정식을 상기한 뉴튼법을 사용해서 풀면 된다.

$$\dot{Z}_{TM} = (\dot{\varepsilon}_{r1},\ \dot{\varepsilon}_{r2},\ d_1,\ d_2,\ f,\ \theta) = Z_0 \cos\theta \qquad (4.17)$$

$$\dot{Z}_{TE} = (\dot{\varepsilon}_{r1},\ \dot{\varepsilon}_{r2},\ d_1,\ d_2,\ f,\ \theta) = Z_0 / \cos\theta \qquad (4.18)$$

이 경우 흡수량은 각층의 복소 비유전율($\dot{\varepsilon}_{r1}$, $\dot{\varepsilon}_{r2}$) 및 두께 $(d_1,\ d_2)$의 함수가 된다. 그래서 여기에서는, 선택한 입사각도 θ 및 주파수 f에 대해서 $d_1/(d_1+d_2)$, 즉 흡수체의 두께 (d_1+d_2)에 대한 흡수층의 두께 d_1의 비와 $(d_1+d_2)/\lambda$, 즉 파장 λ로 규격화한 흡수체의 두께에 대해서, 각각의 편파에 대한 흡수량이 최대가 되도록 뉴튼법을 적용하여 각층의 복소 비유전율을 구하고 설계차트를 작성한다. 그림 4-3~그림 4-4는 이 방법을 사용해서 입사각도 θ가 30° 및 60°인 경우에 대하여 계산한 설계챠트를 나타내고 있다. 이들 그림에 의하여 설계 제원 λ, θ, d_1 및 d_2를 결정하면, 이 4개의 그림을 사용해서, 각층을 구성하는 최적인 복소 비율전율이 결정 될 수 있음을 알 수 있다. 또한, 그림중 무해영역(해가 없는 영역)이란 식 (4.17) 및 식 (4.18)을 동시에 만족하는 복소 비유전율의 해가 존재(부호도 포함)하지 않는 영역을 나타내고 있다.

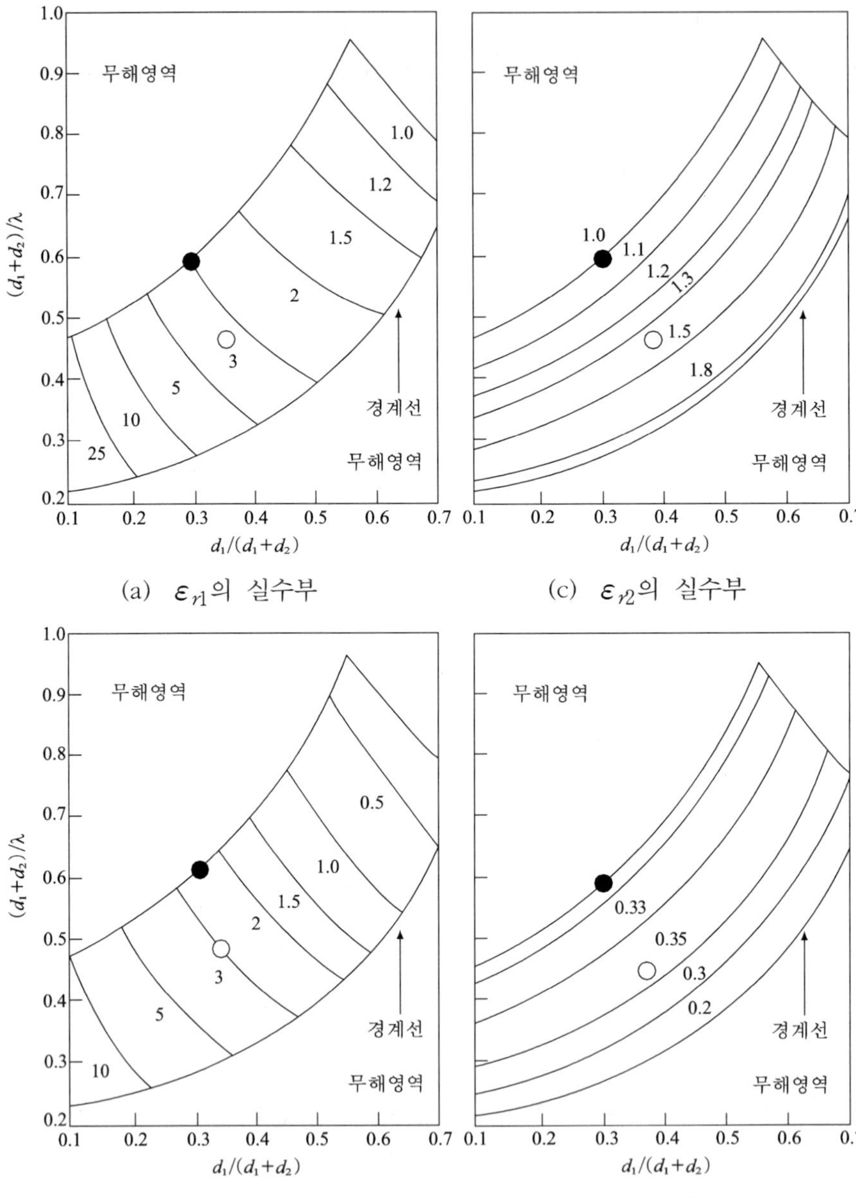

(a) ε_{r1}의 실수부　(c) ε_{r2}의 실수부

(b) ε_{r1}의 허수부　(d) ε_{r2}의 허수부

그림 4-3 설계차트의 일례

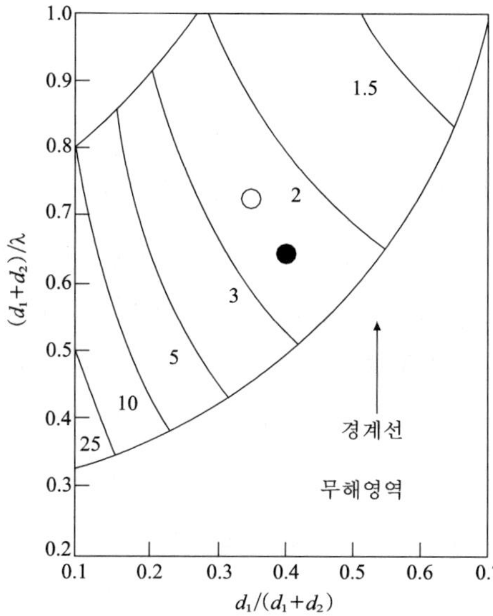

(a) ε_{r1}의 실수부

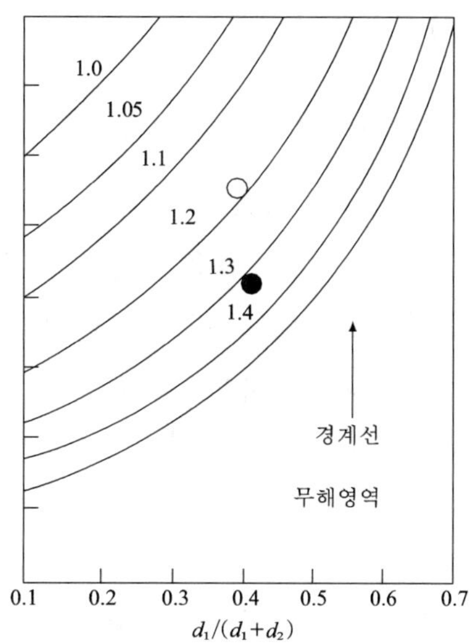

(c) ε_{r2}의 실수부

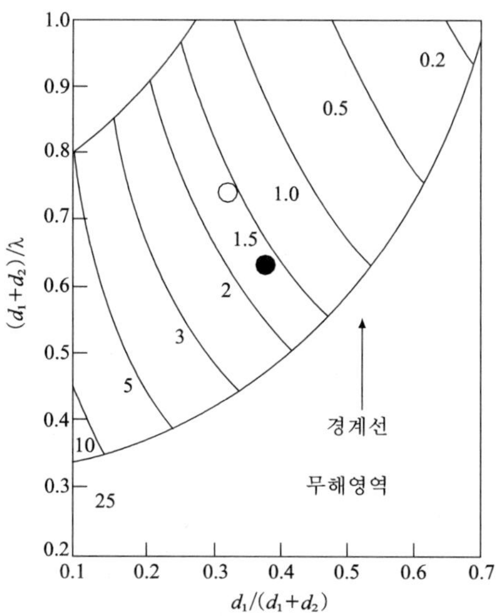

(b) ε_{r1}의 허수부

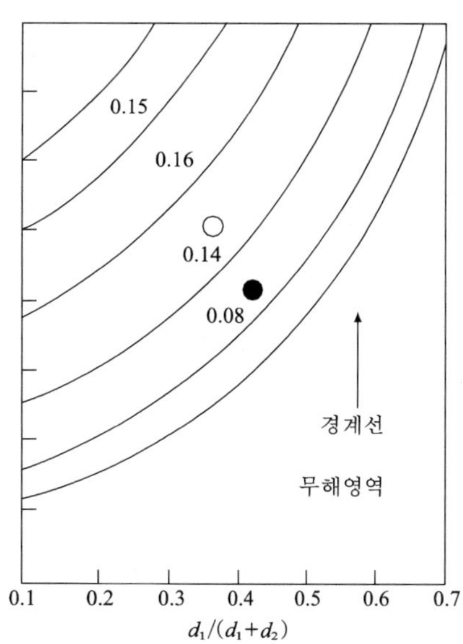

(d) ε_{r2}의 허수부

그림 4-4 설계차트의 일례

(2) 실현성

일례로서 그림 4-5는, 그림 4-3 및 그림 4-4 중에 ●표시로 나타낸 $d_1/(d_1+d_2)=0.4$ 및 $(d_1+d_2)/\lambda=0.6$인 경우에 있어서 복소 비유전율을 그림에서 구하고, 그 제원을 사용해서 각도특성을 계산한 결과를 나타낸다. 이로부터 설계대로 입사각도에 있어서, TE, TM파 모두 흡수량이 최대가 되는 것을 알 수 있다. 더욱이 5.2절에 나타내는 그라파이트함유 발포 폴리스티롤을 적용해서 그 실현성을 검토한 결과를 ○표시로 나타낸다. 이것에 의하여 이 ○표시는 설계차트에 있어서 전파흡수체를 실현하는 범위에 존재하고 있으므로, 이 재료를 사용해서 원하는 입사각도에 있어서의 양편파용 2층형 전파흡수체가 실현가능한 것이 확인되었다. 또는 이 결과는 후술하는 식 (5.1)을 식 (4.17) 및 식 (4.18)에 대입하고, 뉴튼법을 사용해서 해를 탐색한 결과이다.

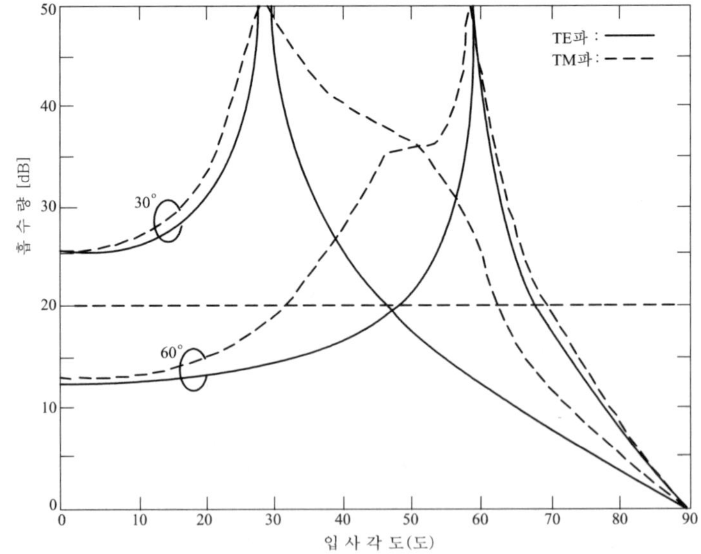

그림 4-5 각도특성의 계산결과

4-3 광대역용 2층형 전파흡수체

(1) 설계법

여기에서는 탄화규소섬유를 수지에 함침(含浸)시켜서 제작한 2층구성의 광대역 FRP형 전파흡수체의 검토예에 관해서 설명한다. 즉, 탄화 규소섬유는 재열처리 온도를 변화시킴으로써 복소 비유전율을 크게 변화시킬 수 있다. 이 때문에 이 재열처리 온도가 다른 탄화 규소섬유로 표면층과 흡수층을 제작하고, 이들을 사용해서 2층구성의 흡수체를 실현한다.

그림 4-6은 그 제조과정을 나타낸 것으로, 먼저 이 그림에 보인 재열처리공정의 온도를 변화시켜 각종의 시료를 제작하고, 8.2절에 보이는 직사각형도파관 정재파법에 의하여 복소 비유전율을 측정한다. 이 결과를 그림 4-7에 나타낸다.

다음에 이 복소 비유전율의 실현범위에서 광대역인 전파흡수체의 실현성을 검토하게 되지만, 이경우에는 $\dot{\varepsilon}_r$의 실현범위에 있어서 앞의 뉴튼법을 사용하여도 2개의 주파수나 2개의 입사각도에서 흡수량이 최대로 되는 최적해는 존재하지 않는다. 따라서 이런 경우에는 각층의 복소 비유전율을 실현가능한 범위에서 변화시키고, 나아가서 각층의 두께도 변화시켜서 보다 광대역인 전파흡수체를 실현할 수 있는 두께나 복소 비유전율을 cut and try로 결정한다.

표 4-1은 이 결과의 일례를 나타낸 것으로, 이 설계방침에 따라 평판을 제작한다. 그러나. 실제 제작된 두께는 제조시의 오차로 인하여 흡수층이 1.82 mm 및 표면층이 2.81 mm 로 되었다.

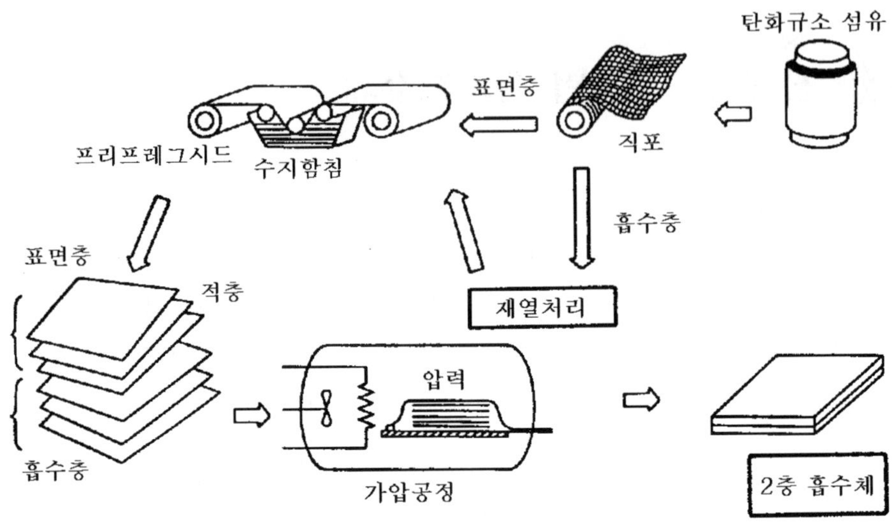

그림 4-6 제조공정

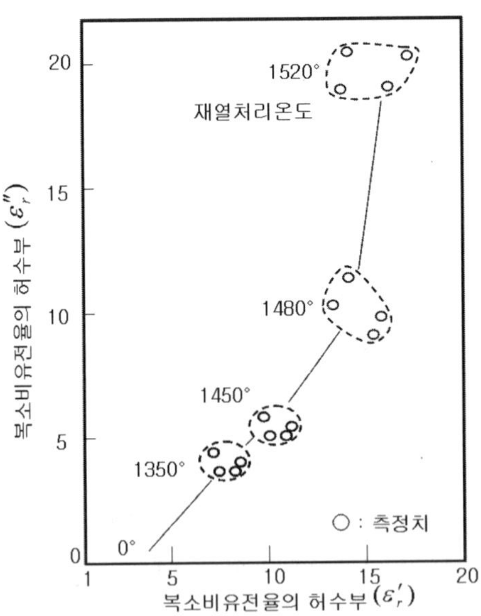

그림 4-7 재열처리 온도 및 복소 비유전율

표 4-1 설 계 제 원

층	재열처리온도	비유전율	두께
표면층	없음	4.4～j0.1	2.90 mm
흡수층	1520℃	14.5～j19.0	1.90 mm

(2) 실현성

이렇게 해서 제작된 전파흡수체의 흡수특성을 그림 4-8에 나타낸다. 파선은 설계치 및 실제로 제작된 흡수체의 실현치를 나타내고, ○ 및 △표시는 수직편파 및 수평편파의 측정결과를 보이고 있다. 이로부터 수직편파와 수평편파의 측정결과에는 2～3 dB 정도의 편차가 나타나지만 8～12 GHz의 X대 전역에 걸쳐, 20 dB 이상의 흡수량이 실현되고 있다.

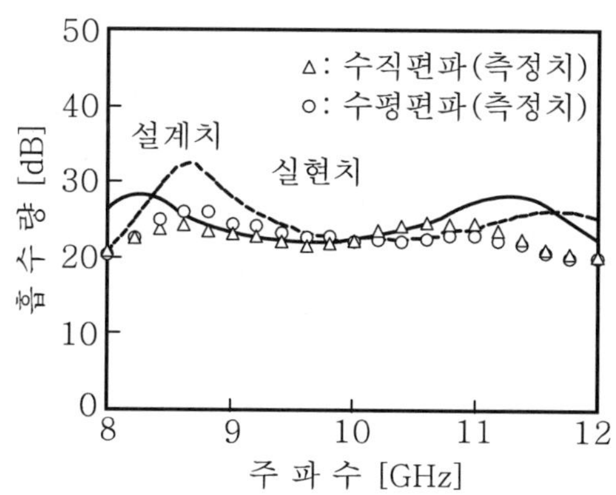

그림 4-8 주파수 특성의 계산 및 측정결과

또 이 형태의 전파흡수체는 뛰어난 기계적 강도를 가지고 있는 것이 특징이다. 예로서, S제작소 AG5000B형 시험기를 사용한 기계강도의 측정결과를 표 4-2에 보여주는 바와 같이, 이렇게 제작시에 재열처리를 하여도 종래의 유리(glass) FRP나 케브라 FRP와 비교해서 거의 전 항목에 걸쳐 같은 정도의 강도가 얻어지고 있는 것을 알 수 있다.

표 4-2 기계강도의 측정결과

비 중	1.8
인 장 강 도 (kg/㎟)	20
탄 성 율 (kg/㎟)	5,000
압 축 강 도 (kg/㎟)	46
탄 성 율 (kg/㎟)	4,300
휘 임 강 도 (kg/㎟)	40
탄 성 율 (kg/㎟)	4,800

참고문헌

1. 橋本 修, 原 義弘："2層構造炭化ケイ素繊維 FRP の電波吸收特性," 電子情報通信學會論文誌, Vol.J74-B-Ⅱ, No.7, pp.421-423, 1991.
2. 清水 康敬, 橋本 修, 辻村 彰宏, 木村 尊："TE, TM 兩偏波用2層型電波吸收体の設計チャート," 電子情報通信學會論文誌, Vol.J77-B-Ⅱ, No.5, pp.268-271, 1994.
3. 橋本 修, 辻村 彰宏："炭素粒子混入エボキシ変性ウレタンゴムを用いた廣帶域2層型マイクロ波帶用電波吸收体の理論的檢討," 電子情報通信學會論文誌, Vol.J77-B-Ⅱ, No.8, pp.47-49, 1994.

제5장

다층형 전파흡수체

목표

다층형 전파흡수체

1층형 전파흡수체나 2층형 전파흡수체에서는 전술한 바와 같이 흡수하는 주파수대역이나 입사특성, 나아가서 편파특성에 한계가 있다. 이 경우, 제한된 범위에서 그 흡수특성이 요구되는 예를 들면 레이다 허상방지용 흡수체 등의 경우에는 문제가 생기지 않지만, 전파암실에 사용하는 전파흡수체와 같이 광대역성을 필요로 하는 경우에는, 그러한 특성으로는 불충분하게 된다. 따라서 본 장에서는 이러한 특성을 달성하는 전파흡수체로서 다층형 전파흡수체의 설계법에 관해서 설명한다. 한편 다층모델에 의한 다층형 전파흡수체의 해석법은 제6.1절을 참조하기 바란다.

5-1 다층형 전파흡수체의 형상

광대역특성을 가지는 전파흡수체를 실현하기 위해서는, 다층구성을 할 필요가 있다. 즉, 다층구성을 함으로써 흡수체의 표면 가까이에서는 그 재료정수가 공기에 가까운 재료를 선택하고, 내부로 들어감에 따라서 전파흡수율이 큰 재료로 구성한다. 이와 같이 구성함으로써 전파는 주파수가 다소 변화한다 해도 재료내에 투과하고, 그 후에 천천히 감쇠하게 된다. 이러한 관점에서 다층구성에 있어서는 전파흡수체를 구성하는 재료뿐만 아니라 전파흡수체의 형상도 중요한 설계요소가 된다.

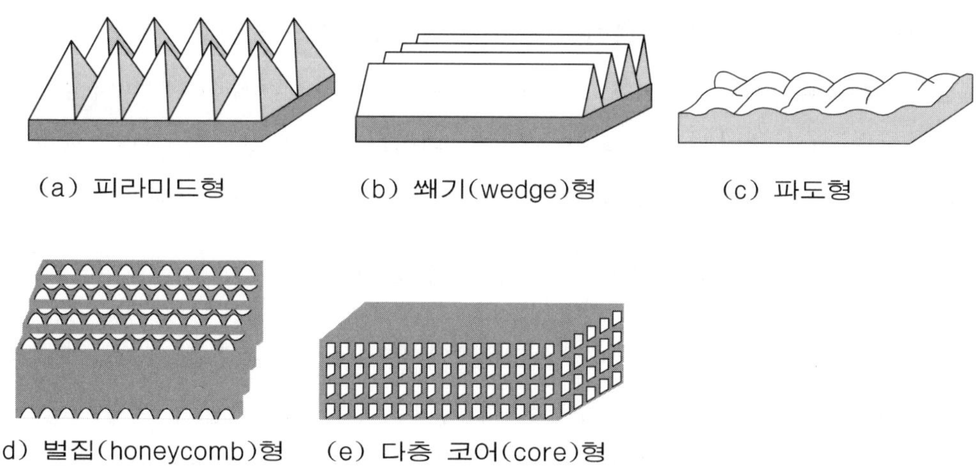

그림 5-1 다층형 전파흡수체의 형상

그림 5-1은 외관에 따라 분류한 다층형 전파흡수체를 보여주고 있다. 이 그림에 보이듯이 평판형의 경우를 제외하고, 웨지나 피라미드 구조로 설계하고, 표면부근에서의 면적을 적게 함으로써, 같은 재료로 구성해도 등가적

으로 유전율을 작게 하여 전파흡수체의 표면 근처에서 공기에 가까운 유전율이 얻어지도록 하는 검토가 이루어지고 있다.

5-2 평판형 다층전파흡수체

여기에서는 그라파이트 함유 발포폴리스티롤을 사용하고, 포인트 정합(point match)법에 의하여 평판형 다층전파흡수체를 구체적으로 설계한다. 이 재료는 발포 폴리스티롤 분말에 그라파이트를 코팅하고 발포시켜서 제작한 것이며, 단위체적당의 그라파이트량 G [g/ℓ]를 변화시킴으로써 그 복소 비유전율을 변화시킬 수 있다.

일례로서 그라파이트량 G [g/ℓ] 및 주파수 f [GHz]를 변화시켜서, 감쇠정수 α를 측정하면 그림 5-2와 같이 변화하고, 마찬가지로 해서 측정한 위상정수 β의 데이터도 합하여, 이들의 데이터로부터 실험적으로 전파정수 $\dot{\gamma}$는 G [g/ℓ] 및 f[GHz]의 함수로서 다음과 같이 구할 수 있다.

$$\dot{\gamma}=\beta_0\{0.03Gf^{-0.4}+j(1+0.039Gf^{-0.4})\} \tag{5.1}$$

나아가서, 전파정수 $\dot{\gamma}$와 복소 비유전율 $\dot{\varepsilon}_r$에는, $\dot{\gamma}=j\beta_0\sqrt{\dot{\varepsilon}_r}$ ($\beta_0=2\pi/\lambda_0$)의 관계가 있으므로, 이로부터 복소 비유전율의 실수부 및 허수부를 구할 수 있다. 이하 이 실험식과 다층구성의 전파흡수체의 해석법으로서, 일반적인 포인트 정합법을 사용하여 평판형 다층전파흡수체를 설계한다. 포인트 정합법이란 사용주파수 대역내의 몇 개의 주파수에 있어서, 반사계수 $\dot{\Gamma}$가 영이 되도록 다층형 전파흡수체의 각층의 정수를 결정하는 방법이다.

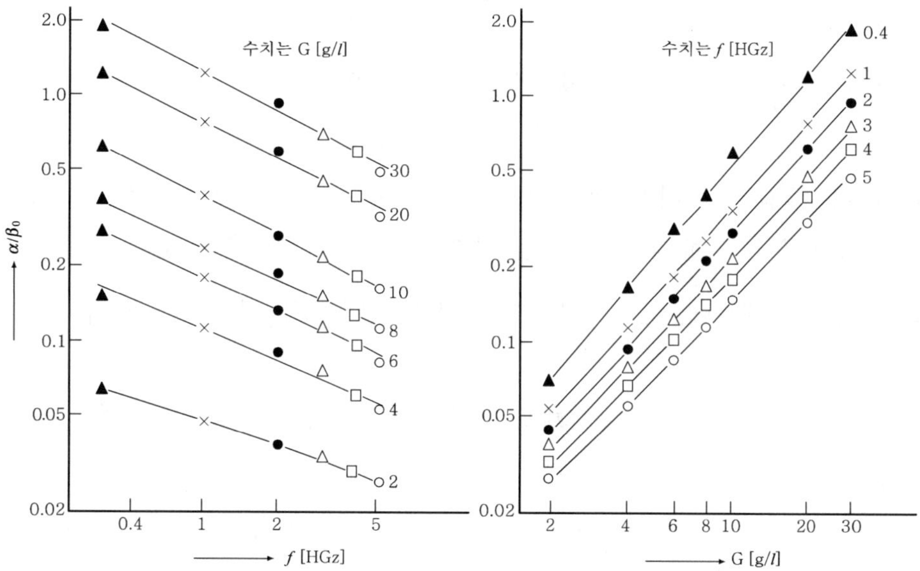

그림 5-2 감쇠정수(α/β_0)의 측정결과

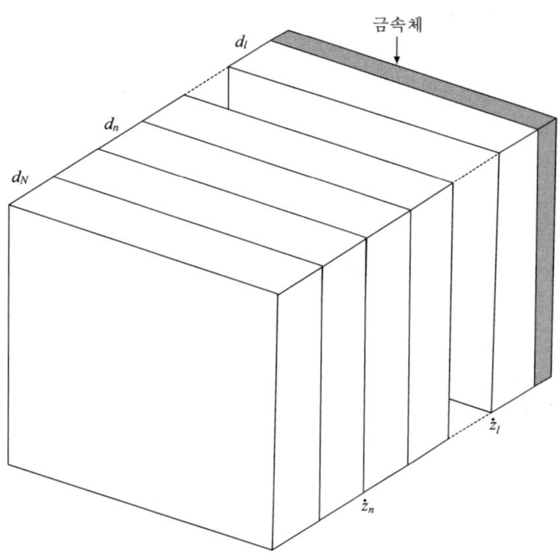

그림 5-3 평판형 다층전파흡수체의 구성

즉, 이 설계법에서는 그림 5-3에서 보는바와 같이 N층으로 이루어지는 전파흡수체의 각층의 흑연 함유량 G_n과 그 두께 d_n을, N개의 점 주파수 ($f_1 \sim f_N$)에서 반사계수를 영이 되게 하는 것, 그리고 이들 주파수 사이에 나타나는 극대치를 어떤 값 이하로 억제되도록 해서 결정한다. 또, 이 극대치를 부여하는 주파수 f_n' 및 그 값은 완전정합되는 주파수 $f_1 \sim f_N$ 에 따라 변화하기 때문에, 극대치가 어떤 설정된 값 $|\dot{\Gamma}_{\max}|$로 되도록 $f_1 \sim f_N$을 결정한다.

여기서 미지수의 수를 조사해서 보면, 각 층내의 미지수로서 흑연 함유량 G_n및 두께 d_n은 합계 2N개이다. 또 정합주파수중 최소의 것 f_1을 부여했다고 하면, f_n/f_1 (n = 2, 3, ⋯, N)의 값으로서 (N-1)개의 미지수가 있으므로, 전체로서 (3N-1)개의 미지수를 결정하면 요구를 만족하는 전파흡수체가 설계된다.

한편, 방정식의 수를 조사해 보면, 그림 5-4에서 보듯이, 우선 반사계수가 영이 되는 주파수를 N 점 선택하면, 그 조건식은 다음과 같이 표현된다.

$$\dot{\Gamma}(f_n) = \Gamma_r(f_n) + j\Gamma_j(f_n) = 0 \qquad (n = 1,\ 2,\ \cdots,\ N) \quad (5.2)$$

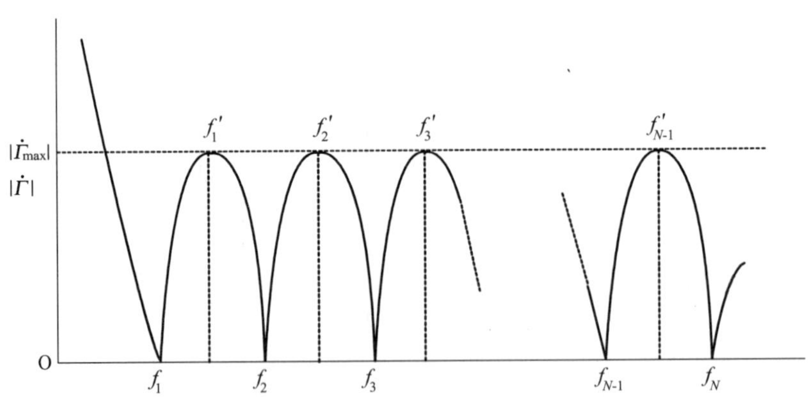

그림 5-4 설계하는 전파흡수체의 주파수 특성

이와 같이 반사계수 $\dot{\Gamma}$는 복소수이기 때문에 $\dot{\Gamma}$의 실수부 Γ_r과 허수부 Γ_j의 양쪽이 영이 될 필요가 있다. 따라서, 식 (5.2)에 의해 얻어지는 식의 수는 2N개가 된다. 또 두 개의 정합주파수 사이의 f_n'에 있어서, 반사계수의 극대치 $|\dot{\Gamma}_{max}|$를 설정하면, 다음과 같이 (N-1)개의 식이 얻어진다.

$$|\dot{\Gamma}(f_n')| = |\dot{\Gamma}_{max}| \qquad (n=1, 2, \cdots, N-1) \tag{5.3}$$

따라서, 전체적으로는 식 (5.2) 및 식 (5.3)으로 부터 합계 (3N-1)개의 방정식이 얻어진다.

이상으로부터 알 수 있는 바와 같이, 미지수와 방정식의 수가 (3N-1)개로 같아지므로 원리상 모든 미지수를 결정 할 수 있다. 다만, 이 경우 G_n 및 d_n은 전부 양(+)의 값이 아니면 아니되기 때문에, 구한 해가 이 조건을 만족하고 있는지 아닌지를 확인할 필요가 있다.

그런데, 반사계수 $\dot{\Gamma}$를 계산하기 위하여 필요한 입력임피던스는 다음과 같이 점화식을 사용한 복잡한 식으로 주어지기 때문에, (3N-1)개의 방정식을 만족하도록 미지수를 구하는 것은 용이하지 않다.

$$\dot{Z}_1 = \dot{Z}_{c1} \tanh(\dot{\gamma}_1 d_1) \tag{5.4}$$

$$\dot{Z}_n = \dot{Z}_{cn} \frac{\dot{Z}_{n-1} + \dot{Z}_{cn} \tanh(\dot{\gamma}_n d_n)}{\dot{Z}_{cn} + \dot{Z}_{n-1} \tanh(\dot{\gamma}_n d_n)} \quad (n=2, 3, \cdots, N) \tag{5.5}$$

따라서, 여기에서는 컴퓨터를 사용해서 계산하기로 하고, 사용법으로서는 (3N-1)차원의 뉴튼법(Newton's Method)을 사용한다(부록 I 참조). 단, 이 계산에서는 미지수가 많기 때문에 초기치를 설정하기 어려우며, 또한 설정치가 적절하지 않으면 해는 수렴하지 않는다.

그림 5-5는 그 계산 결과의 일례를 보여준 것이다. 이 경우의 계산결과

는 층수를 6, VSWR의 극대치를 1.1로 선택한 경우이며, 설계 제원대로 광대역특성을 가지는 전파흡수체가 실현되고 있음을 알 수 있다.

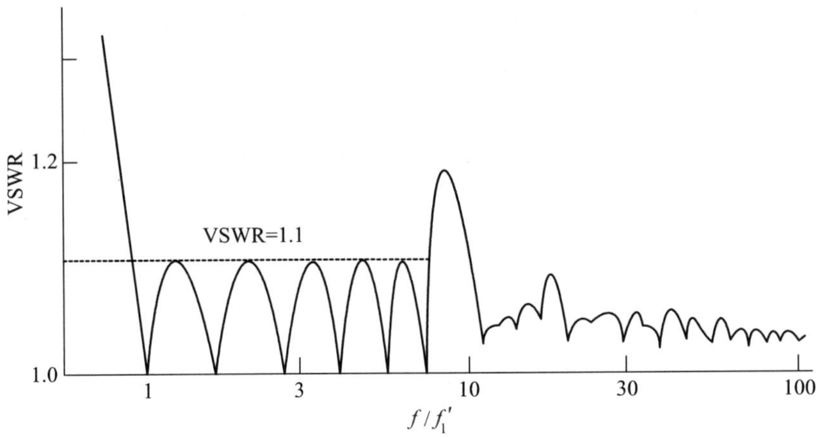

그림 5-5 설계결과의 일예(6층의 경우)

5-3 웨지형 다층전파흡수체

이상, 평판형 다층전파흡수체에 관해서 설명하였지만, 광대역인 전파흡수특성을 얻기 위하여, 그림 5-6에 보이는 웨지(wedge) 구조의 전파흡수체도 자주 사용된다. 이러한 구성에 있어서는 흡수체 전면으로부터 안쪽으로 감에 따라서 서서히 흡수체가 공간을 점유하는 체적 비율이 증가하기 때문에 그 등가적인 복소유전율을 어떻게 나타내는가가 중요하게 된다. 이를 위하여, 여기서는 일반적으로 사용되고 있는 평면 다층근사로서 균질근사(homo-genizing appoximation)와 전파모드 근사(propagation mode approxi-mation)에 관해서 설명한다.

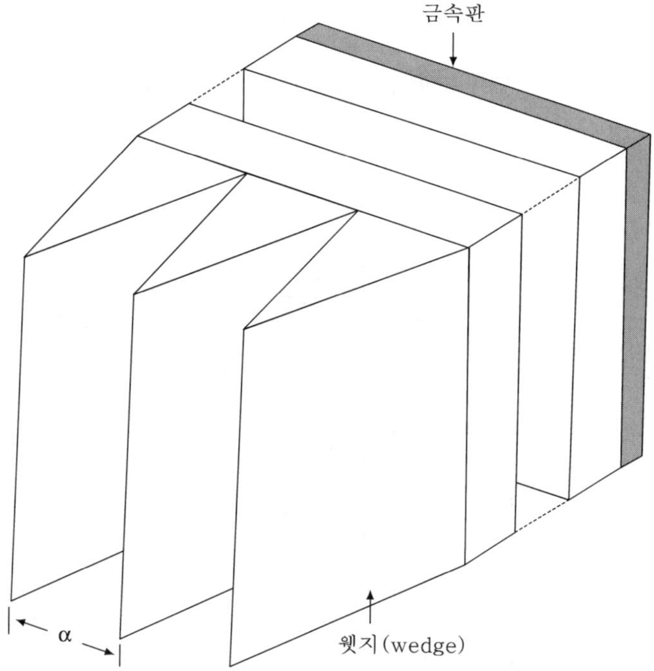

그림 5-6 웨지구조 전파흡수체

그림 5-6에 나타내는 웨지구조를 근사적으로 그림 5-7에 나타내는 바와 같이 pa부분에만 유전체가 있는 주기구조로 생각한다. 이러한 주기구조를 생각하면 유전체에 대해서 전계방향이 평행한 경우와 수직한 경우에 관해서, 그 공간을 점유하는 유전체의 체적비를 고려한 등가 복소비유전율 $\dot{\varepsilon}_{re}$ 는 근사적으로 다음 식으로 주어진다.

$$\dot{\varepsilon}_{re} = p\dot{\varepsilon}_r + (1-p) \quad \text{(전계와 유전체의 방향이 평행한 경우)} \tag{5.6}$$

$$\frac{1}{\dot{\varepsilon}_{re}} = \frac{p}{\dot{\varepsilon}_r} + (1-p) \quad \text{(전계와 유전체의 방향이 수직인 경우)} \tag{5.7}$$

이 근사식은 균질근사라 불리우며, 주기 a가 파장 λ에 비해서 충분히 작은 경우에 성립하므로, MHz대($\lambda \geq 30$ cm)에서 전파흡수체를 설계하는 데에는 충분히 유효한 근사가 된다.

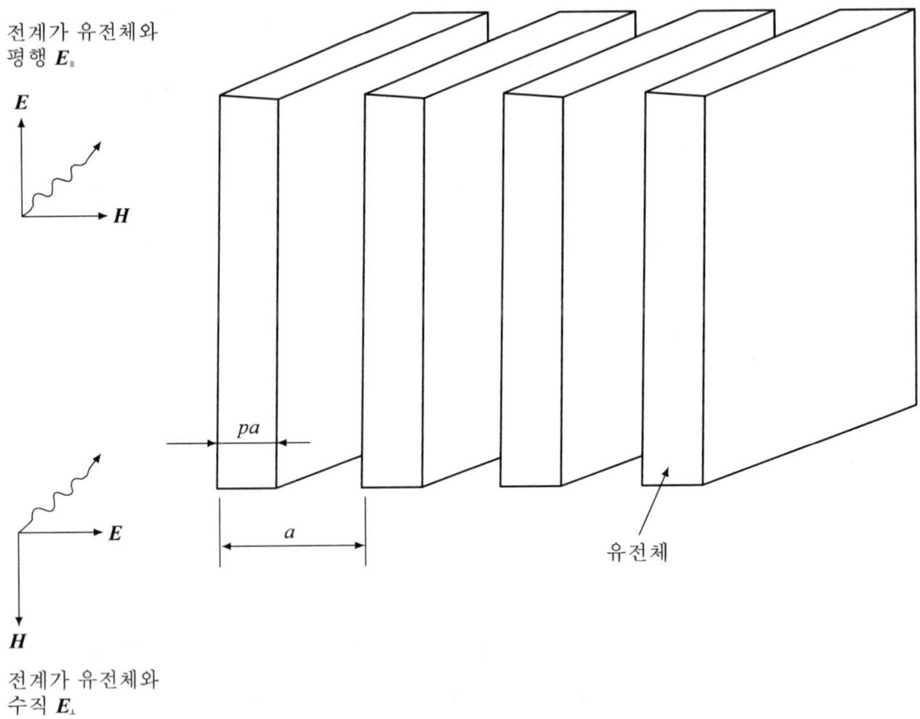

그림 5-7 유전체열과 입사파의 전계방향(문헌(7))

그러나 GHz대(λ<30 cm)와 같이 주파수가 높아져서 파장이 짧아지면, 이들 식의 오차는 커진다. 이러한 경우에는 고주파영역에 있어서도 사용가능한 전파모드근사가 사용된다. 이 근사는 이들 주기구조를 유전체의 슬랩

선로로 간주하고 이 내부를 전파하는 모드를 해석하는 것으로 주기구조에 전계가 각각 평행, 또는 수직인 경우에 대해서, 다음의 초월방정식(결정방정식)을 $\dot{\varepsilon}_{re}$에 관해서 풀이함으로써 등가 복소비유전율을 계산 할 수 있다.

$$\sqrt{\dot{\varepsilon}_r-\dot{\varepsilon}_{re}}\tan\left\{\frac{\pi}{\lambda}pa\sqrt{\dot{\varepsilon}_r-\dot{\varepsilon}_{re}}\right\}$$

$$=\sqrt{1-\dot{\varepsilon}_{re}}\tan\left\{\frac{\pi}{\lambda}(1-p)a\sqrt{1-\dot{\varepsilon}_{re}}\right\} \text{ (평행한 경우)} \quad (5.8)$$

$$\sqrt{\dot{\varepsilon}_r-\dot{\varepsilon}_{re}}\tan\left\{\frac{\pi}{\lambda}pa\sqrt{\dot{\varepsilon}_r-\dot{\varepsilon}_{re}}\right\}$$

$$=\dot{\varepsilon}_r\sqrt{1-\dot{\varepsilon}_{re}}\tan\left\{\frac{\pi}{\lambda}(1-p)a\sqrt{1-\dot{\varepsilon}_{re}}\right\} \text{ (수직인 경우)} \quad (5.9)$$

이와 같이 평판 다층근사에서 계산 가능한 $\dot{\varepsilon}_{re}$를 사용해서, 그림 5-6에 나타낸 웨지 구조의 전파흡수체의 흡수량을 구하려면, 먼저 이들 식의 p를 0~1의 범위에서 변화시킨 다층구조를 고려하고, 각층의 등가복소비유전율 $\dot{\varepsilon}_{re}$를 계산한다. 그리고, 이것을 식 (2.33) 및 식 (2.34)의 $\dot{\varepsilon}$에 대입하여 파동임피던스와 전파정수를 계산하고, 나아가서 이 값을 식(5.4) 및 (5.5)에 대입함으로써 전파흡수체의 흡수량을 구한다.

예를 들면, 그림 5-8은 전면에 웨지 구조를 가지는 다층형 전파흡수체의 흡수량의 계산결과를 나타내고 있다. 이 그림으로부터 알 수 있는 바와 같이 식 (5.6), 식 (5.7)에 나타낸 균질 근사식에 의한 것은 주파수가 낮은 경우에는 양호하게 근사되고 있지만, 설계주파수가 높은 GHz대로 되면 전파모드근사와 20 dB나 차이가 나고 있는 것을 알 수 있다.

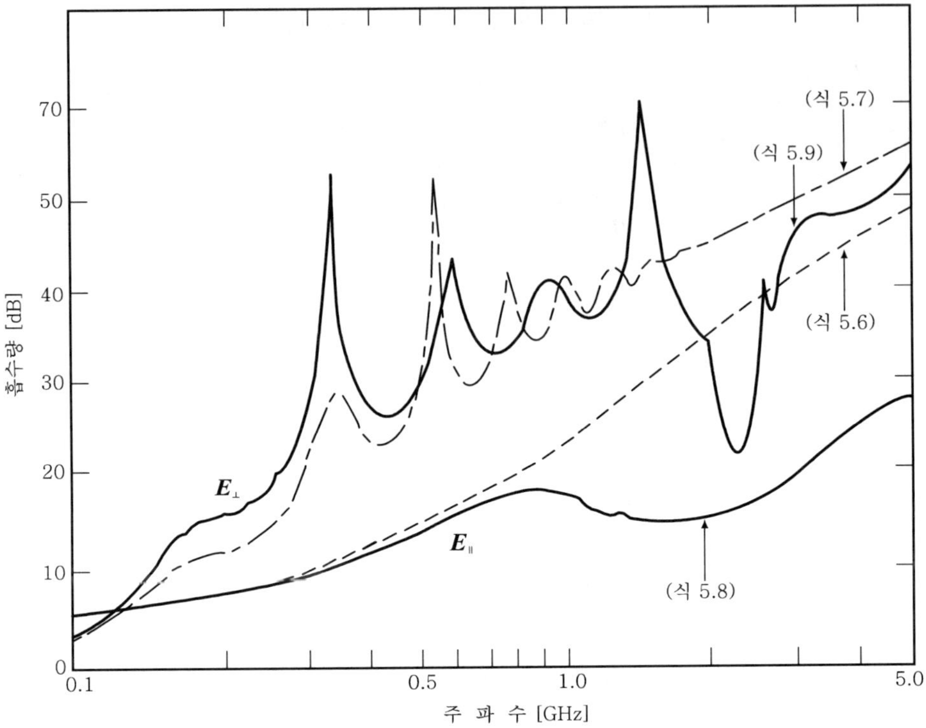

그림 5-8 일반근사와 전파모드 근사

이상, 다층형 전파흡수체의 설계법에 관해서 설명하였지만, 이러한 다층형 전파흡수체의 특성을 더욱더 향상시키기 위해서는, 이미 2.3절에서 설명한 바와 같이 VHF대에서 우수한 특성을 가지는 페라이트와 조합해서 사용하는 방법도 검토되고 있다. 즉, VHF대에서는 그림 2-10에 나타낸 C영역의 자성손실특성을 이용하고, 자성손실 특성의 이용을 기대 할 수 없는 D영역에 있어서는 페라이트 앞 부분에 배치한 유전손실재료를 사용해서 전파를 흡수시킨다. 이렇게 해서 두께가 얇으면서도 대단히 넓은 주파수 광대역에 걸쳐 큰 흡수량을 달성하게 된다.

5-4 원통전파흡수체

5.4.1 필요성

전파흡수체는 평탄한 장소에 장착해서만 사용하는 것이 아니라, 곡율을 가지는 복잡한 형상으로서, 예를 들면 선박의 마스트나 곡율을 가진 건조물에 부착하여 그 효과를 높힐 필요도 있다. 그러나 앞에서 설명한 분포정수회로 이론을 이용한 방법에 따라 설계한 평판형 흡수체를 곡율을 가지는 형상에 사용하면, 설계대로의 큰 흡수량이 얻어지지 않는 것이 확인되어 있다. 그 이유는 곡율을 가지는 전파흡수체에 전파가 입사한 경우, 전파에 대한 등가적인 두께 및 입사각이 각 장소에서 다르고, 정합조건에서 벗어나기 때문이다.

그림 5-9는 일례로서, 주파수 10 GHz에서 완전정합되는 평판형 흡수체를 금속원통에 사용한 경우, 원통 직경의 변화에 대한 흡수량 변화의 개요를 나타낸 것이다. 이 그림에 나타내듯이, 직경이 작아질수록, 즉 곡율이 커질수록 그 흡수량은 크게 저하하고, 역으로 곡율형상에 전파흡수체를 사용하는 경우 최초부터 곡율을 고려하여 설계할 필요가 있음을 알 수 있다.

이하, 이러한 필요성에서, 형상이 단순 하면서도 이용범위가 넓은 원통형상에 장착하는 전파흡수체(이하 원통전파흡수체라 한다)에 관해서 설명한다.

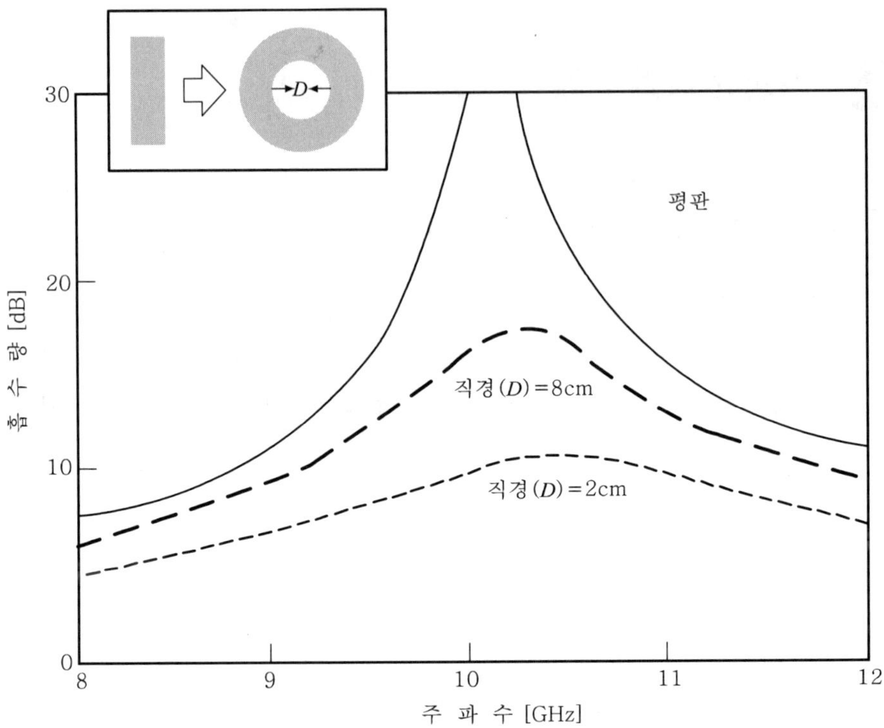

그림 5-9 평판 및 원통 전파흡수체

5.4.2 설계법

그림 5-10에 나타내듯이, z축으로 무한히 긴 금속원통에 두께 d의 전파흡수체가 장착되어 있는 경우에 있어서, z방향으로 전계성분을 가지는 평면파(이하 TE파라 한다)가 -x 방향으로 입사한 경우에 관해서 검토한다. 즉, 입사 전계 $E_z{}^i$는 평면파이므로 다음과 같이 가정할 수 있다.

$$E_z^i = E_0^i e^{jk_0 x} \tag{5.10}$$

단, E_0^i는 전계의 진폭, k_0는 파수이다. 또, 이 E_z^i성분을 원통좌표계로 표현하면 다음과 같이 된다.

$$E_z^i = E_0^i \sum_{m=0}^{\infty} U_m J_m(k_0 r) j^m \cos(m\phi) \tag{5.11}$$

단, $J_m(x)$는 m차의 베셀함수(Bessel function)이며, U_m은

$$\begin{bmatrix} U_m = 1 & (m=0\text{일 때}) \\ U_m = 2 & (m=1,2,3,\cdots\text{일 때}) \end{bmatrix}$$

이다.

다음에, 맥스웰방정식으로부터 유도되는 파동방정식에 변수분리법을 적용해서 산란파의 전계 E_z^s, 흡수체 내부의 전계 E_z^m을 계산하면 다음과 같이 된다.

$$E_z^s = E_0^i \sum_{m=0}^{\infty} B_m H_m^{(2)}(k_0 r) \cos(m\phi) \quad (b \le \rho) \tag{5.12}$$

$$E_z^m = E_0^i \sum_{m=0}^{\infty} A_m J_m(kr) + C_m N_m(kr) \cos(m\phi) \quad (a \le \rho \le b) \tag{5.13}$$

단, $k = k_0\sqrt{\dot{\varepsilon}_r \dot{\mu}_r}$, $H_m^{(2)}(x)$는 제2종 m차의 한켈 함수(Hankel Function), $N_m(x)$는 m차의 노이만 함수이며, A_m, B_m, C_m은 경계조건으로부터 유도되는 임의의 진폭계수이다.

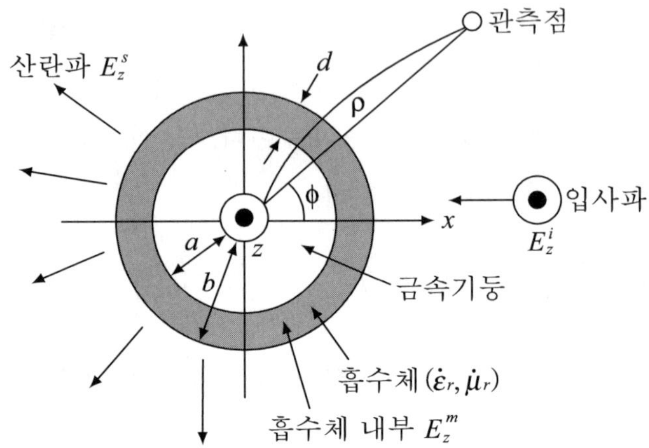

그림 5-10 원통 전파흡수체의 해석모델

그리고, 위에서 가정한 각 영역의 전계성분을 맥스웰방정식에 대입해서 자계성분을 도출하고, 각각의 전자계성분에 경계조건을 적용한다. 해석모델에 있어서 다른 물질간의 경계조건은

① 경계면에서 전계의 접선성분은 같다.
② 경계면에서 자계의 접선성분은 같다.
③ 금속의 표면에 있어서 전계의 접선성분은 영이다.

그러므로 이들의 경계조건을 전자계성분을 사용해서 나타내면

$$E_z^m = E_z^i + E_z^s \quad (\rho = b) \tag{5.14}$$

$$H_\phi^m = H_\phi^i + H_\phi^s \quad (\rho = b) \tag{5.15}$$

$$E_z^m = 0 \quad (\rho = a) \tag{5.16}$$

로 된다. 그리고 이상의 경계조건을 적용함으로써 각 진폭계수 A_m, B_m, C_m을 구할 수 있다.

또, 여기서는 반사전계의 경감에 착안하고 있으므로, 산란파 E_z^s의 진폭계수 B_m이 중요한 의미를 가진다. 그래서 B_m에 주목해서 상기 경계조건을 전자계에 적용하면 다음과 같이 일반적인 표현으로서 B_m을 나타낼 수 있다.

$$B_m = \frac{-U_m j^m \{\sqrt{\dot{\varepsilon}_r \dot{\mu}_r}\beta_m J_m(k_0 b) - \dot{\mu}_r \alpha_m J_m'(k_0 b)\}}{\sqrt{\dot{\varepsilon}_r \dot{\mu}_r}\beta_m H_m^{(2)}(k_0 b) - \dot{\mu}_r \alpha_m H_m^{\prime(2)}(k_0 b)}$$

$$(m = 0, 1, 2, \cdots) \qquad (5.17)$$

단, α_m, β_m은

$$\alpha_m = N_m(ka)\,J_m(kb) - J_m(ka)\,N_m(kb)$$

$$\beta_m = N_m(ka)\,J_m'(kb) - J_m'(ka)\,N_m'(kb)$$

이다.

한편, 전파흡수체를 장착하지 않은 금속 원통 단일체의 경우에 관해서도 산란파의 전계에 대한 진폭계수 B_m'은 다음 식으로 구해진다.

$$B_m' = \frac{-U_m j^m J_m(k_0 a)}{H_m^{(2)}(k_0 a)} \qquad (m = 0, 1, 2, \cdots) \qquad (5.18)$$

이들의 진폭계수 B_m 및 B_m'을 식 (5.12)에 대입하고, 전파흡수체 장착시와 금속원통단체시의 산란파의 전계를 구하고, 또 이들의 비를 취하여 데시벨로 환산한 것을 흡수량으로 한다. 즉, 전파흡수체 장착시의 반사량 $E(\rho, \phi)$ 및 금속원통 단일체시의 반사량 $E'(\rho, \phi)$는 이하의 식으로 나타낼 수 있다.

$$E(\rho, \phi) = \left| E_0^i \sum_{m=0}^{\infty} B_m H_m^{(2)}(k_0 r) \cos(m\phi) \right| \tag{5.19}$$

$$E'(\rho, \phi) = \left| E_0^i \sum_{m=0}^{\infty} B'_m H_m^{(2)}(k_0 r) \cos(m\phi) \right| \tag{5.20}$$

따라서, 이들의 식을 이용해서 흡수량 S는

$$S\ [dB] = -20 \log_{10} \frac{|E(\rho, \phi)|}{|E'(\rho, \phi)|} \tag{5.21}$$

$$= -20 \log_{10} \left[\frac{|\text{흡수체장착시의반사량}|}{|\text{금속원통단일체시의반사량}|} \right]$$

로 된다.

이상, TE파의 경우에 관해서 설명하였지만, TM파(z방향에 자계성분을 가지는 평면파)의 경우에 관해서도 같은 프로세스로 해석이 가능하다.

또 구체적인 설계에 있어서는 흡수량이 관측방향 ϕ에서 최대가 되게 하는 두께 d와 복소비유전율 $\dot{\varepsilon}_r$이나 복소비투자율 $\dot{\mu}_r$의 조합을 뉴튼-래프슨(Newton-Raphson)법으로 구한다. 뉴튼-래프슨법에 관해서는 부록 I 에 수록하였다.

5.4.3 1층형 원통 전파흡수체

(1) 설계법

탄소입자 혼입 에폭시 변성우레탄 고무를 이용하면 내환경성이 뛰어난 전파흡수체가 실현 가능하다는 것은 이미 알려져 있으며, 나아가서 그 복소비유전율 $\dot{\varepsilon}_r$은 X대역(X-band)에 있어서 주파수 및 탄소입자의 함유량(PHR)의 변화에 대하여 다음의 실험식으로 나타낼 수 있다는 것도 확인되어 있다.

$$\dot{\varepsilon}_r = \{3.0 + 2.881G^{1.236}f^{-0.610}\} - j\{0.3 + 0.832G^{1.777}f^{-0.782}\} \tag{5.22}$$

여기서, G는 탄소함유율[PHR], f는 주파수 [GHz]이다. 그러므로 이상의 해석법 및 이 복소비유전율의 실험식을 이용해서, 실제로 이러한 고무 재료를 이용해서 원통 전파흡수체를 설계하려면, 다음 같은 순서를 밟으면 된다.

① 1층형 원통 전파흡수체에 대한 무반사곡선을 상기 해석법을 이용해서 계산한다.

② 식 (5.22)으로 나타내어지는 에폭시 변성 우레탄 고무의 복소비유전율의변화를 무반사곡선과 함께 $\dot{\varepsilon}_r$의 복소평면상($\varepsilon_r' - \varepsilon_r''$평면)에 플롯한다.

③ 원통 전파흡수체의 무반사곡선과, 에폭시 변성 우레탄 고무의 복소비유전율 곡선의 교점에서 흡수체의 실현 가능성을 검토한다.

(2) 실현성

그림 5-11 및 그림 5-12는 각각 TE파, TM파의 각 편파 및 각 관측각도 ϕ에 대해서 D/λ=1.0 및 D/λ=3.0 인 경우의 무반사곡선과, 식(5.22)으로 표현되는 복소비유전율의 실험식에 있어서, 주파수를 10 GHz, 탄소함유량을 3~9 PHR 로 변화시킨 경우의 복소비유전율 곡선을 맞추어서 그린 것이다. 여기서 D/λ는 파장으로 정규화한 원통의 직경이다. 이 결과, 이들의 설계차트로부터, 어느 쪽의 주파수에 있어서도 TE파 및 TM파 모두 정규화 직경 D/λ, 또 관측각도 ϕ에 대해서 탄소함유량을 변화시키면 복소비유전율 곡선과 무반사 곡선의 교점이 존재하고, 이 종류의 전파흡수체가 실현 가능한 것을 확인할 수 있다. 일례로서, 이 설계 차트를 이용해서 TE파에 대해서 ϕ = 0°, 주파수 10 [GHz], D/λ= 1.0 (D = 3.0 cm)에 최적인 전파흡수체를 실현하기 위해서는, 그림 5-11에 의해 d/λ = 0.0966 및 탄소함유량이 4.64 [PHR]의 교점에 착안하면 된다는 것을 알 수 있다. 또 그 경우의 흡수체의 두께는 λ=3 cm 로부터 d=2.90 mm 로 된다. 이들의 설계 예에 관하여 TM파의 경우를 포함해서 표 5-1에 나타낸다. 이러한 설계 차트와 함께 원통 전파흡수체의 실현성 검토가 가능하지만, 더욱이 설계한 값을 이용해서 실제로 그 주파수 특성을 계산 해 본다. 즉, 그림 5-13 는 표 5-1에 나타낸 제원에 기초하여 TE파 및 TM파에 관해서 그 특성을 계산한 것이다.

이 결과로부터 TE파 및 TM파용으로 설계된 각 흡수체 모두, 주파수가 10 GHz 에 있어서 이론대로 큰 흡수량이 얻어지고 있는 것을 확인할 수 있다. 또, 이 그림에서 이들의 설계제원을 이용해서 각각 다른 편파에 대한 흡수특성을 계산한 결과를 TM파(R)와 TE파(R)로서 나타내었다. 이 결과, 각 편파에 관해서 그림 5-11 및 그림 5-12에 나타내는 각 무반사곡선의 분포가 크게 다른 것으로부터 추측 되듯이, 다른 편파에 대해서는 큰 흡수량이 얻어지지 않고, 편파나 사용 용도에 대응하는 설계가 필요하다는 것도 알 수 있다.

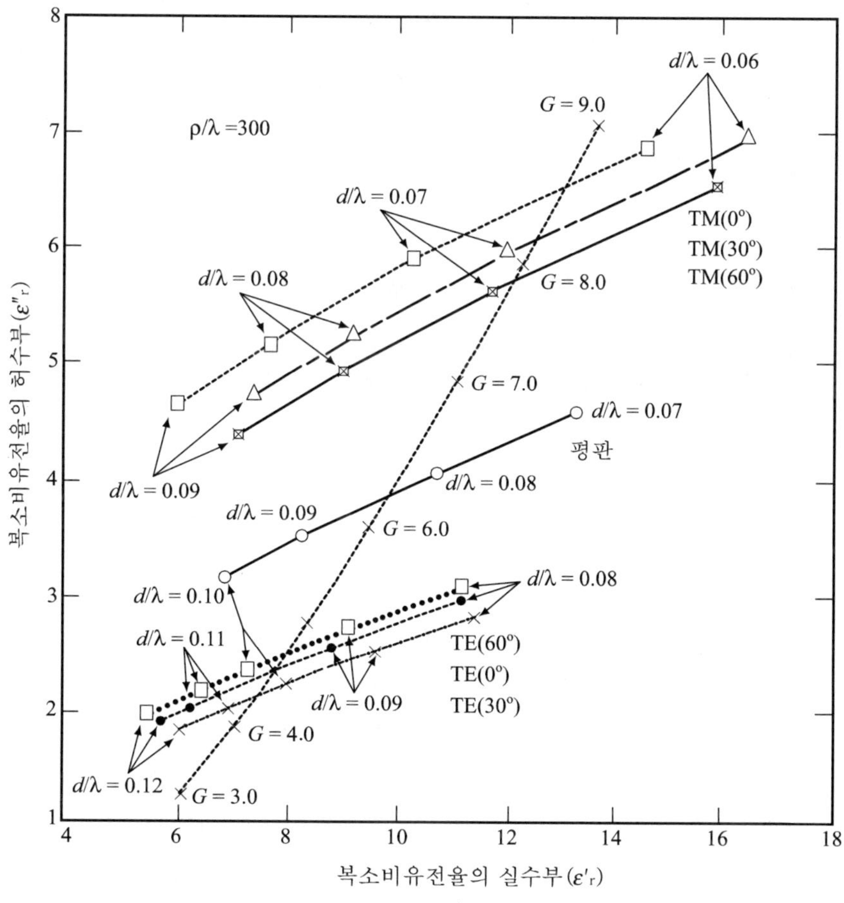

그림 5-11 설계 차트 (D/λ=1.0의 경우)

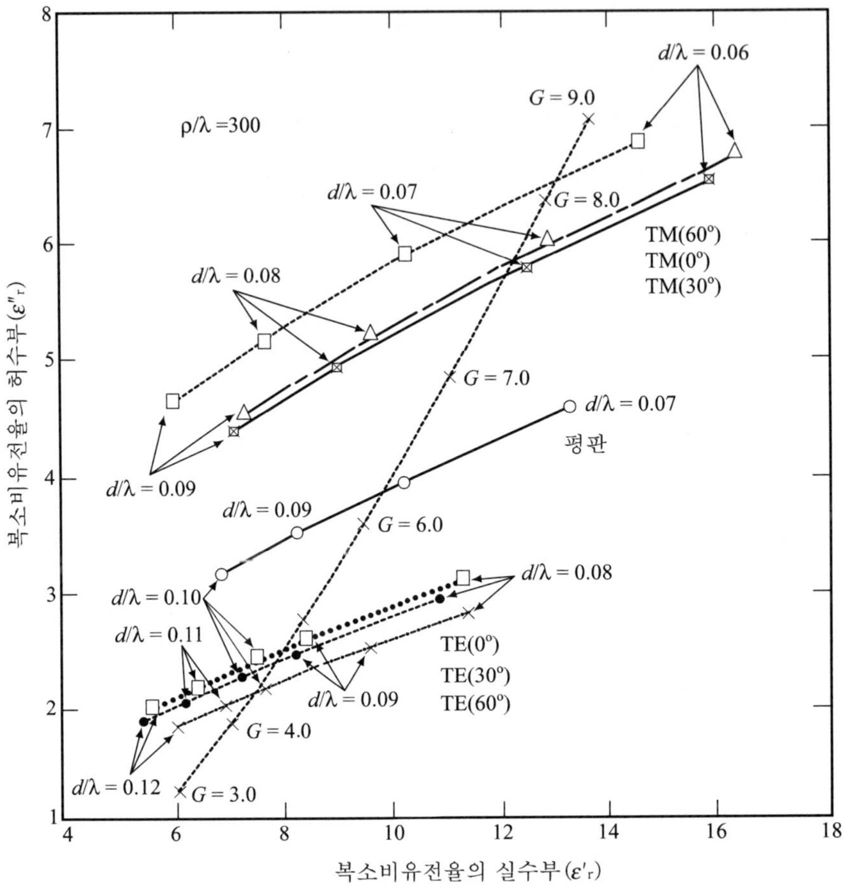

그림 5-12 설계 차트 (D/λ=3.0의 경우)

표 5-1 원통전파흡수체의 설계예

편 파	TE파	TM파
주파수	$f=10$ [GHz]	$f=10$ [GHz]
두 께	$d=2.90$ [mm]	$d=2.05$ [mm]
관측각도	$\phi=0$ [deg]	$\phi=0$ [deg]
탄소함유량	$G=4.64$ [PHR]	$G=8.18$ [PHR]

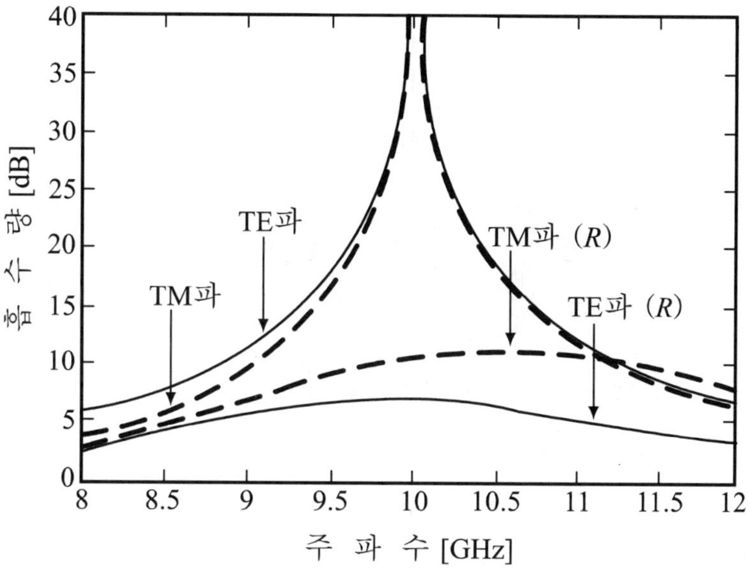

그림 5-13 주파수특성의 계산결과

5.4.4 2층형 원통 전파흡수체

(1) 실현성

여기서는 원통 전파흡수체를 그림 5-14에 나타내듯이 흡수층을 2층으로 구성하고, 광대역화를 기도한 2층형 원통 전파흡수체에 관해서 설명한다. 여기에서 흡수량의 구체적인 해석법에 관해서는 생략하지만, 이러한 구성에 관해서도 1층인 경우의 해석법을 확장하여, 각층에서 전자계를 가정하고, 이들에 마찬가지로 경계조건을 적용함으로써 흡수량을 구할 수 있다.

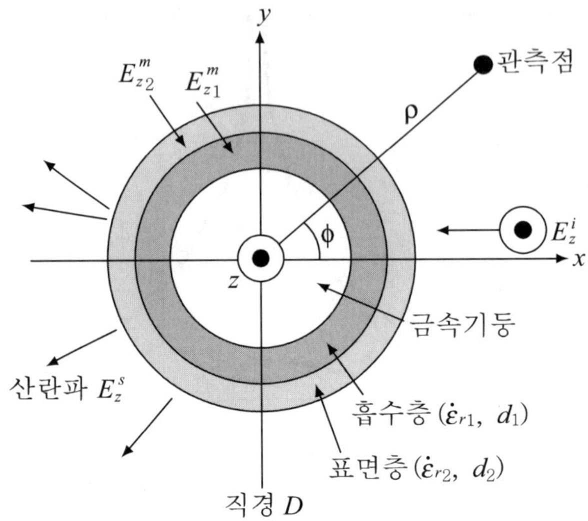

그림 5-14 2층형 원통전파흡수체의 해석모델

또 여기서는 원하는 특성을 얻기 위해서 4차원의 뉴튼법을 이용하고 있지만, 이 방법의 상세한 설명은 앞에 4.1절에서 나타낸대로이고, f_1과 f_2(단, $f_2 = \alpha f_1$, 여기서 α는 임의정수)에서 완전정합 되도록 각 층의 두께에 대해서 복소비유전율 $\dot{\varepsilon}_{ri}$(i = 1, 2)를 계산하고, 일반적인 설계차트를 보여주고 있다.

그림 5-15 (a)~(d)는, 일례로서 $D/\lambda_1 = 0.5$, $\phi = 0°$ 및 $\alpha = 2$인 경우의 설계 차트를 나타내고 있다. 이들 그림에 있어서, 종축은 $(d_1 + d_2)/\lambda_1$ 및 횡축은 $d_1/(d_1 + d_2)$ 이며, 그림의 각 곡선은 $\dot{\varepsilon}_{r1}$ 및 $\dot{\varepsilon}_{r2}$의 실수부와 허수부의 값이 같은 곳을 연결해서 그린 등치선이다. 또, 파선 및 실선은 TE파 및 TM파의 경우에 관해서 나타낸 것이다.

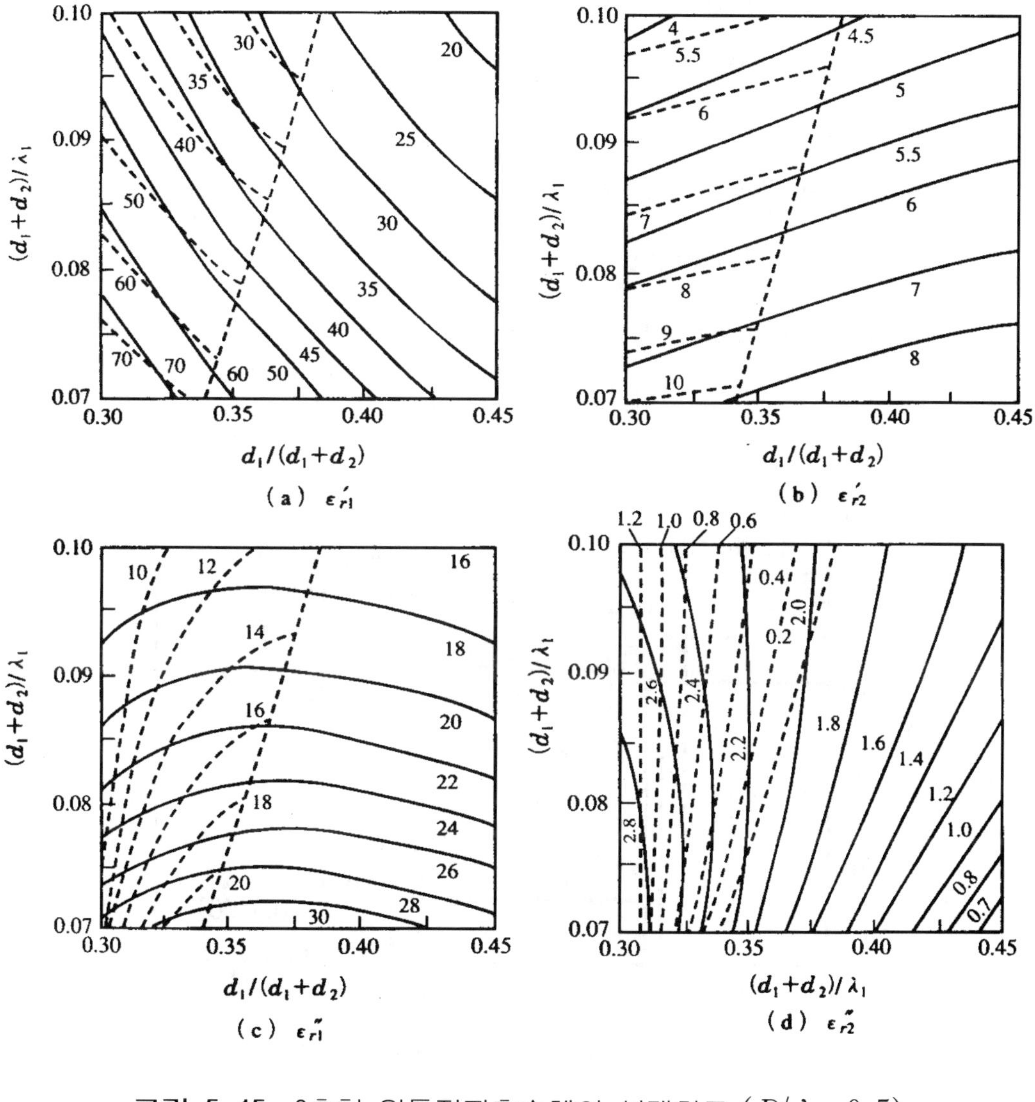

그림 5-15 2층형 원통전파흡수체의 설계차트 ($D/\lambda=0.5$)

그림 5-15로부터 임의의 주파수에 대해서 각층의 제원을 결정할 수 있으며, 설계의 일례를 나타내면 TE파에 대해서, D/λ_1 = 0.5, $(d_1+d_2)/\lambda_1$ = 0.095 및 $d_1/(d_1+d_2)$= 0.35에 있어서 각층의 복소비유전율은

$$\dot{\varepsilon}_{r1}=34.13-j12.78 \text{ (흡수층)}$$

$$\dot{\varepsilon}_{r2}=5.95-j0.38 \text{ (표면층)} \tag{5.23}$$

로 읽어 낼 수 있다.

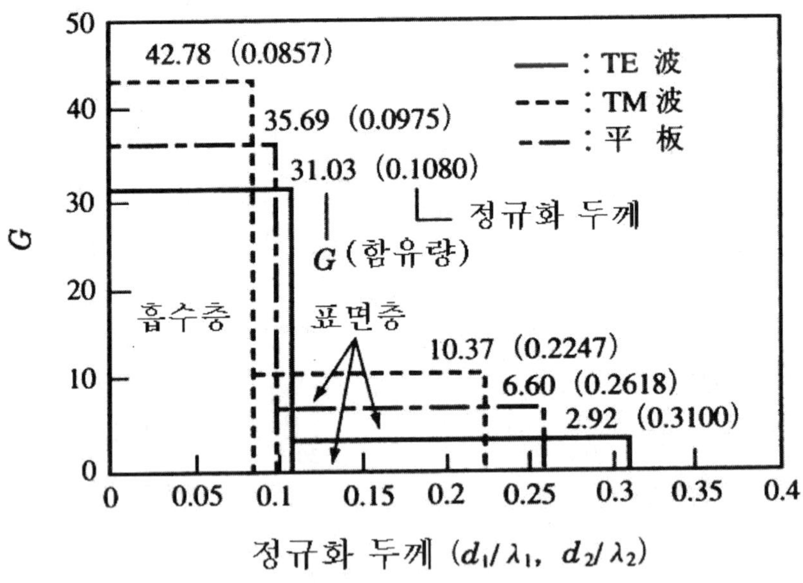

그림 5-16 그라파이트함유 발포폴리스티롤을 이용한 2층형 원통 전파흡수체에 대한 설계차트($D/\lambda_1=3$)

또, 그림 5-16은 5.2절에 나타낸 그라파이트함유 발포폴리스티롤을 이용한 경우의 설계제원의 일례를 나타내고 있으며, D/λ_1 = 3 및 ϕ = 0°의 경우의 각층에 있어서 함유량 G와 두께(정규화 두께 d_1/λ_1 와 d_2/λ_1)를 앞에서 나타낸 포인트 정합법(VSWR의 최대치 = 1.1)을 이용해서 계산한 결과를 나타내고 있다. 여기서 참고로 TE파와 TM파, 그리고 평판형 2층 전파흡수체의 설계치에 관해서도 나타내고 있지만,, 각 경우 공히 명백하게 함유량 G 및 두께 d의 설계치가 달라, 각각의 편파에 대응하는 전파흡수체가 필요하다는 것을 알 수 있다.

식 (5.23)에 나타낸 제원을 이용해서 계산한 흡수특성을 그림 5-17에 나타낸다. 여기에서의 계산 결과는 주파수 f_1을 2 GHz로 선택한 경우이며, f_2 = αf_1에 의하여 f_2 = 4 GHz로 된다. 이 결과에 따라, f_1 = 2 GHz 및 f_2 = 4 GHz에 있어서 큰 흡수량이 얻어지고 있는 것이 확인되어 있다. 또, 여기에서는 f_1을 2 GHz로 선택했지만, 상기 설계차트나 해석법을 이용함으로써 임의의 주파수 및 원통의 직경에 대해서 2층형 원통전파흡수체를 설계하는 것이 가능하다.

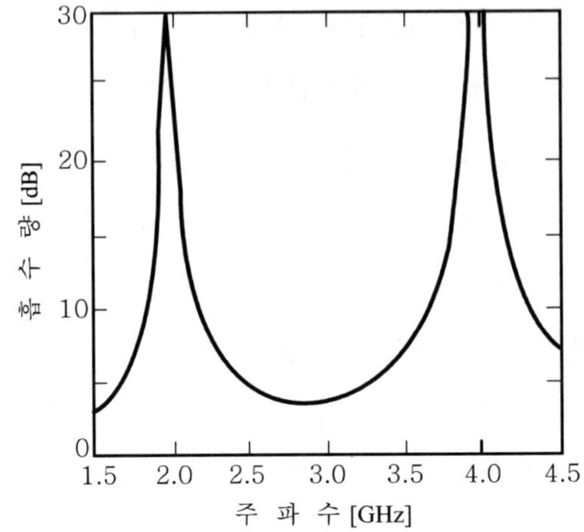

그림 5-17 2층형 원통전파흡수체의 흡수특성

참고문헌

1. 清水 康敬, 末武 國弘："誘電性損失材料による實用的廣帶域電波吸收壁," 電子情報通信學會論文誌, Vol.53-B, No.3, pp.143-150, 1970.
2. 清水 康敬, 末武 國弘, 內藤 喜之, 若山 皖一郎："誘電体層及び誘性体層を 組み合わせた電波吸收壁," 電子情報通信學會論文誌, Vol.53-B, No.7, pp. 381-388, 1970.
3. 清水 康敬："ポイント周波數整合法による多層電波吸收体の設計," 電子情報通信學會論文誌, Vol.62-B, No.4, pp.428-434, 1979.
4. 清水 康敬："一部に誘電率が挿入された場合の等價誘電率," 電子情報通信學會技術研究報告書技報, MW 70-21, 1990.
5. 清柳 貴洋, 清水 康敬："斜入射ポイント整合による多層型電波吸收体の設計," 電子情報通信學會論文誌, Vol.J77-B-Ⅱ, No.7, pp.414-421, 1994.
6. 清柳 貴洋, 西方 敦博, 清水 康敬："伝搬モード近似によるウェツジ形電波吸收体の周期長を考慮した特性解析," 電子情報通信學會論文誌, Vol.J77-B-Ⅱ, No.12, pp.813- 820, 1994.
7. 清水 康敬, 杉浦 行：電磁妨害波の基本と對策, コロナ社, 1995
8. 橋本 修："テレビゴースト對策用2層型円筒電波吸收体の設計チヤート," テレビジヨン學會誌, Vol.44, No.6, pp.783-787, 1990.
9. O. Hashimoto and O. Mizokami："A Method for designing wave absorber for cylindrical objects," IEEE Trans., Vol.AP-39, No.6, pp.386- 389, 1991.
10. 橋本 修："誘電損失材料を用いた円筒に裝着する電波吸收体に關する一檢討," 電子情報通信學會論文誌, Vol.J74-B-Ⅱ, No.6, pp.373-381, 1991.
11. 橋本 修, 宗 哲, 井上俊和："面對称斷面を有する金屬柱に裝着する電波吸收体の理論的および實験的檢討," 電子情報通信學會論文誌, Vol.J75-B-Ⅱ, No.8, pp.588-595, 1992.

12. O. Hashimoto, S. Motoyoshi, Z. Altman : "New technique for the design of a two-layered wave absorber for cylindrical objects," Microwave and Optical Technology Letter, Vol.9, No.4, pp.187-189, 1995.

제6장

페라이트 전파흡수체

목표

페라이트 전파흡수체

본 장에서는 주로 전파무향실용으로 사용되고 있거나, 사용하기 위하여 개발한 페라이트 전파흡수체를 소개하고, 페라이트 전파흡수체 위에 도전손실재를 함침시켜 발포시킨 카본 함유 발포우레탄과 같은 피라미드형 유전체흡수체를 적층한 복합구조의 초광대역 전파흡수체에 관하여 기술한다.

6-1 페라이트 전파흡수체와 다층모델

6.1.1 타일형 및 드리드형 전파흡수체

NiZn계 페라이트 자성체를 소결하여 두께 5~8 mm 정도의 두께로 그림 6-1과 같은 타일형 전파흡수체를 실현시킬 경우에 20 dB이상 흡수주파수 대역은 30 MHz~400 MHz 정도가 된다. CISPR(국제무선장해대책특별위원회)에서는 EMI 시험 주파수대역을 종래에는 30 MHz~1 GHz로 규정하고 있었으나, 1998년 11월 6일 CISPR11에서 1 GHz~18 GHz 대역도 추가하여 EMI 시험을 하도록 개정하였다.

그림 6-1 타일형 전파흡수체

그림 6-2 격자형 전파흡수체

따라서, 타일형 페라이트 전파흡수체는 각종 전자기기의 방사전자파 측정을 위한 전파무향실이나 건물에 의한 전자파의 불요 반사파를 방지하기 위한 벽제로는 충분하지 못하다. 이러한 타일형 전파흡수체의 특성을 개선하기 위하여 개발된 그림 6-2의 격자형(grid type) 페라이트도 20 dB 전파흡수대역이 30 MHz~870 MHz 정도로 역시 전파무향실용 전파흡수체로서는 대역폭이 부족하여, 이들 타일형 또는 격자형 페라이트 전파흡수체는 그 위에 카본함유 발포우레탄이나 발포스티로폼을 적층한 복합구조형태로 사용되며, 이 경우 피라미드 부분의 높이가 사용주파수대에 따라 다르지만 약 30 cm 이상이어서 무향실내 공간 점유율이 높아진다.

한편, 유전체 재료를 사용한 피라미드형 전파흡수체는 매질정수를 전파의 진행방향에 따라 서서히 변화시키면서 임피던스 정합을 꾀하는 방법으로 30 MHz~1,000 MHz 주파수 대역에서 유전성 손실재료로 구성하려고 하면 흡수체의 두께가 매우 두꺼워져 실용적이지 못하다. 예를 들면, 이러한 전파흡수체는 허용 정재파비를 1.1로 할 때 사용 최저주파수의 파장 λ에 대해서 흡수체 두께는 약 0.6λ로 되므로 100 MHz정도 주파수대에서 사용할 전파흡수체의 두께는 무려 1.8 m나 된다.

6.1.2 다층형 전파흡수체와 다층모델

전파흡수체의 주파수특성을 광대역화하기 위하여 그림 6-3과 같이 전파흡수체 뒤에 금속판을 부착하고 그 전면에 N개의 손실재료 층을 두어 다층구조로 하는 방법을 생각할 수 있다.

입사전파의 표면반사를 줄이기 위하여 전파흡수체 표면에서의 특성 임피던스를 자유공간의 파동임피던스 Z_o와 거의 같도록 할 필요가 있는데, Z_o에 가까운 재료는 전파에 대한 감쇠정수가 작기 때문에 흡수효과가 적어서 전파흡수체의 두께는 두껍게 되며, 감쇠정수가 큰 재료($\dot{\varepsilon}_r''$ 또는 $\dot{\mu}_r''$이 큰 재료)를 이용하면 흡수체 재료 내부로 투과하는 전자파가 빨리 감쇠하기 때문에 전파흡수체의 두께는 얇게 할 수는 있으나 전파흡수체 표면의 임피던스가 달라 큰 반사가 생겨 고성능 전파흡수체로서의 기능은 기대할 수 없게 된다.

여기서 전파흡수체를 다층구조로 하여 표면에 가까운 재료는 공기와 가까운 특성을 가지게 하고, 도체판으로 갈수록 전파흡수가 큰 재료를 적층하면 흡수체 표면에서의 반사가 적어지고 또 각층 경계면에 의한 반사도 적어 전자파는 서서히 손실이 큰 전파흡수재료로 들어가 흡수된다. 이렇게 각층의 재료정수를 연속적으로 변화시킴으로써 주파수특성을 보다 광대역화 할 수 있다. 이렇게 전파흡수체를 다층구조로 하면 입사하는 주파수가 다소 변화하더라도 같은 정도로 전파를 흡수하므로 다층구조에 의하여 전파흡수체 특성을 광대역으로 할 수 있다. 따라서, 재료정수를 연속적으로 변화시키기 위하여 산형이나 피라미드형처럼 기학적으로 구조를 달리 하면 초광대역 전파흡수체의 실현이 가능해진다.

그림 6-3(a)와 같은 다층형 전파흡수체에서 제 n 층의 복소비유전율을 $\dot{\varepsilon}_{rn}=\varepsilon'_{rn}-j\varepsilon''_{rn}$이라 하고, 복소비투자율 $\dot{\mu}_{rn}=\mu'_{rn}-j\mu''_{rn}$, 흡수체 두께를 d_n 이라고 하면, 평면파가 전파흡수체의 제 n 층에 수직으로 입사할 때 제 n 층의 정규화임피던스 z_{cn}과 전파정수 γ_n은

$$z_{cn}=\sqrt{\frac{\dot{\mu}_{rn}}{\dot{\varepsilon}_{rn}}}=\sqrt{\frac{\mu'_{rn}-j\mu''_{rn}}{\varepsilon'_{rn}-j\varepsilon''_{rn}}} \tag{6.1}$$

$$\begin{aligned}\gamma_n &= j\omega\sqrt{\mu_n\varepsilon_n}=j\frac{2\pi}{\lambda_o}\sqrt{\mu_{rn}\varepsilon_{rn}} \\ &= j\frac{2\pi}{\lambda_0}\sqrt{(\varepsilon'_{rn}-j\varepsilon''_{rn})(\mu'_{rn}-j\mu''_{rn})}\end{aligned} \tag{6.2}$$

이다. 여기서 λ_0는 자유공간의 파장이다.

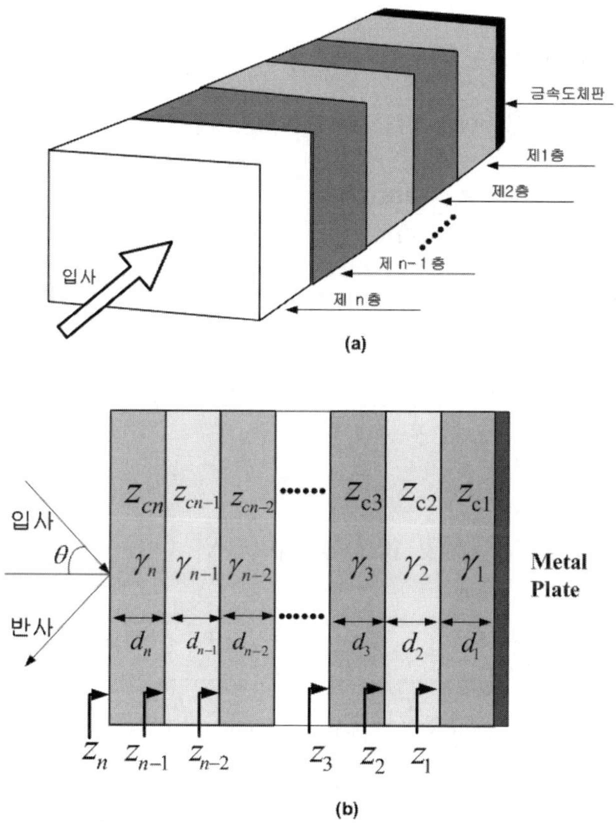

그림 6-3 다층형 전파흡수체 모델

n층 전파흡수체의 표면에서의 전체적인 반사계수를 구하기 위하여 전파흡수체 배면으로부터 순서적으로 입력임피던스를 구한다. 금속판에 가장 가까운 층을 제1층, 표면쪽으로 각각 제2층, 제3층, …, 표면에 가장 가까운 층을 제 n층이라 하면, 제1층의 배면에 있는 금속판의 임

피던스는 0이다. 1층과 2층의 경계면에서 금속판 쪽을 들여다 본 규격화 입력임피던스 z_1은 단층형 전파흡수체의 경우와 같으므로

$$z_1 = z_{c1} \tanh \gamma_1 d_1 \tag{6.3}$$

이다. 다음으로 2층에서의 입력임피던스는

$$z_2 = z_{c2} \frac{z_1 + z_{c2} \tanh \gamma_2 d_2}{z_{c2} + z_1 \tanh \gamma_2 d_2} \tag{6.4}$$

마찬가지 방법으로 제 n층에서의 입력임피던스 z_n은

$$z_n = z_{cn} \frac{z_{n-1} + z_{cn} \tanh \gamma_n d_n}{z_{cn} + z_{n-1} \tanh \gamma_n d_n} \tag{6.5}$$

이 된다. 여기서 n = 1, 2, 3, …이다.

식 (6.5)에 식 (6.1) 및 (6.2)를 적용하면 다음 식이 얻어진다.

$$z_n = \sqrt{\frac{\mu_{rn}}{\varepsilon_{rn}}} \frac{z_{n-1} + \sqrt{\frac{\mu_{rn}}{\varepsilon_{rn}}} \tanh\left(j\frac{2\pi}{\lambda}\sqrt{\mu_{rn}\varepsilon_{rn}}\, d_n\right)}{\sqrt{\frac{\mu_{rn}}{\varepsilon_{rn}}} + z_{n-1} \tanh\left(j\frac{2\pi}{\lambda}\sqrt{\mu_{rn}\varepsilon_{rn}}\, d_n\right)} \tag{6.6}$$

따라서, 이 전파흡수체 전면에서의 반사계수 Γ_n은

$$\Gamma_n = \frac{z_n - 1}{z_n + 1} \tag{6.7}$$

이 되므로 허용반사계수를 $|\Gamma_o|$ 라 하면

$$\Gamma_n = \frac{z_n - 1}{z_n + 1} \leq |\Gamma_o| \tag{6.8}$$

의 조건에서 전파흡수체의 전체 두께가 최소가 되면서 대역폭이 가장 넓게 되도록 전파흡수체를 설계한다.

이상과 같이 전파흡수체의 흡수대역을 보다 광대역화하고 우수한 특성을 얻기 위해서는 다층화하여 재료정수를 연속적으로 변화시키는 방법이 있으며, 공간적으로 기하학적 형상변화에 의하여 재료정수를 연속적으로 변화시키는 방법으로 6.2.2항에서 설명하는 사각기둥형 및 테이퍼진 사각기둥형, 십자돌기형 및 테이퍼진 십자돌기형, 원추절단형 및 테이퍼진 원추절단형 페라이트 전파흡수체 등이 필자 등에 의하여 제안된 바 있다.

이와 같은 전파흡수체를 해석하거나 설계할 때 있어서는 우선 임의 형상의 전파흡수체를 형상에 따라 n개의 층으로 분할하여 앞에서 설명한 다층형 모델을 사용하며, 1, 2, 3, …, i, …, n층에 있어서 제 i층의 복소유전율 $\varepsilon_{eq,\ i}$ 및 복소투자율 $\mu_{eq,\ i}$는 다음 6.2.1항에 기술하는 등가재료정수법으로 근사 계산할 수 있다.

6-2 다양한 형상의 페라이트 전파흡수체

6.2.1 등가재료정수법

(1) 평행평판 전송선로

그림 6-4와 같이 y방향으로 폭 W, x방향으로 두 평판 사이의 간격이 g인 평행판 전송선로에서 z방향으로 전류 I가 흐르는 경우, z방향의 단위길이당 용량과 인덕턴스를 계산한다. 폭 W가 간격 g보다 충분히

크다고 가정하면 끝 부분의 영향은 매우 적어 무시할 수 있으므로 전계나 전하분포는 거의 균일하다고 볼 수 있다.

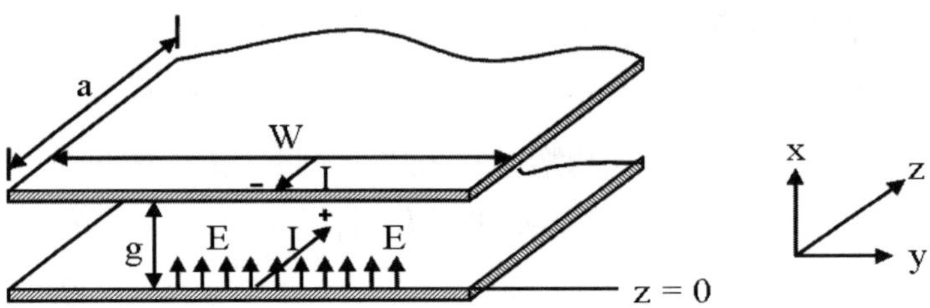

그림 6-4 평행평판 전송선로

이 때 $z=0$ 에서 평행판 사이의 전위차 V는 일정하며 정상전류가 흐르는 것으로 하고, 아래쪽 판을 (+) 전하, 위쪽 판을 (−) 전하로 하면, 전력선은 $+x$방향을 향하게 된다. 금속판에서 y방향의 폭 W, z 방향의 길이 l의 단면적 $S=Wl$에 있는 전하를 Q, 평행도체판간의 총 용량을 C, 전송선로에 채워진 물질의 유전율을 ε이라고 하면 다음 관계가 성립한다.

$$V=\mathrm{g}E_x \tag{6.11a}$$

$$\rho_s=\varepsilon E_x=\frac{\varepsilon V}{d} \tag{6.11b}$$

$$E_x=\frac{4\pi Q}{Wa} \tag{6.11c}$$

$$Q=CV=S\times\rho_s=\varepsilon\frac{Wa}{\mathrm{g}}V \tag{6.11d}$$

$$C = \varepsilon \frac{Wa}{g} \tag{6.11e}$$

따라서, 단위길이당 용량 C는 다음과 같다.

$$\frac{C}{a} = \frac{\varepsilon W}{g} \tag{6.12}$$

한편, 그림 6-4에서 평행 도체판 전송선로의 전류는 아래쪽 판에서는 $+z$ 방향으로, 위쪽 판에서는 $-z$ 방향으로 흐른다. 또한 도체판 사이의 자계는 오른손법칙을 적용하면 $+y$ 방향으로 향하는 것을 알 수 있고, 도체판 외부 자계는 0 이 됨을 알 수 있다.

지금 전류를 I, $+y$ 방향으로 유기되는 자계를 H, 자속밀도를 B, 전송선로에 채워진 물질의 투자율을 μ, ga를 자르는 자속을 Φ, 평행 도체판간의 총 합성인덕턴스를 L 이라고 하자.

면적 ga를 가르는 자속 Φ는

$$\Phi = B_y \, g a \tag{6.13a}$$

또한 자기 인덕턴스 L은 다음과 같이 정의된다.

$$L \frac{dI}{dt} = \frac{d\Phi}{dt} \tag{6.13b}$$

정상전류에서는

$$L = \frac{\Phi}{I} = \mu \frac{g a}{W} \tag{6.13c}$$

따라서, 단위길이당 인덕턴스 L은 다음과 같이 주어진다.

$$\frac{L}{a} = \mu \frac{g}{W} \tag{6.14}$$

(2) 합성용량 모델과 등가유전율

그림 6-5와 같이 주기적으로 배열되어 있는 구조에서 그 배열 주기가 입사전파의 파장에 비해 충분히 짧은 경우 균일화이론에 따라 유효 등가재료로 근사할 수 있다.

전술한 평행판 전송선로의 이론을 확장하면 주기배열 사각기둥형 전파흡수체의 등가유전율 및 등가투자율은 그림 6-5와 같이 등가재료 정수 모델을 이용하여 구할 수 있다.

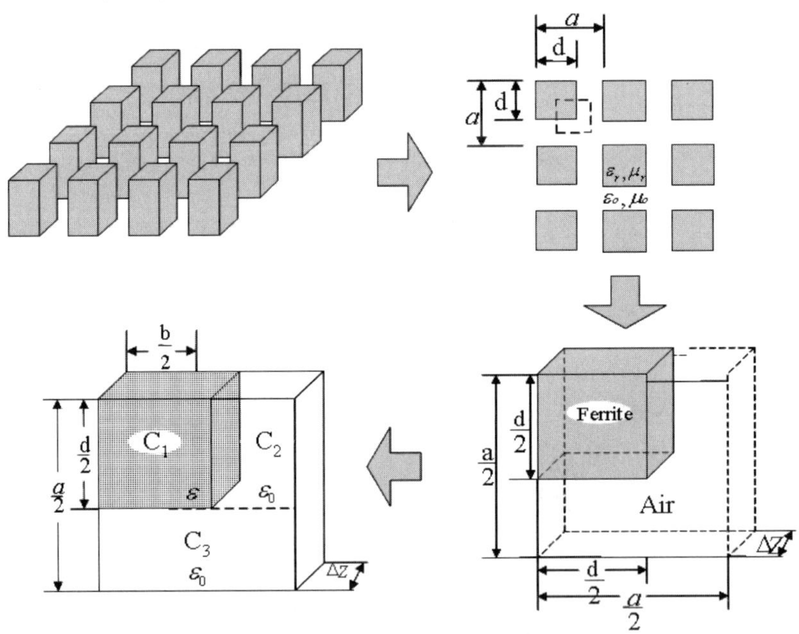

그림 6-5 등가재료정수의 캐패시턴스 계산모델

그림 6-5에서 a는 x, y방향의 주기이며, d는 페라이트로 채워진 부분의 폭이다. ε_r, μ_r은 페라이트의 복소비유전율과 복소비투자율이

며, ε_0 및 μ_0 는 각각 진공중의 유전율과 투자율이다. 그림 6-5와 같은 주기성 구조는 x, y방향으로 대칭이므로 그림에서 점선으로 표시한 부분의 해석을 하면 전체의 특성을 파악할 수 있다.

그림 6-5를 이용하여 그림 6-6과 같은 합성용량 모델을 만들 수 있으며, 총 합성용량 C는 식 (6.15)과 같이 계산할 수 있다.

$$\begin{aligned} C &= C_1 + C_2 \\ &= \frac{\varepsilon_0 \varepsilon_r d \Delta z}{\varepsilon_r(a-d)+d} + \frac{\varepsilon_0 (a-d) \Delta z}{a} \\ &= \varepsilon_0 \Delta z \frac{a-d}{a} + \frac{\varepsilon_r d}{(a-d)\varepsilon_r + d} \end{aligned} \tag{6.15}$$

여기서,

$$C_{F1} = \varepsilon_0 \varepsilon_r \Delta z\ , \qquad C_{A1} = \frac{\varepsilon_0 d \Delta z}{a-d}$$

$$C_1 = \frac{C_{F1} C_{A1}}{C_{F1} + C_{A1}} = \frac{\varepsilon_0 \varepsilon_r d \Delta z}{\varepsilon_r (a-d) + d}$$

$$C_2 = C_{A2} = \frac{\varepsilon_0 (a-d) \Delta z}{a}$$

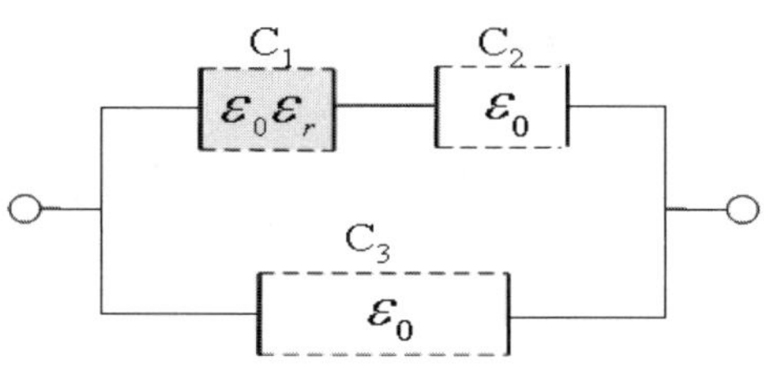

그림 6-6 합성용량 모델

따라서, 그림 6-5에서 Δz의 두께를 가지는 구조에 대한 등가유전율 ε_{eq}는 식 (6.16)과 같이 계산할 수 있다.

$$\varepsilon_{eq} = \frac{C}{\varepsilon_0 \Delta z} \tag{6.16}$$

식 (6.15)를 식 (6.16)에 대입하면, 등가유전율 ε_{eq}는 식 (6.17)과 같이 구해진다.

$$\varepsilon_{eq} = \frac{a-d}{a} + \frac{\varepsilon_r d}{(a-d)\varepsilon_r + d} \tag{6.17}$$

그리고 페라이트로 채워진 부분의 체적비 $V_r(=d^2/a^2)$을 이용하여 식 (6.17)을 정리하면 식 (6.18)과 같다.

$$\varepsilon_{eq} = 1 + \frac{\varepsilon_r \sqrt{V_r}}{(1-\sqrt{V_r})\varepsilon_r + \sqrt{V_r}} - \sqrt{V_r} \tag{6.18}$$

(3) 합성인덕턴스 모델과 등가투자율

그림 6-7을 이용하여 상기 합성용량 모델과 같은 방법으로 주기적으로 배열되어 있는 구조에서 그 배열 주기가 입사전파의 파장에 비해 충분히 짧은 경우 균일화이론에 따라 그림 6-8과 같은 합성인덕턴스 모델을 만들 수 있으며, 합성인덕턴스 L은 식 (6.19)와 같이 구할 수 있다.

$$L = L_1 + L_2 = \mu_0 \Delta z \frac{a-d}{a} + \frac{\mu_r d}{(a-d)\mu_r + d} \tag{6.19}$$

여기서,

$$L_{F1} = \mu_0 \mu_r \Delta z$$

$$L_{A1} = \frac{\mu_0 d \Delta z}{a-d}$$

$$L_1 = \frac{L_{F1} L_{A1}}{L_{F1} + L_{A1}} = \frac{\mu_0 \mu_r d \Delta z}{(a-d)\mu_r + d}$$

$$L_2 = L_{A2} = \frac{\mu_0 (a-d) \Delta z}{a}$$

따라서, 그림 6-7에서 Δz의 두께를 가지는 구조에 대한 등가투자율 μ_{eq}는 식 (6.20)과 같이 계산할 수 있다.

$$\mu_{eq} = \frac{L}{\mu_0 \Delta z} \tag{6.20}$$

식 (6.19)를 식 (6.20)에 대입하면 등가투자율 μ_{eq}는 식 (6.21) 및 (6.22)와 같다.

$$\mu_{eq} = \frac{a-d}{a} + \frac{\mu_r d}{(a-d)\mu_r + d} \tag{6.21}$$

$$\mu_{eq} = 1 + \frac{\mu_r \sqrt{V_r}}{(1-\sqrt{V_r})\mu_r + \sqrt{V_r}} - \sqrt{V_r} \tag{6.22}$$

이상 설명한 유효재료정수 산출방법을 등가재료정수법(EMCM ; Equivalent Material Constants Method)이라 부르기로 한다.

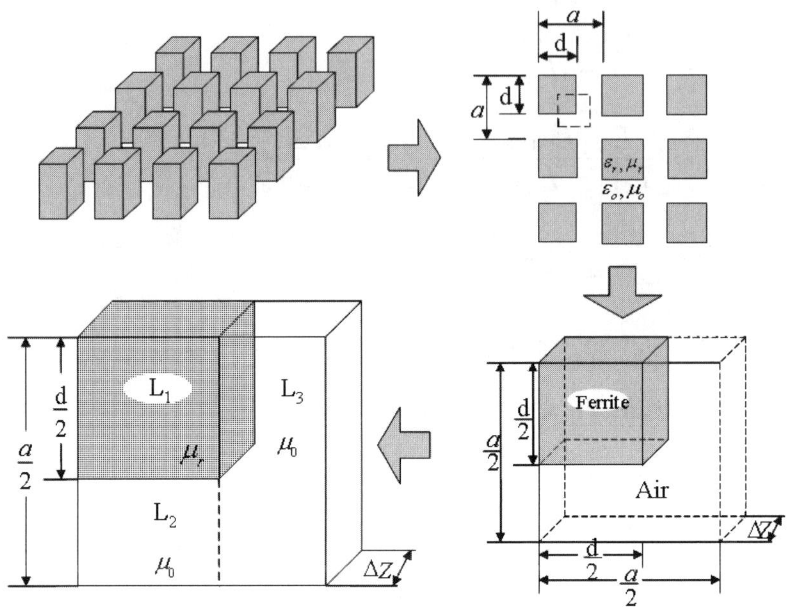

그림 6-7 등가재료정수의 인덕턴스 계산모델

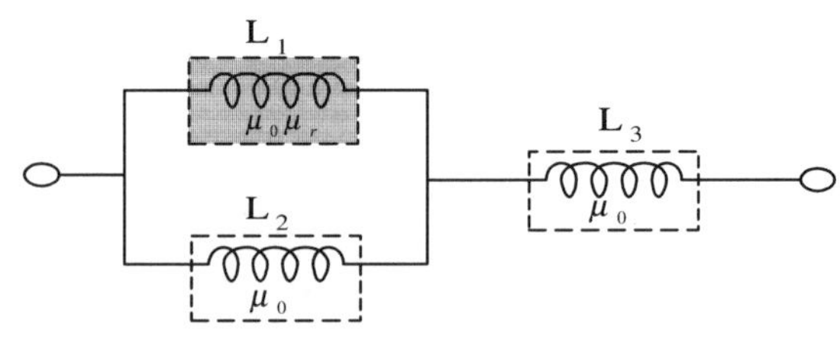

그림 6-8 합성인덕턴스 모델

6.2.2 다양한 페라이트 전파흡수체와 특성

아래에 필자 등이 개발한 각종 페라이트 전파흡수체의 EMCM에 의한 주파수특성을 기존의 타일형 및 격자형과 비교하여 제시하고, 그 제원을 표로 함께 나타낸다.

(1) 타일상에 형성한 사각기둥형 전파흡수체

그림 6-9(a)는 페라이트 타일상에 형성한 주기구조 사각기둥형 전파흡수체이며, 그 주파수특성은 그림 6-9(b)와 같다. 또한 이 전파흡수체의 제원은 표 6-1과 같다.

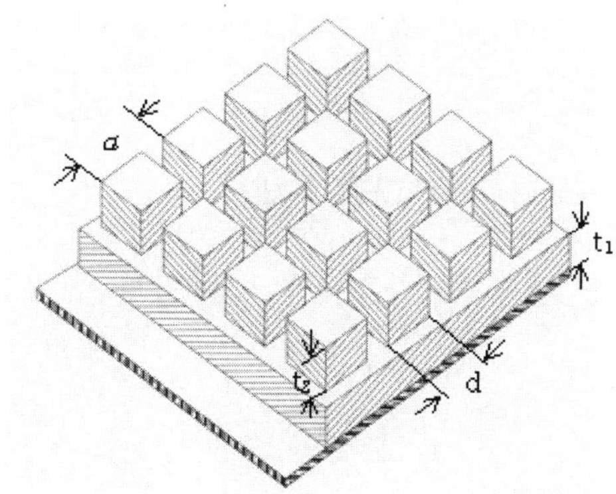

그림 6-9(a) 주기구조 사각기둥형 페라이트 전파흡수체

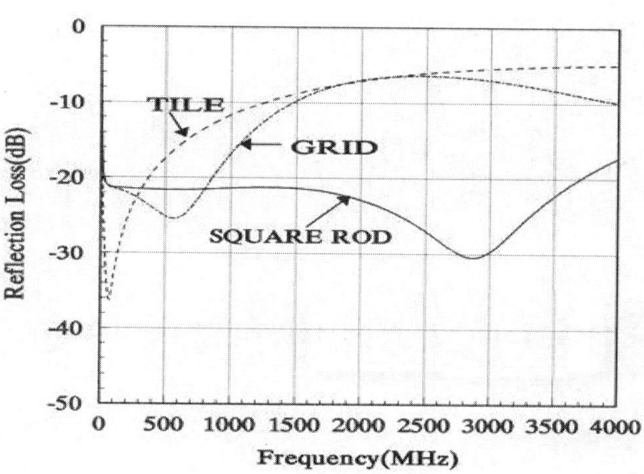

그림 6.9(b) 주기구조 사각기둥형 페라이트 전파흡수체의 주파수 특성

표 6-1 그림 6-9(a)의 제원

Material constant parameters	Absorber Dimension(mm)				Band width with the tolerance limits of -20 dB
	t_1	t_2	d	a	
ε_r = 14.0 K = 2,500 f_m = 2.5 MHz	6.4	11.0	15.0	20	30~3,690 MHz

(2) 테이퍼진 격자형 전파흡수체

그림 6-10(a)는 테이퍼진 격자형 페라이트 전파흡수체를 나타내며, 주파수특성은 그림 6-10(b)와 같다. 또 이 전파흡수체의 제원은 표 6-2와 같다.

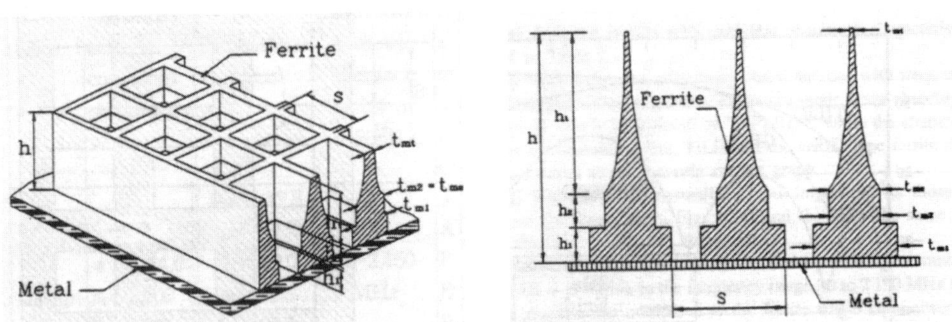

(사시도) (단면도)

그림 6-10(a) 테이퍼진 격자형 전파흡수체

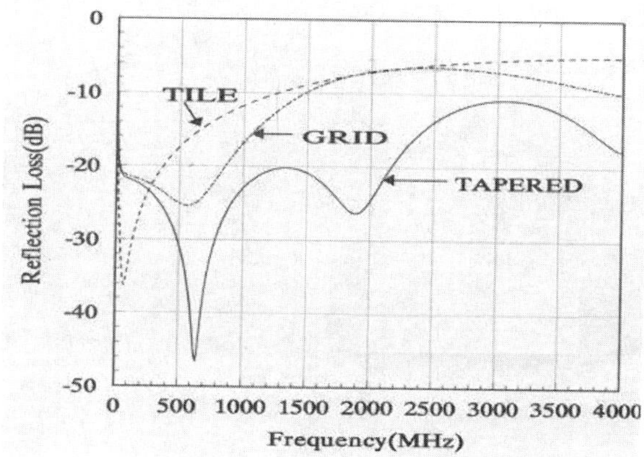

그림 6-10(b) 테이퍼진 격자형 전파흡수체의 주파수 특성

표 6-2 그림 6-10(a)의 제원

CASE	Material constant parameters	Absorber Dimension(mm)	Band width with the tolerance limits of -20 dB
Design #-1	ε_r = 14.0 K = 2,500 f_m = 2.5 MHz	t_{m1}=12.8, t_{m2}=7.4 S=20.0, h_1=5.8 h_2=0.0, h_t=48.0	30～2,150 MHz
Design #-2	ε_r = 14.0 K = 2,500 f_m = 2.5 MHz	t_{m1}=12.8, t_{m2}=1.6 S=20.0, h_1=6.6 h_2=15.0, h_t=30.0	30～2,430 MHz

(3) 십자슬롯형 페라이트 전파흡수체

그림 6-11(a)는 페라이트 타일상에 십자형 슬롯을 가지는 전파흡수체를 형성한 광대역 전파흡수체를 나타내며, 그 주파수특성은 그림 6-11(b)와 같다. 또 이 전파흡수체의 제원은 표 6-3과 같다.

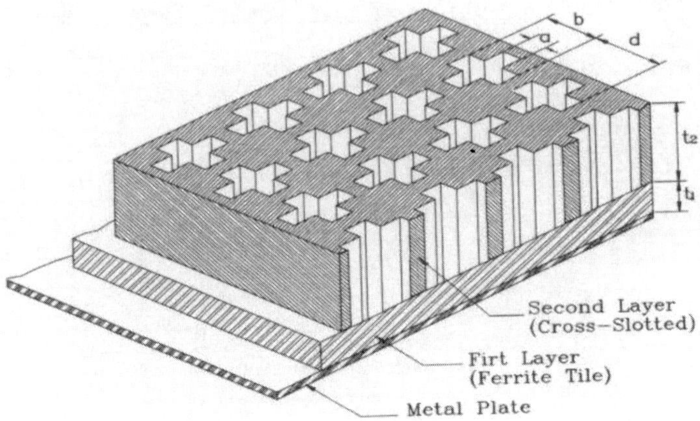

그림 6-11(a) 십자형 슬롯을 가지는 페라이트 전파흡수체

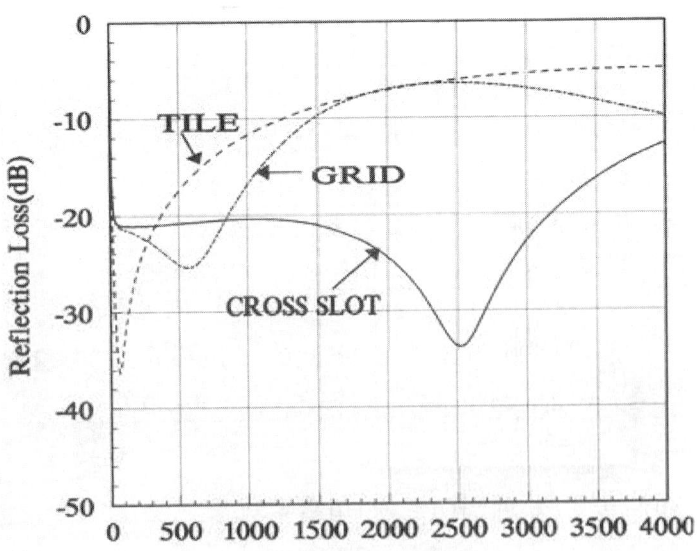

그림 6-11(b) 십자형 슬롯을 가지는 페라이트 전파흡수체의 주파수특성

표 6-3 그림 6-11(a)의 제원

Material constant parameters	Absorber Dimension(mm)					Band width with the tolerance limits of -20 dB
	t_1	t_2	a	b	d	
ε_r = 14.0 K = 2,500 f_m = 2.5 MHz	5.6	15.5	7.4	19	20	30～3,170 MHz

(4) 여타의 초광대역 페라이트 전파흡수체

그 밖의 페라이트 전파흡수체로서 초광대역 특성을 가지는 전파흡수체를 등가재료정수법을 써서 설계한 예를 그림 6-12에 제시한다.

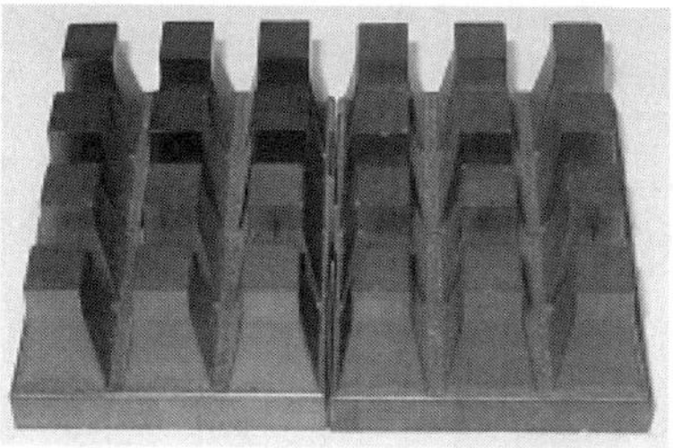

(a) 테이퍼진 사각기둥형

(b) 원추절단형

(c) 상부에 Hemisphere 부를 가지는 원추절단형

그림 6-12 초광대역 페라이트 전파흡수체의 예

6-3 복합구조 초광대역 전파흡수체

6.3.1 Hemisphere부를 부가한 원추절단형 페라이트 전파흡수체

(1) EMCM 및 FDTD 해석

① EMCM 해석

Hemisphere를 부가한 원추절단형 페라이트 전파흡수체를 그림 6-13에 나타낸다. 이러한 형상의 전파흡수체를 설계하기 위하여, 우선 6.2절에서 설명한 등가재료정수법(EMCM)에 의한 해석방법을 기술한다.

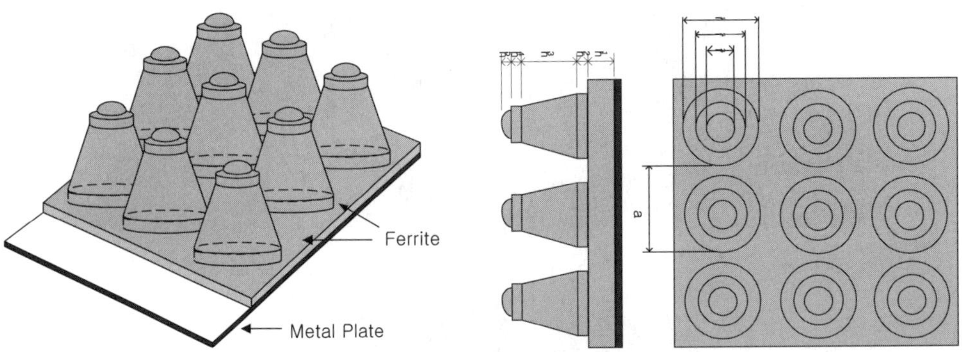

(a) 사시도 (b) 측면도 및 평면도

그림 6-13 Hemisphere를 부가한 원추절단형 페라이트 전파흡수체

그림 6-14에 보이는 바와 같이 흡수체를 ferrite 타일층을 제외한 원추부 및 hemisphere부를 n개의 층으로 나눈 후, 이를 다층형 전파 흡

수체의 해석법을 적용하여 그림 6-15와 같이 등가커패시턴스 모델로 등가회로화하여 각층의 등가유전율 ε_{eq}을 식 (6.23)과 같이 계산할 수 있다. 같은 방법으로 그림 6-16과 같이 등가인덕턴스 모델로 등가회로화하여 각층의 등가투자율 μ_{eq}을 식 (6.24)와 같이 계산할 수 있다.

$$\varepsilon_{eff}= \frac{a[(a-\Delta t)\varepsilon_r+\Delta t]}{a(x_{i+1}-x_i)\varepsilon_r}+\frac{[(a-x_i+n\Delta t)(x_{i+1}-x_i)]}{a(x_{i+1}-x_i)} \tag{6.23}$$

$$\mu_{eff}= \frac{a[(a-x_i)\mu_r+(x_i-n\Delta t)]}{a\Delta t\mu_r}+\frac{(a-x_i+n\Delta t)\mu_r}{a\mu_r} \tag{6.24}$$

여기서, a는 원추형 주기 배열의 간격, x_i는 i번째 층의 페라이트부의 반지름, Δt는 분할한 층의 두께이다.

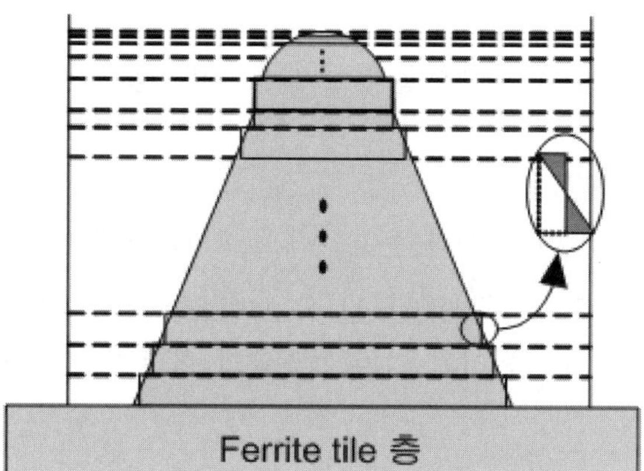

그림 6-14 해석 영역의 측면도

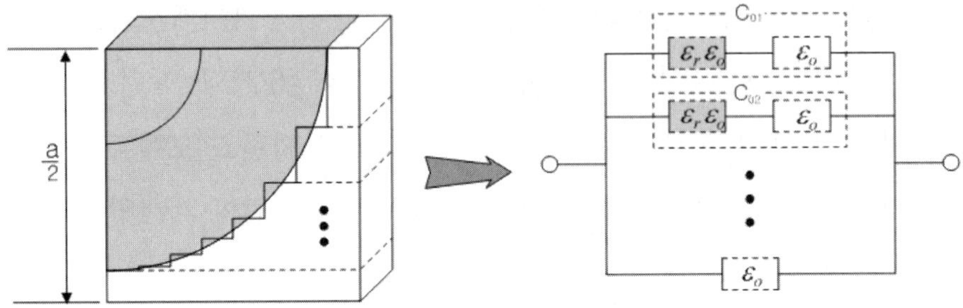

그림 6-15 원형부의 등가 캐패시턴스 모델

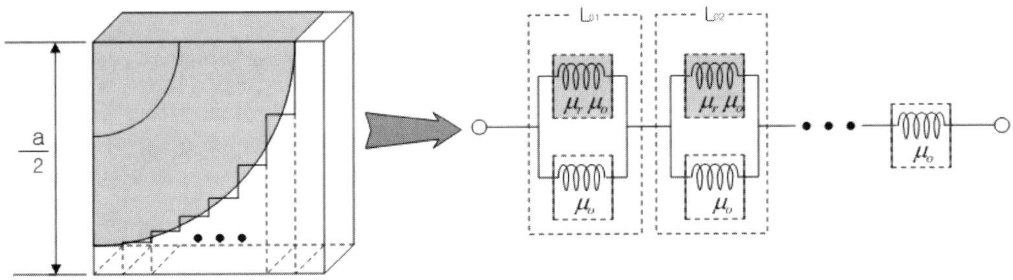

그림 6-16 원형부의 등가 인덕턴스 모델

② FDTD 해석

FDTD법에 의해 전자파 문제해석을 하기 위해선 우선, 맥스웰 방정식을 기본적으로 고려하여야 한다. 유전율을 가지는 매질을 해석하기 위해, 비유전율 ε_r을 시간 의존 맥스웰의 회전 방정식에 추가해야 한다.

$$\frac{\partial \boldsymbol{E}}{\partial t} = \frac{1}{\varepsilon_0 \varepsilon_r} \nabla \times \boldsymbol{H} \tag{6.25}$$

$$\frac{\partial \boldsymbol{H}}{\partial t} = -\frac{1}{\mu_0} \nabla \times \boldsymbol{E} \tag{6.26}$$

여기서는 문제를 간단히 하기위해 1차원 문제로 근사하여 계산하기로 한다.따라서, E_x와 H_y만을 사용하는 1차원의 경우를 고려하고 있으므로, 식 (6.25)와 (6.26)은 식 (6.27)과 (6.28)과 같이 된다.

$$\frac{\partial E_x(t)}{\partial t} = -\frac{1}{\varepsilon_0 \varepsilon_r}\frac{\partial H_y(t)}{\partial z} \tag{6.27}$$

$$\frac{\partial H_y(t)}{\partial t} = -\frac{1}{\mu_0}\frac{\partial E_x(t)}{\partial z} \tag{6.28}$$

계산의 간략화를 위해 식 $\widetilde{\boldsymbol{E}}$를 식 (6.29)와 같이 정의한다.

$$\widetilde{\boldsymbol{E}} = \sqrt{\frac{\varepsilon_0}{\mu_0}}\ \boldsymbol{E} \tag{6.29}$$

식 (6.27)과 (6.28)은 식 (6.29)를 이용하여 정규화하면 식 (6.30)과 (6.31)과 같다.

$$\frac{\partial \widetilde{E}_x(t)}{\partial t} = -\frac{1}{\varepsilon_r\sqrt{\varepsilon_0 \mu_0}}\frac{\partial H_y(t)}{\partial z} \tag{6.30}$$

$$\frac{\partial H_y(t)}{\partial t} = -\frac{1}{\sqrt{\varepsilon_0 \mu_0}}\frac{\partial \widetilde{E}_x(t)}{\partial z} \tag{6.31}$$

그 다음 유한차분 근사를 하면 다음과 같다.

$$\frac{\widetilde{E}_x^{n+1/2}(k) - \widetilde{E}_x^{n-1/2}(k)}{\Delta t} = -\frac{1}{\varepsilon_r\sqrt{\varepsilon_0 \mu_0}}\frac{H_y^n(k-1/2) - H_y^n(k+1/2)}{\Delta x} \tag{6.32}$$

$$\frac{H_y^{n+1}(k+1/2)-H_y^{n}(k+1/2)}{\Delta t} = -\frac{1}{\mu_0}\frac{\widetilde{E}_x^{n+1/2}(k+1)-\widetilde{E}_x^{n+1/2}(k)}{\Delta x} \tag{6.33}$$

셀 크기 Δx가 선택되면, 시간 스텝 Δt는 다음에 의해 결정된다.

$$\Delta t = \frac{\Delta x}{2c_0} \tag{6.34}$$

여기서 c_0는 자유공간에서의 빛의 속도이다. 그러므로,

$$\frac{1}{\sqrt{\varepsilon_0\mu_0}}\frac{\Delta t}{\Delta x} = c_0\frac{\Delta x/(2c_0)}{\Delta x} = \frac{1}{2} \tag{6.35}$$

으로 단순화 할 수 있다. 따라서, 식 (6.32)와 (6.33)은 다음과 같이 쓸 수 있다.

$$\widetilde{E}_x^{n+1/2}(k) = \widetilde{E}_x^{n+1/2}(k) - \frac{1/2}{\varepsilon_r}[H_y^n(k-1/2) - H_y^n(k+1/2)] \tag{6.36}$$

$$H_y^{n+1}(k+1/2) = H_y^n(k+1/2) - \frac{1}{2}[\widetilde{E}_x^{n+1/2}(k+1) - \widetilde{E}_x^{n+1/2}(k)] \tag{6.37}$$

위의 식은 자유공간 또는 비유전율 ε_r로 지정된 단일매질층 내의 전자계를 계산 하기 위한 식이다.

페라이트와 같은 자성손실체에 대한 해석을 위해 다음과 같이 맥스웰 방정식의 보다 일반적인 형태를 사용한다.

$$\frac{\partial \boldsymbol{D}}{\partial t} = \nabla \times \boldsymbol{H} \tag{6.38a}$$

$$\boldsymbol{D}(\omega) = \varepsilon_0 \varepsilon_r(\omega)\ \boldsymbol{E}(\omega) \tag{6.38b}$$

$$\frac{\partial \boldsymbol{B}}{\partial t} = -\nabla \times \boldsymbol{E} \tag{6.38c}$$

$$\boldsymbol{B}(\omega) = \mu_0 \mu_r(\omega)\ \boldsymbol{H}(\omega) \tag{6.38d}$$

식 (6.38d)는 주파수 영역에서 표현되어 있으며, 이제 다음 식과 같이 $\widetilde{\boldsymbol{H}}$, $\widetilde{\boldsymbol{B}}$를 정의한다.

$$\widetilde{\boldsymbol{H}} = \sqrt{\frac{\mu_0}{\varepsilon_0}}\ \boldsymbol{H} \tag{6.39a}$$

$$\widetilde{\boldsymbol{B}} = \frac{1}{\sqrt{\varepsilon_0 \mu_0}}\ \boldsymbol{B} \tag{6.39b}$$

식 (6.38a), (6.38c), (6.38d)를 정규화하면 다음식이 유도된다.

$$\frac{\partial \widetilde{\boldsymbol{D}}}{\partial t} = \frac{1}{\mu_0} \nabla \times \boldsymbol{H} \tag{6.40a}$$

$$\frac{\partial \boldsymbol{B}}{\partial t} = -\frac{1}{\varepsilon_0} \nabla \times \widetilde{\boldsymbol{E}} \tag{6.40b}$$

$$\widetilde{\boldsymbol{B}}(\omega) = \mu_r(\omega)\ \widetilde{\boldsymbol{H}}(\omega) \tag{6.40c}$$

이제 FDTD법을 실행하기 위해 식 (6.40c)를 시간영역 차분방정식에 대입하여야 한다. 첫 번째 일은 식 (6.40c)를 주파수 영역에서 시간 영역으로 변환 하는 것이다.

페라이트와 같이 투자율이 주파수에 따라 변화하는 분산성 매질을 시뮬레이션하기 위해 Y. Naito에 의한 주파수 분산특성을 나타내는 다음 공식을 사용한다.

$$\mu_r(\omega) = 1 + \frac{K_r}{1 + j\dfrac{\omega}{\omega_r}} + \frac{K_m \omega_r^2}{\omega_r^2 - \omega^2 + j\omega 2\delta_p} \tag{6.41}$$

여기서, K_r은 페라이트의 스핀 회전운동에 관계하는 초기 비투자율, ω_r은 스핀 공명주파수, K_m은 자벽의 운동에 관계하는 초기 비투자율이며, γ가 댐핑계수일 때 $\delta_p = \gamma\pi$이다.

위 식에서 오른쪽 변의 두 번째 항은 완화항을 나타내고 세 번째 항은 공명항을 나타내는 식이다.

식 (6.41)을 (6.40c)에 대입하면, 다음이 된다.

$$\widetilde{\boldsymbol{B}}(\omega) = \widetilde{\boldsymbol{H}}(\omega) + \frac{K_r}{1 + j\dfrac{\omega}{\omega_r}}\widetilde{\boldsymbol{H}}(\omega) + \frac{K_m \cdot \omega_r^2}{\omega_r^2 - \omega^2 + j\omega 2\delta_p}\widetilde{\boldsymbol{H}}(\omega) \tag{6.42}$$

따라서, 식 (6.42)의 완화항에 의존하는 항은 식 (6.43)으로, 공명항에 의존하는 항은 식 (6.44)로 정의한다.

$$S(\omega) = \frac{K_r}{1 + j\dfrac{\omega}{\omega_r}}\widetilde{H}(\omega) \tag{6.43}$$

$$T(\omega) = \frac{K_m \omega_r^2}{\omega_r^2 - \omega^2 + j\omega 2\delta_p}\widetilde{H}(\omega) \tag{6.44}$$

먼저 식 (6.43)을 아래와 같이 전개한다.

$$\omega_r S(\omega) + j\omega S(\omega) = K_r \omega_r \widetilde{H}(\omega)$$

이것을 유한 차분 근사법으로 해석하면,

$$\omega S^{n-1} + \frac{S^n - S^{n-2}}{2\Delta t} = K_r \omega_r \widetilde{H}^{n-1}$$

과 같이 되고, S^n에 대해 정리하면

$$S^n = -\omega_r 2\Delta t\, S^{n-1} + S^{n-2} + K_r \omega_r 2\Delta t\, \widetilde{H}^{n-1} \quad (6.45)$$

이 된다.

다음으로 식 (6.44)를 전개한다.

$$\omega_r^2 T(\omega) - \omega^2 T(\omega) + j2\delta_p \omega T(\omega) = K_m \omega_r^2 \widetilde{H}(\omega)$$

이것을 유한 차분 근사법으로 해석하면,

$$\omega_r^2 T^{n-1} + 2\delta_p \frac{T^n - T^{n-2}}{2\Delta t} + \frac{T^n - 2T^{n-1} + T^{n-2}}{\Delta t^2} = K_m \omega_r^2 \widetilde{H}^{n-1}$$

과 같이 되고, T^n에 대해 정리하면

$$T^n = \frac{2-\omega_r^2 \Delta t^2}{\delta_p \Delta t + 1} T^{n-1} + \frac{\delta_p \Delta t - 1}{\delta_p \Delta t + 1} T^{n-2} + \frac{K_m \omega_r^2 \Delta t^2}{\delta_p \Delta t + 1} \widetilde{H}^{n-1} \quad (6.46)$$

이 된다.

식 (6.45)와 식 (6.46)을 식 (6.42)에 대입하여 정리하면

$$\widetilde{H}^n = \widetilde{B}^n - S^n - T^n \quad (6.47)$$

이 되어, 자속에 의해 자계를 구하는 식으로 정리할 수 있다.

식 (6.47)의 식을 시뮬레이션을 위해 코딩을 한 후 FDTD 해석을 위한 문제 영역의 크기를 설정한다. 문제 영역의 크기는 해석하고자 하는 전파흡수체의 전체 두께의 10배 이상으로 설정한다. 문제 영역의 오른쪽에 흡수체가 놓이게 되고, 출력을 위한 반사파를 생성하기 위해 흡수체 뒷단은 금속벽이 있는 경계조건으로 코딩한다. 문제 영역내의 적절한 위치에서 입력파를 발생시키면, 시간이 지남에 따라 오른쪽으로 진행하는 파는 흡수체를 투과한 후 오른쪽 끝단의 금속벽에 부딪치고 다시 반사하는 출력파가 되어 왼쪽으로 진행하는 파가 생성된다. 이 때 입력파와 반사파의 비가 반사계수로 된다.

즉, 반사파가 완전히 흡수체를 벗어나면 입사파와 반사파를 입력과 출력으로 하여 각각 FFT를 수행하여, 전파흡수능을 구한다.

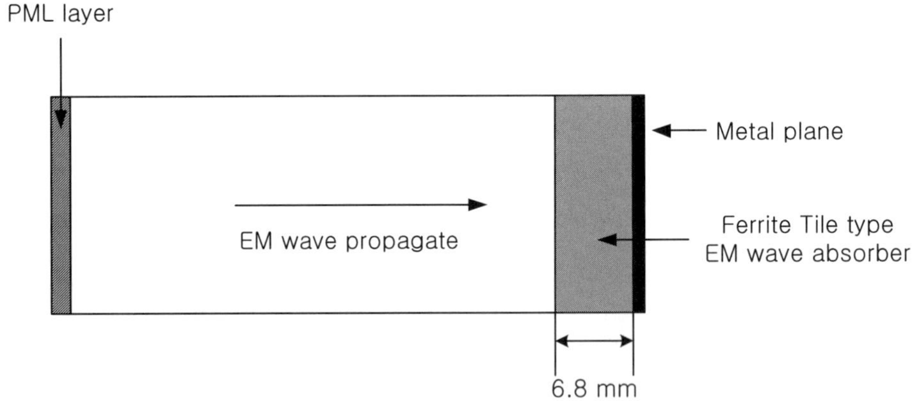

그림 6-17 Tile형 페라이트 전파흡수체 해석을 위한 문제 영역

그림 6-17은 1차원 FDTD 해석을 위한 문제 영역에 페라이트 타일형 흡수체를 놓은 해석도이다. FDTD법을 이용한 해석에서 DC 성분

의 에너지를 가지지 않는 Gaussian Derivative Pulse를 입사파로서 사용한다. 입사파는 페라이트 타일 흡수체의 표면에서 일정량 반사하고 나머지는 투과하면서 서서히 감소하고 오른쪽 측면 금속판에 부딪친 후 다시 전반사 후 흡수체를 빠져나오게 되며, 표면에서 반사된 파와 금속판에서 반사되어 나온 파 전체를 출력파로 하여, 그 값을 FFT를 통해 주파수 영역으로 변환한 후 반사계수값을 구하여 흡수능을 해석하였다.

FDTD법에 의한 해석의 정확성을 확인하기 위해 타일형 페라이트 전파흡수체에 대해 시뮬레이션을 실시하여 그 결과를 EMCM법에 의한 계산치와 실측정 값과 비교해보았다. 그림 6-18은 그 결과를 나타내는 그래프로서 EMCM법에 의한 계산보다는 FDTD법에 의한 계산치가 실측정 값에 유사하다는 것을 알 수 있다. 대상으로 한 타일형 전파흡수체의 파라미터는 표 6-4와 같다. 표 6-5는 FDTD 해석에 사용된 파라미터를 나타낸 것이다.

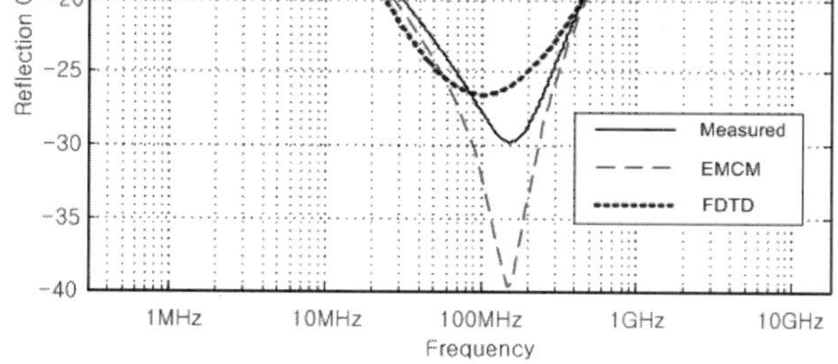

그림 6-18 Tile형 페라이트 흡수체의 EMCM 및 FDTD법에 의한 계산치와 실측정 값의 비교

표 6-4 전파흡수체에 사용된 페라이트의 파라미터

두께	ε_r	K_r	f_r
6.8 mm	14	2,500	2.5 MHz

표 6-5 FDTD 시뮬레이션을 위한 파라미터

Cell 수	Cell 크기	시간 스텝	스텝 횟수
6000	0.1 mm	0.1 mm/(2 c_0)	8,000

(2) 3차원 전파흡수체의 이론 및 실험적 특성

그림 6-19는 그림 6-13에 나타낸 hemisphere부를 부가한 원추절단형 페라이트 전파흡수체의 EMCM과 FDTD 해석 결과, 그리고 실측정치를 비교한 그림이다. 그림에서 볼 수 있듯이 EMCM의 그래프와 실측정치의 그래프는 유사한 패턴은 유지하지만, 다소의 오차가 있음을 볼 수 있다. FDTD와 실측정치의 비교 그래프는 그 패턴이나 반사량이 잘 일치하여, EMCM에 의한 결과보다 FDTD에 의한 결과가 훨씬 정확함을 확인할 수 있다. 특히 고주파대역으로 이동할수록 FDTD가 EMCM보다 우수함을 알 수 있다. hemisphere부를 부가한 원추절단형 페라이트 전파흡수체의 흡수능은 30 MHz~6 GHz의 대역에서 20 dB 이상을 나타내고 있음을 보여준다. 이 전파흡수체의 제원은 표 6-6과 같다.

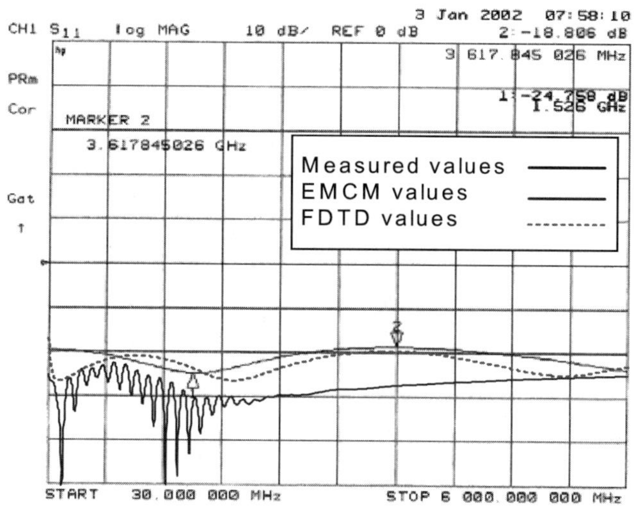

그림 6-19 Hemisphere부를 부가한 원추절단형 페라이트 전파흡수체의 EMCM 및 FDTD법에 의한 계산치와 실측치의 비교

표 6-6 Hemisphere를 부가한 원추절단형 전파흡수체의 제원

	h1	h2	h3	h4	h5	r1	r2	r3	a
Size(mm)	6.8	1.8	16.5	0.79	2.5	18.05	10.38	7.2	20

6.3.2 복합구조 흡수체

복합구조 전파흡수체를 그림 6-20에 나타내었다. 복합구조 전파흡수체란 hemisphere를 부가한 원추절단형 페라이트 전파흡수체에 피라미드 타입 전파흡수체를 부착시킨 형태이다.

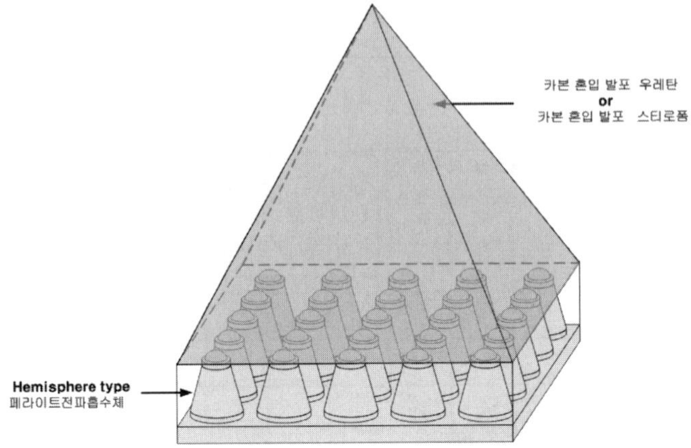

그림 6-20 복합구조 전파흡수체의 형상

hemisphere부를 부가한 원추절단형 페라이트 전파흡수체와 마찬가지로 복합구조 전파흡수체 설계 시에도 등가재료정수법을 사용하였으며 피라미드전파흡수체의 경우는 유전체 이므로 등가 유전율에 대한 이론적 배경만을 서술하겠다. 정전용량은 $C=\varepsilon Wa/g=\varepsilon S/g$ 에서와 같이 유전율과 단면적에 비례하고 간격에 반비례한다. 그림 6-20과 같이 피라미드형 전파흡수체는 그림 6-21과 같이 등가재료정수 계산 모델로 만들어 각각의 정전용량을 계산하고 그것으로부터 총 합성용량 C를 구할 수 있다.

$$C_1=\varepsilon_o\varepsilon_r\frac{d/2\cdot\Delta z}{d/2}=\varepsilon_o\varepsilon_r\Delta z \qquad (6.48a)$$

$$C_2=\frac{d/2\,\varepsilon_o\Delta z}{(1/2)(a-d)}=\frac{d\,\varepsilon_o\Delta z}{(a-d)} \qquad (6.48b)$$

$$C_3=\frac{(1/2)(a-d)\,\varepsilon_o\Delta z}{a/2}=\frac{(a-d)\,\varepsilon_o\Delta z}{a} \qquad (6.48c)$$

$$C=\left\{\frac{(a-d)}{a}+\frac{\varepsilon_r d}{(a-d)\varepsilon_r+d}\right\}\varepsilon_o \Delta z \tag{6.48d}$$

따라서, 그림 6-21에서 Δz 의 두께를 가지는 구조에 대한 등가유전율 ε_{eq} 는

$$\varepsilon_{eq}=\frac{C}{\varepsilon_o \Delta z} \tag{6.49a}$$

$$\varepsilon_{eq}=\frac{(a-d)}{a}+\frac{\varepsilon_r d}{(a-d)\varepsilon_r+d} \tag{6.49b}$$

와 같이 계산 할 수 있다.

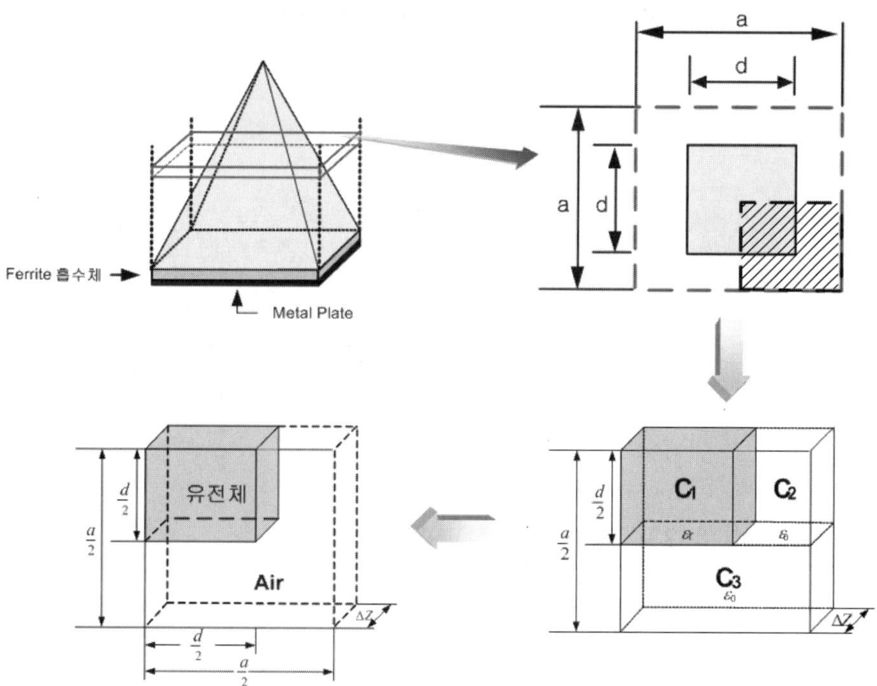

그림 6-21 등가재료정수의 캐패시턴스 계산모델

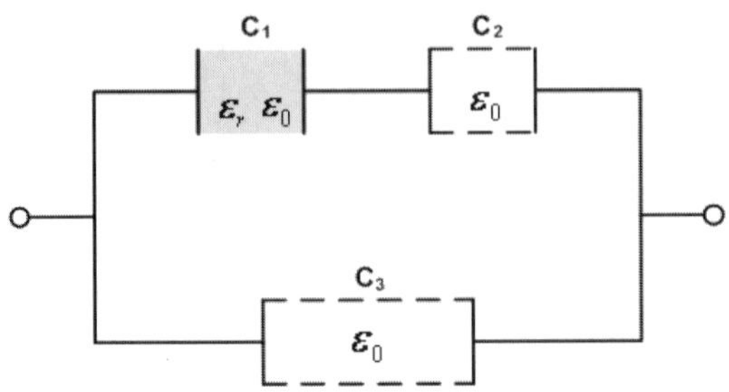

그림 6-22 합성용량 모델

다음은 각 층의 등가 모델에 대하여 임피던스 및 반사계수를 구하는 과정이다. 첫 단에서의 임피던스 값을 계산하여 계속적으로 계산하면 최종 단에서 계산되는 임피던스의 값은 다음과 같은 수식으로 나타낼 수 있다.

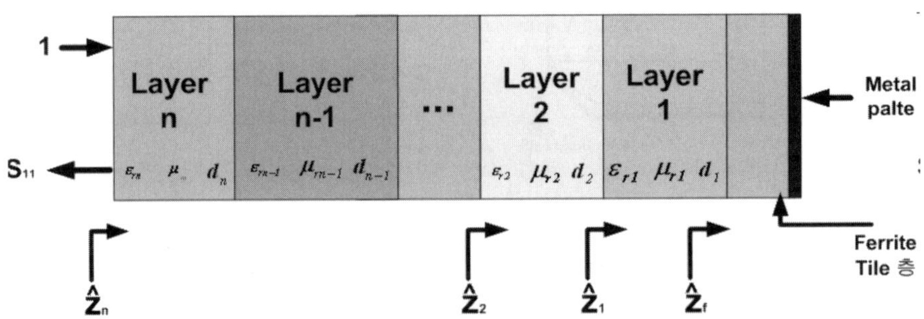

그림 6-23 복합구조 전파흡수체의 다층형 해석모델

첫 단의 임피던스는 다음과 같으며

$$\hat{z}_1 = \sqrt{\frac{1}{\varepsilon_{r1}}}\frac{\hat{z}_f + \sqrt{\frac{1}{\varepsilon_{r1}}}\tanh(j\frac{2\pi}{\lambda}\sqrt{\varepsilon_{r1}}d_1)}{\sqrt{\frac{1}{\varepsilon_{r1}}} + \hat{z}_f\tanh(j\frac{2\pi}{\lambda}\sqrt{\varepsilon_{r1}}d_1)} \tag{6.50}$$

이어서 계산되는 최종 값은 다음 식과 같다.

$$\hat{z}_n = \sqrt{\frac{1}{\varepsilon_{rn}}}\frac{\hat{z}_{n-1} + \sqrt{\frac{1}{\varepsilon_{rn}}}\tanh(j\frac{2\pi}{\lambda}\sqrt{\varepsilon_{rn}}d_n)}{\sqrt{\frac{1}{\varepsilon_{rn}}} + \hat{z}_{n-1}\tanh(j\frac{2\pi}{\lambda}\sqrt{\varepsilon_{rn}}d_n)} \tag{6.51}$$

이렇게 구해진 최종 임피던스의 값으로 반사계수를 구할 수 있다.

$$S_{11} = \frac{\hat{z}_n - 1}{\hat{z}_n + 1} \tag{6.52}$$

표 6-7 복합구조 전파흡수체의 제원

	h1	h2	h3	h4	h5	h6	r1	r2	r3	a
Size(mm)	6.8	1.8	16.5	0.79	2.5	150.0	18.05	10.38	7.2	20

*h6는 피라미드 전파흡수체의 두께를 나타냄

그림 6-24(a)는 표 6-7에 나타낸 칫수를 가지는 그림 6-12(c)의 hemisphere부를 부가한 원추절단형 전파흡수체 위에 카본혼입 피라미드형 발포우레탄 흡수체를 조합한 복합구조 전파흡수체의 실물 사진이며, 그림 6-24(b)는 이 전파흡수체의 주파수특성을 나타내는 그림으로서 페라이트 전파흡수체만을 사용한 그림 6-19보다 성능이 우수하면서도 광대역화됨을 알 수 있다.

그림 6-24(a) 복합구조 전파흡수체의 실물 사진

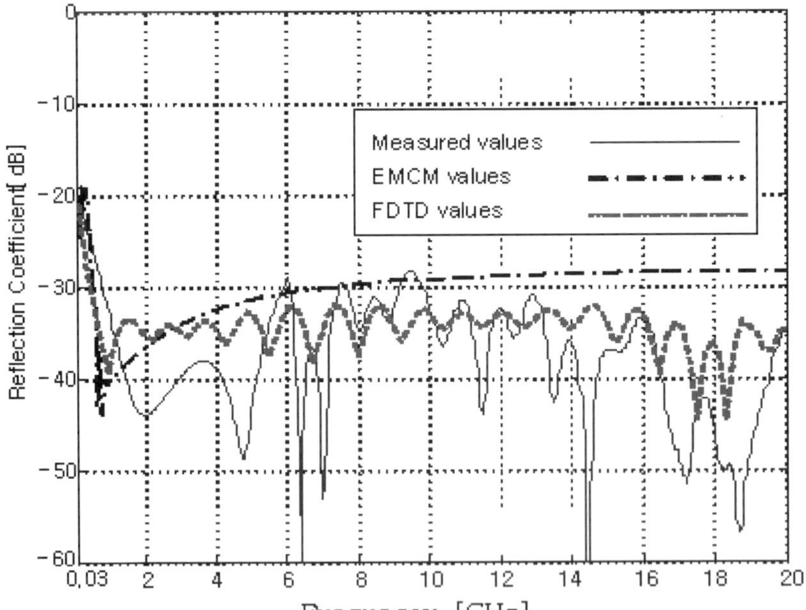

그림 6-24(b) 복합구조 전파흡수체의 주파수특성

참고문헌

1. D. I. Kim, M. Takahashi, H. Anzai, and S. Y. Jun, "Electromagnetic Wave Absorber with Wide-Band Frequency Characteristics Using Exponentially Tapered Ferrite," IEEE Trans. Electromag. Compat., Vol.38, pp.173-177, May 1996.
2. Dong Il Kim, Jae-Young Bae, June-Young Son, Young-Soo Won, Jae-Man Song, "A Study on Fabrication and Evaluation of Ferrite Electromagnetic Wave Absorber," Journal of the Korean Electro- magnetic Engineering Society, Vol.1, No. 1, pp.95-99, May 2001.
3. Hyun Jin Yoon, Jae Man Song, Dong Il Kim and June Young Son, "One-Dimensional Analysis of a Electromagnetic Wave for Use as a Cutting-Cone-Type Ferrite Absorber in an Anechoic chamber," Journal of the Korean Physical Society, Vol.42, No.4, pp.528-531, April 2003.
4. June Young Son, Dong Il Kim, "A study on absorption characteristics of Hemisphere type on cutting cone shaped absorber for obliquely incident EM waves," 2003 Asia-Pacific Microwave Conference, Sheraton Walkerhill Hotel, Seoul, Korea, Vol.01, pp.53-56, November 4-7, 2003.
5. 김동일, 박종구, 원영수, "십자돌기형 페라이트 전파흡수체의 광대역 설계," 한국전자파학회논문지, 제11권 제3호, 2000. 04.
6. 김동일, 박종구, 정세모, 이영구, "원추절단형 페라이트 전파흡수체의 최적설계 및 제작에 관한 연구," 한국해양정보통신학회지, 제4권 제4호, pp.721-726, 2001. 6.
7. 김동일, 손준영, "전파무향실을 위한 광대역 페라이트 전파흡수체," 한국전자파학회지 전자파기술, Vol. 14, No. 1, pp.43-50, 2003. 01.
8. Y. Naito et al., "Design of the grid type ferrite electromagnetic wave absorber," EMCJ 91-81, IEICE Japan, pp.21-28, Jan. 1992.

9. Y. Shimizu et al., Absorption and Shield of Electromagnetic Wave Japan : Nikkei, 1989.
10. E. Bensoussan, J. L. Lions, and G. Pananicolaou, Asymptotic Analysis for Periodic Structures, Amsterdam : North-Holland, 1978.
11. N. S. Bakhvalov and G. Panasenko, Homogenization : Averaging Pro- cesses in Periodic Media : Mathematical Problems in the Mechanics of Composite Materials, The Netherlands : Kluwer Academic, 1989.
12. E. F. Kuester and C. L. Holloway, "A low-frequency model for wedge or pyramid absorber arrays-I : Theory," IEEE Trans. Electromag. Compat., Vol.36, Nov. 1994.
13. C. L. Holloway and E. F. Kuester, "A low-frequency modle for wedge or pyramid absorber arrays-II : Computed and measured results," IEEE Trans. Electromag. Compat., Vol.36. Nov. 1994.
14. E. F. Kuester and C. L. Holloway, "Improved low-frequency per- formance of pyramid-cone absorbers for application in semi-anechoic chambers," in IEEE Nat. Symp. Electromag. Compat., Denver, CO, pp 394-399, May 23-25, 1989.
15. H. Anzai et al., "Analysis of the pyramid electromagnetic wave ab- sorber-An approximated model and its application of TE wave," IEICE Japan, Vol.J78-B-II, No.3, pp.191-199, May 1995.
16. Y. Naito et al., "Characteristics of grid ferrite electromagnetic wave absorber," IEICE Japan, Vol.J76-B-II, No.11, pp.898-905, Nov. 1993.
17. Y. Naito, "Formulation of frequency dispersion of ferrite permeability," IEICE Japan, Vol.J59-C, No.5, pp.297-304, May 1976.
18. P. A. Chatterton and M. A. Houlden, EMC-Electromagnetic Theory to Practical Design. New York : Wiley, ch.3, 1992.
19. E. F. Kuester and C. L. Holloway, "Comparison of approximations for effective parameters of artificial dielectrics," IEEE Trans. Microwave Theory Technol., Vol.38, pp.1752-1755, Nov. 1990.

제7장

밀리미터파 전파흡수체

목표

밀리미터파 전자파흡수체

근년, 밀리미터파대 전파의 수요가 급속히 증가하고, 그에 따라 밀리미터파대(특히 60 GHz대나 94 GHz대)에서의 전파흡수체의 연구개발도 활발하게 이루어지고 있다. 여기서는, 밀리미터파대용 전파흡수체로서 특히 저항피막형 전파흡수체 및 탄화규소섬유를 사용한 전파흡수체에 관해서 설명한다.

7-1 실현상의 문제점

1.3절에 나타낸 바와 같이, 전파흡수체는 그림 1-7에 나타낸 프로세스를 거쳐서 실현된다. 이러한 프로세스에 있어서, 밀리미터파 전파흡수체를 실현하는 경우에는, 크게 다음과 같은 기술과제를 생각할 수 있지만 이하 순서대로 각 과제에 관해서 설명한다.

(a) 밀리미터파대에서의 고손실재료의 복소유전율, 복소투자율의 측정
(b) 제작시 흡수체의 두께의 제어
(c) 밀리미터파대에서의 흡수량의 측정

먼저, (a)에 나타낸 복소유전율, 복소투자율의 측정에 관해서 기술한다. 일반적으로 X대역(8~12 GHz) 및 Ku대역(12~18 GHz)의 측정에 있어서는, 후술하는 도파관법이나 공진기법을 사용하고 있다. 그러나 밀리미터파대에서는, 여기서 사용하는 도파관이나 공진기의 치수가 극히 작아져서, 예를 들면 V대역(50~70 GHz)에 사용하는 도파관 WR-19는 치수가 4.775 mm × 2.388 mm이다. 이 때문에, 그 안에 충진하는 시료에 높은 가공정도가 요구되고, 도파관 벽면과 시료의 사이에 조금의 간격이 존재하더라도 그 측정결과에 큰 오차가 포함되는 문제점이있다.

다음으로 (b)에 나타낸 정확한 두께의 제어에 관해서 설명한다. 즉, 밀리미터파대에 있어서는 전파의 파장이 대단히 짧기 때문에 설계되는 흡수체의 두께도 극히 얇아져서, 일반적으로 1 mm 이하로 된다. 그렇기 때문에, 아주 작은 두께의 변화에도 흡수량에 큰 영향을 주는 것을 이론적으로도 확인할 수 있으며, 제조시에 고정밀도의 두께 제어가 요구된다.

또 (c)에 나타낸 흡수량의 측정에 관해서는, 밀리미터파대에서의 각종 디

바이스나 측정장치가 대단히 고가이며, 발진기의 출력이나 수신기의 감도에 큰 제약을 받는 경우가 많다. 따라서, 되도록 간단한 구성으로 정밀도가 높은 측정법을 채용할 필요가 있다.

그러므로, 여기에서는 각종 밀리미터파 전파흡수체중에서, 현재 가장 특성이 우수한 저항피막형 전파흡수체를 중심으로 그 설계법에 관해서 설명한다.

7-2 저항피막형 전파흡수체

상기한 바와 같이, 밀리미터파대에서의 전파흡수체 실현의 기술과제는, 그 주파수대에서의 복소비유전율을 어떻게 정확히 측정하는가에 있다. 그래서, 여기에서는 X대역에서의 저항피막을 사용한 $\lambda/4$형 전파흡수체를 중심으로 설명한다. 그 이유로는 저항피막이 극히 얇은 경우, 그 면저항치는 주파수에 거의 의존하지 않고, 직류(DC)에서의 측정치는 밀리미터파대에 있어서도 거의 변화하지 않기 때문에, 유전손실재료를 사용한 경우처럼 복소비유전율의 주파수 분산특성을 고려할 필요가 없다는 것을 들 수 있다.

(1) 제조법

우선, 그림 7-1을 사용해서 $\lambda/4$형 밀리미터파 전파흡수체의 제조공정에 관해서 설명한다. 이 그림에 나타나 있듯이, 흡수체의 제조는 다음의 절차로 이루어진다.

① 보호막(PET ; poly ethylene terephthalate)의 하층에 면저항치가

거의 자유공간의 고유임피던스(377 Ω)를 가지는, 두께 수백 Å의 도전성 필름, 즉 ITO(Indium Tin Oxide ; 산화인듐주석) 증착막을 형성한다.

② 한편의 공정에 있어서는, 이 저항 피막과 후술하는 보강 알미늄박의 사이를 약 $\lambda/4$로 유지하는 스페이서(PC ; poly carbonate)를 제작한다.

③ 이들 보호막과 스페이서를 압착하고 알미늄박을 이면에 붙여서 전파흡수체를 제작한다.

이렇게 해서 제작된 시료의 구성 및 제원을 그림 7-2 및 표 7-1에 나타낸다.

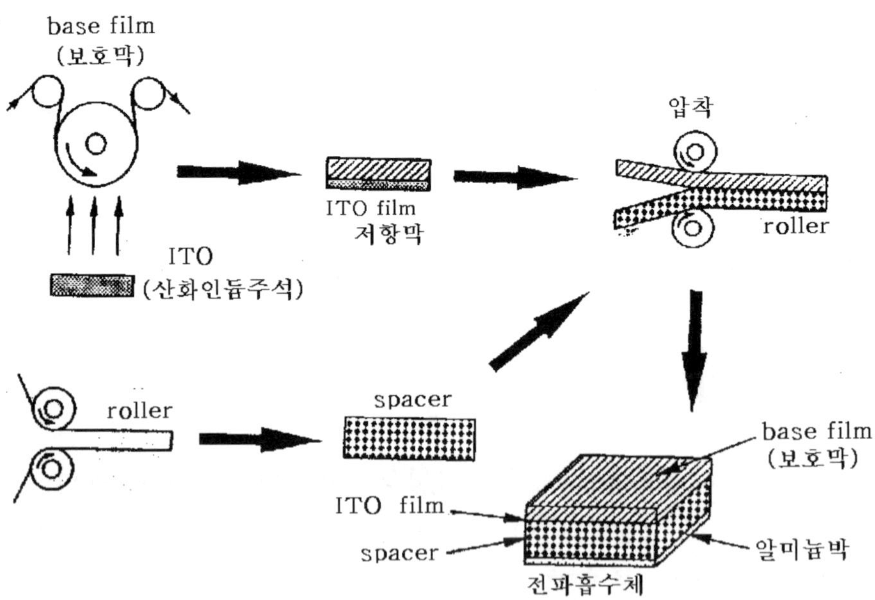

그림 7-1 저항피막형 전파흡수체의 제조공정

표 7-1 측정시료의 제원

	$\dot{\varepsilon}_r$ of PC	$\dot{\varepsilon}_r$ of PET	$R_1[\Omega]$	$d_1[\mu m]$
설계치	3.0	3.9	368	870
측정치			386	810

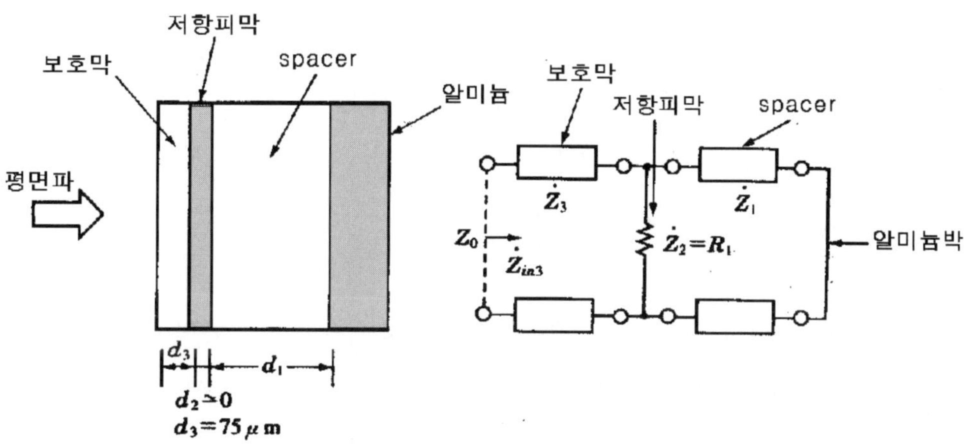

(a) 구성　　(b) 전기적 등가회로

그림 7-2 저항피막형 밀리미터파 전파흡수체

(2) 설계법

그림 7-2에 나타낸 전파흡수체의 해석모델에 있어서, 알미늄박에 가까운 쪽으로부터 순서대로 1층, 2층, …으로 보면 가장 외측의 PET의 막은 제3층이 된다. 따라서, 여기에서는 우선 각층마다의 알미늄박측을 들여다 본 입력임피던스 $\dot{Z}_{in\,k}$ (k=1, 2, 3)를 구한다.

즉, 제 k층의 외측으로부터 알미늄박측을 들여다본 입력임피던스 $\dot{Z}_{in\,k}$는 각층 (각각의 층을 k; k=1, 3으로 나타낸다)의 특성 임피던스를 $\dot{Z}_k$(단, 2층째의 임피던스는 저항피막의 면저항치로, $\dot{Z}_2 = R_1$), 두께를 d_k, 전파정수를 $\dot{\gamma}_k$로 놓으면, 종단은 알미늄박으로 단락되어 있으므로, 식 (7.1)과 같이 나타낼 수 있다.

$$\dot{Z}_{in\,1} = \dot{Z}_1 \tanh \dot{\gamma}_1 d_1 \, (k=1)$$

$$\dot{Z}_{in\,k} = \dot{Z}_k \frac{\dot{Z}_{in\,k-1} + \dot{Z}_k \tanh \gamma_k d_k}{\dot{Z}_k + \dot{Z}_{in\,k-1} \tanh \dot{\gamma}_k d_k} \, (k=3) \tag{7.1}$$

$$\dot{Z}_{in\,k} = \frac{\dot{Z}_k \cdot \dot{Z}_{in\,k-1}}{\dot{Z}_k + \dot{Z}_{in\,k-1}} \, (k=2)$$

이렇게 해서 구한 $\dot{Z}_{in\,3}$을 사용해서 전파흡수체의 표면에서의 반사계수는, 편파에 따라 다음의 식 (7.2)~(7.4)와 같이 나타낼 수 있다. 단. 식 중의 θ는 입사각이다.

- 수직입사의 경우: $\dot{\Gamma} = \dfrac{\dot{Z}_{in\,3} - Z_0}{\dot{Z}_{in\,3} + Z_0}$ (7.2)
- TE파의 경우: $\dot{\Gamma}_{TE} = \dfrac{\dot{Z}_{in\,3} - Z_0/\cos\theta}{\dot{Z}_{in\,3} + Z_0/\cos\theta}$ (7.3)
- TE파의 경우: $\dot{\Gamma}_{TM} = \dfrac{\dot{Z}_{in\,3} - Z_0\cos\theta}{\dot{Z}_{in\,3} + Z_0\cos\theta}$ (7.4)

그리고, 반사계수 $\dot{\Gamma}$를 데시벨로 표시 하면 흡수량 S [dB]는

$$S\,[dB] = -20 \log_{10} |\dot{\Gamma}| \tag{7.5}$$

로 된다.

이상의 해석법을 사용해서 전파흡수체를 설계하는 경우에는, 반사계수 $\dot{\Gamma}=0$(정합조건)을 만족시키는 조건을 검토하지 않으면 안된다. 반사계수 $\dot{\Gamma}$는 편파, 입사각도, 주파수, 각층의 두께 및 복소비유전율, 그리고 저항피막의 면저항치의 함수가 된다. 그러나, 그림 7-2에 나타낸 해석모델의 구성에서는, 스페이서를 제외한 각층의 두께, 그리고 스페이서로 되는 폴리카보네이트(PC) 및 보호막을 형성하는 PET의 복소비유전율은 전부 표 7-1중의 값으로 결정되어 있다. 그 때문에, 전파흡수체의 설계에서의 변수는 편파(TE파, TM파), 입사각도, 주파수, 스페이서의 두께 d_1, 저항피막의 면저항치 R_1로 되고, 이들의 변수중 편파, 주파수 및 입사각도를 용도에 맞도록 고정시키면 전파흡수체를 설계할 수 있다.

구체적으로는 고정한 편파, 주파수 f, 입사각도 θ에서 $\dot{\Gamma}=0$이 얻어지도록 하면 된다. 이 경우, 반사계수 $\dot{\Gamma}$는 복소수이기 때문에, 그 실수부 및 허수부가 함께 영이 되지 않으면 안되기 때문에, 이러한 전파흡수체에 있어서 완전정합을 얻기 위하여는

$$Re\{\dot{\Gamma}(d_1, R_1)\}=0 \tag{7.6}$$

$$Im\{\dot{\Gamma}(d_1, R_1)\}=0$$

으로 표현되는 2원 연립방정식을 풀면된다.

(3) 실현성

표 7-1에 나타낸 설계치를 토대로 제조한 전파흡수체의 흡수량의 측정결과를 그림 7-3에 나타낸다. 이 결과, 설계치를 사용한 흡수량의 이론치와 측정치를 비교하면, 최대 흡수량의 얻어지는 주파수가 3 GHz 정도 벗어나고 있지만, 주파수 49 GHz에 있어서 최대 36 dB정도의 흡수량이 얻어지고 있다. 또, 46~53 GHz에 걸쳐 흡수량이 20 dB을 초과하고 있어, 지금까지 타입의 전파흡수체와 비교해서 흡수특성이 우수한 것임을 알 수 있다.

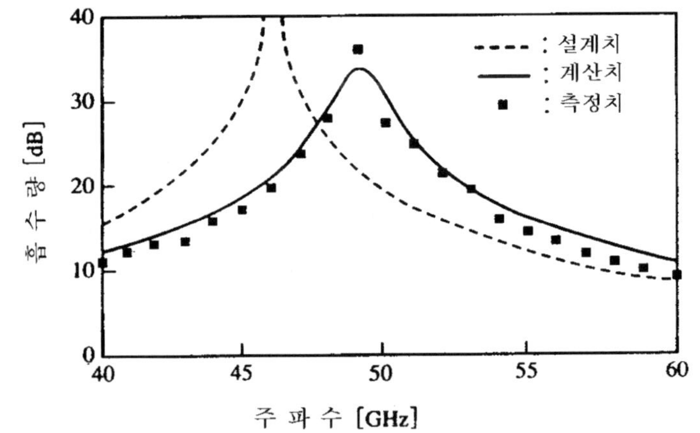

그림 7-3 흡수량의 측정결과

7-3 탄화규소섬유 전파흡수체

(1) 제조법

탄화규소섬유를 사용한 FRP 흡수체의 제작공정 개략도는 앞의 그림 4-6에 나타낸 대로이다. 이 그림 5-6에 나타낸 바와 같이, 탄화규소섬유에 열처리를 하여 최적인 비저항으로 변화시킨 후, 이것에 에폭시수지를 함침시켜 최적 크기의 프리프레그(Prepreg : Preimpregnated material의 약어) 시트를 제작한다. 그리고, 이들을 적층하고 오토클레이브(Autoclave)를 사용해서 내부기압 : 7 ± 0.5 ㎏/㎠, 최대온도 : 183 ± 3 ℃에서 약 4시간 경화시킨다. 여기에서 오토클레이브 형성시에는 완성된 FRP의 두께가 가능한 한 균일하게 되도록 적층상태의 프리프레그 시트 위에 압력 프레이트를 두고, 적정 압력이 걸리도록 조절한다.

(2) 설계법

전파흡수체를 설계하기 위해서는, 복소비유전율 $\dot{\varepsilon}_r$을 측정하고, 무반사곡선과 비교검토할 필요가 있다. 그러나, 50 GHz에 있어서는 앞에서 기술한 것처럼 측정에 사용하는 도파관 등의 치수가 현저하게 작아지기 때문에, 손실이 큰 재료의 $\dot{\varepsilon}_r$을 정확하게 측정하기가 곤란하게 된다. 이를 위하여, X대에서의 $\dot{\varepsilon}_r$의 측정치를 사용해서 50 GHz대에서의 흡수체를 설계하는 방법이 제안되어 있다. 이하, 이 방법의 구체적 예에 관해서 순서에 따라 설명한다.

① 상기한 바와 같이, 50 GHz대에 있어서는 직사각형도파관 등을 사용하며 $\dot{\varepsilon}_r$ 을 정확도 높게 측정하기 곤란하기 때문에, 먼저 $\dot{\varepsilon}_r$ 의 측정에 최적인 주파수대로서 X대(10 GHz)에서 $\dot{\varepsilon}_r$을 측정한다. 그 결과, 여기서는 제작한 시료의 $\dot{\varepsilon}_r$은 7.0- j1.3 이었다.

② X대역에서의 복소비유전율 $\dot{\varepsilon}_r$이 50 GHz대에서도 거의 같은 값이라는 가정(주파수분산이 작다는 가정)하에서, 이 값을 사용하여 50 GHz대에 있어서 흡수량이 최대가 되도록 무반사곡선에 의하여 수 종류의 두께가 다른 시료를 설계 · 제작한다. 그리고, 이 두께가 다른 시료(A, B, C) 3종류의 흡수량의 측정결과(55~60 GHz)에 최소자승법을 적용하여, 50 GHz대에서의 $\dot{\varepsilon}_r$을 추정한다. 또, 이 추정법에 관한 상세는 8.5절에 기술한다. 그림 7-4는 그 결과를 나타낸 것으로 ▲■●표시는 시료(A, B, C)에 관한 흡수량의 측정치이며, 파선은 추정한 $\dot{\varepsilon}_r$을 사용해서 계산한 흡수량이다. 그리고 그 결과, 추정된 $\dot{\varepsilon}_r$은 (6.5 ± 0.3)- j(0.86 ± j0.06)으로 되어 있다.

③ X대역에서의 $\dot{\varepsilon}_r$의 측정결과와 상기 50 GHz대에서의 $\dot{\varepsilon}_r$의 추정결과를 비교함으로써, 두 주파수대에서의 $\dot{\varepsilon}_r$의 실수부와 허수부의 변화율을 계산한다. 즉, 이들 시료의 X대역에서의 측정치는 7.0- j1.3 이고, X대역에 비해서 50 GHz대에서의 $\dot{\varepsilon}_r$(6.5- j0.86)의 변화율은 실수부에서 7% 및 허수부에서 34%인 것을 알 수 있다.

④ 이 결과를 바탕으로 $\dot{\varepsilon}_r$의 최적치를 얻기 위해서 소성온도를 변화시켜, 다시 한번 FRP가공 평판을 제작한다. 그리고, 이 평판으로부터 또다시 $\dot{\varepsilon}_r$측정용의 테스트 피스를 잘라내어 X대역에서 다시 직사각형 도파관 정재파법을 사용해서 $\dot{\varepsilon}_r$을 측정한다. 이 결과, 소성온도가 1320 ℃±10 ℃의 경우, 섬유 비저항은 약 520 Ω cm로 되고, $\dot{\varepsilon}_r$의 측정치는 (7.5 ±0.1)- j(1.66 ±0.16)으로 된다. 그리고, 이 결과에 프로세스 3에 나타낸 변화율을 고려하면, 50 GHz대에서의 $\dot{\varepsilon}_r$은 7.0- j1.1로 추정된다. 이 관계를 무반사곡선과 함께 그림 7-5에 나타낸다.

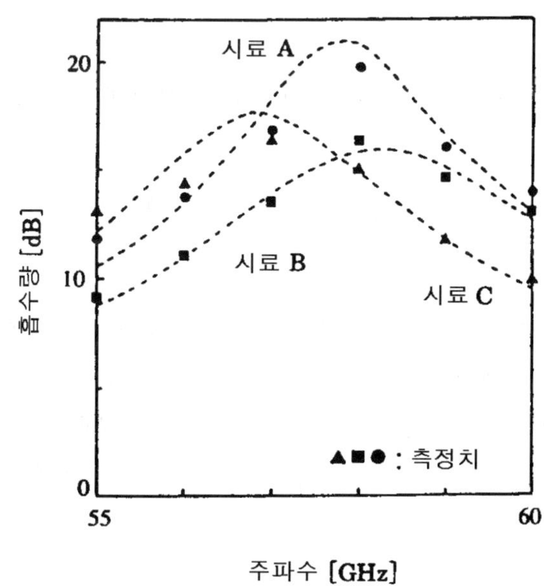

그림 7-4 흡수량의 측정치와 이론치

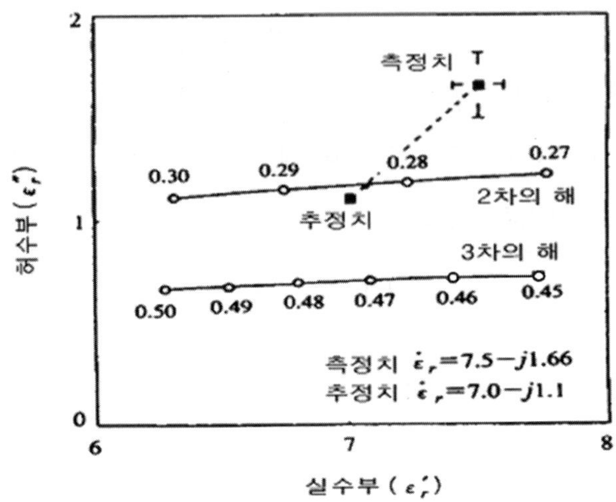

그림 7-5 무반사곡선과 복소비유전율의 측정치

⑤ 그림 7-5에서 식 (3.8)을 이용하여 계산한 무반사곡선과 가장 가까운 d/λ를 읽어 들여, 전파흡수체의 두께를 결정한다. 즉 이 그림에 의한 최적두께는 d/λ=0.285이며, 중심주파수를 55 GHz로 선택하면 d=1.55 ㎜로 설계될 수 있다.

⑥ 이상의 설계방법을 바탕으로 크기 150 ㎜×150 ㎜의 정사각형 시료를 제작하고 그 흡수량을 측정한다. 또, 시료의 두께와 균일성은 적층하는 프리프레그 시트의 매수와 압력 프레이트로 제어하지만 ㎛단위의 제어는 어려우며, 제작한 실제의 두께는 1.57±0.02 ㎜ 정도까지 가능하였다.

(3) 실현성

이와 같이 해서 제작된 전파흡수체의 측정치를 그림 7-6에 나타낸다. 이 그림에서 측정결과는 ■표시이고, 추정한 복소비유전율 ($\dot{\varepsilon}_r$=7.0− j1.1) 및 두께(d=1.55 ㎜ 및 1.57 ㎜)를 써서 계산한 설계치와 계산치를 각각 파선과 실선으로 나타내고 있다. 그 결과, 측정된 흡수특성을 관찰하면 주파수 약 54 GHz에서 최대 28 dB 정도의 흡수량이 얻어졌으며, 계산치와 비교해서 흡수량의 최대치를 나타내는 주파수 이동은 1 GHz 정도인 것을 알 수 있다. 그리고 이것으로부터, 위에서 기술한 설계법을 사용하여 흡수량 및 피크 주파수와 함께 설계치에 비교적 가까운 밀리미터파 전파흡수체를 실현할 수 있음을 알 수 있다.

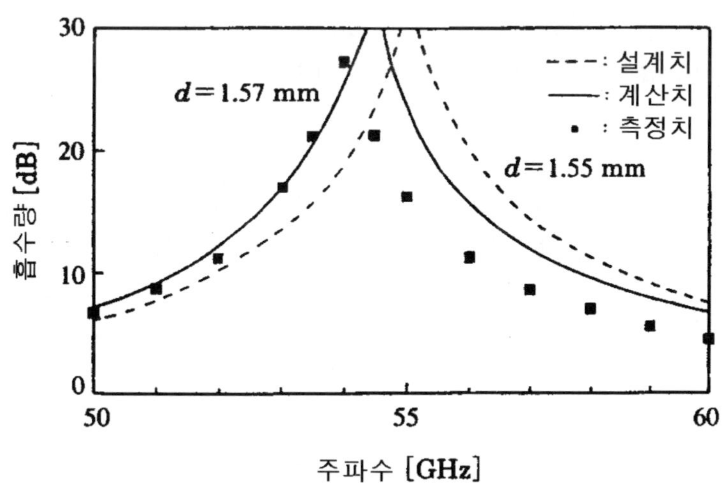

그림 7-6 흡수량의 측정결과

참고문헌

1. 橋本 修："炭化ケイ素繊維FRPを用いた50GHz帯用電波吸收体，" 電子情報通信學會論文誌, Vol.J76-B-Ⅱ, No.8, pp.725-727, 1993.
2. O. Hashimoto, T. Abe, R. Satake, M. Kaneko, and Y. Hashimoto : "Design and manufacturing of resistive-sheet type wave absorber at 60 GHz frequency band," IEICE Trans., Vol.E78-B, No.2, pp.246-252, 1995.
3. 橋本 康雄, 金子 美貴, 田中 陸, 橋本 修："V帯における廣角度特性を有する抵抗皮膜型ミリ波電波吸收体に關する檢討," 電子情報通信學會論文誌, Vol.J78-B-Ⅱ, pp.787-790, 1995.
4. 井原 俊夫："ミリ波帯近距離伝搬波利用システムの研究開發動向," 電子情報通信學會技術研究報告書技報, Vol.EMCJ94-151, pp.37-42, 1995.
5. 眞鍋 武嗣："ミリ波伝搬の基礎," MWE'92 Microwave Workshop Digest, pp.501-510, 1996.
6. 橋本 修, 瀧澤辛治, 高橋康雄："94 GHz 帯における抵抗皮膜型ミリ波電波吸收体の實現," 電氣學會論文誌A, 117卷 6号, pp.632-637, 1997.

제8장

재료정수의 측정법

목표

재료정수의 측정법

앞 장에서는 각종 전파흡수체의 설계법에 관해서 설명하였다. 그러나 실제로는 각종의 설계법을 기초로 전파흡수체를 실현하고자 할 경우에는, 각 재료의 재료정수(복소유전율, 복소투자율)를 측정하고, 사용할 재료를 선택할 필요가 있다. 본 장에서는 재료정수의 여러가지 측정법에 관해서 설명한다.

8-1 측정법의 분류

복소유전율이나 복소투자율의 측정공간은 크게 나누어서 다음과 같이 분류된다.

- 사각형 도파관내
- 동축 도파관내
- 공진기내
- 자유공간

이들 중 사각형도파관 정재파법에 있어서는 도파관내에 측정시료를 삽입할 때, 도파관벽면과 시료사이에 틈(공기층)이 생긴다든지, 삽입한 측정시료가 관내에서 변형하면, 그 측정결과에 큰 오차가 포함되는 것으로 알려져 있다. 한편, 섭동법에 의한 공진기법에 있어서는, 시료의 삽입전후에 공진기내의 전자계가 같다는 가정(섭동법)으로부터 복소유전율이나 복소투자율을 측정하지만, 삽입시료의 크기나 측정할 복소유전율이나 복소투자율의 값이 커지면, 이 가정이 성립되지 않기 때문에 측정결과에 큰 오차가 포함된다고 알려져 있다. 이러한 배경하에서 자유공간에서 시료로부터의 반사와 투과특성을 측정하고, 이들의 특성으로부터 역추정 문제로서 복소유전율을 측정하거나, 원형동축도파관의 일단에 시트상의 시료를 장착하고, 시료를 가공하지 않고 비파괴로 측정하는 방법도 검토되고 있다. 이하, 이들 방법에 관해서 구체적으로 설명한다.

8-2 도파관법

8.2.1 도파관의 기초사항

도파관을 사용해서 재료정수를 측정하기 위해서는, 우선 도파관내를 전파하는 전자계에 관한 기초적 지식이 필요하다. 그러므로 먼저 그 전파모습을 검토하기 위해, 사각형 도파관내를 전자파가 전파하는 모습을 그림 8-1에 나타낸다. 그림 8-1은 TE_{10}모드의 전자파가 사각형 도파관내의 벽면에서 반사를 반복하면서 전파하는 모습을 나타내며, 이 그림에서 보듯이 통상의 측정에 사용하는 전파 모드는 전계방향이 항상 일정방향으로 정해진 TE_{10}모드이고, 관축방향으로는 겉보기상으로 관내파장 λ_g로 전파한다. 그 때문에 중공(속이 텅 비어 있음) 및 매질중의 전파정수 γ_g 및 $\dot{\gamma}$, 파동임피던스 Z_g 및 $\dot{Z}_W$는 도파관의 넓은 폭 방향의 길이를 a로 한다면 다음과 같이 나타낼 수 있다.

① 중공(속이 빈)의 경우

$$\gamma_g = j\frac{2\pi}{\lambda_g} = j\frac{2\pi}{\lambda}\sqrt{1-(\lambda/2a)^2} \tag{8.1}$$

$$Z_g = \frac{Z_0}{\sqrt{1-(\lambda/2a)^2}} \tag{8.2}$$

② 매질이 삽입되어 있는 경우

$$\dot{\gamma} = j\frac{2\pi}{\lambda}\sqrt{\dot{\varepsilon}_r\,\dot{\mu}_r-(\lambda/2a)^2} \tag{8.3}$$

$$\dot{Z}_W = \frac{Z_0\,\dot{\mu}_r}{\sqrt{\dot{\varepsilon}_r\,\dot{\mu}_r - (\lambda/2a)^2}} \tag{8.4}$$

단,

λ : 자유공간에서의 파장

Z_0 : $\sqrt{\mu_0/\varepsilon_0}$ = 376.7 Ω (진공중의 파동임피던스)

$\dot{\mu}_r$: 매질의 복소비투자율

$\dot{\varepsilon}_r$: 매질의 복소비유전율

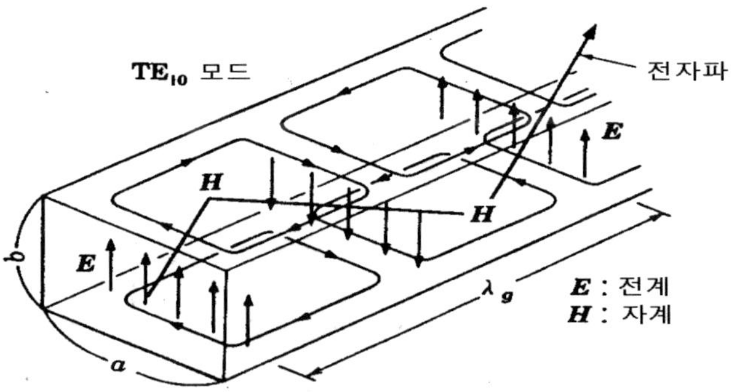

그림 8-1 사각형 도파관내의 TE_{10} 모드 전자계

이제, 그림 8-2에 나타내는 바와 같이 도파관내에 부분적으로 매질이 충진되어 있는 경우, 그 경계에 있어서의 특성임피던스의 차이 때문에 반사가 일어나, 도파관내에 정재파가 생긴다. 그리고, 경계면으로부터 l_{min}만큼 떨어진 위치에서 관측된 전압의 최소치가 V_{min}이라면, 충진된 매질의 경계면으로부터 전파 방향을 들여다본 부하임피던스 $\dot{Z}_L$은 다음과 같이 된다(부록Ⅳ 참조).

$$\dot{Z}_L = Z_g \frac{1 - j\rho \tan \gamma_g l_{\min}}{\rho - j \tan \gamma_g l_{\min}} \tag{8.5}$$

여기에서, ρ는 전압정재파비(VSWR)로 최대전압 $V_{\max}$와 최소치 $V_{\min}$을 써서 다음 식으로 나타내어진다.

$$\rho = \frac{V_{\max}}{V_{\min}}$$

이와 같이 $l_{\min}$과 ρ를 측정함으로써 도파관내에서의 매질 전면에서 들여다본 부하임피던스 $\dot{Z}_L$을 측정할 수 있다.

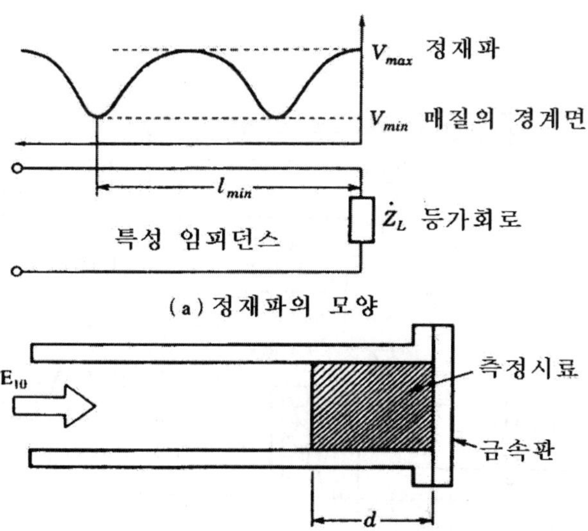

(a) 정재파의 모양

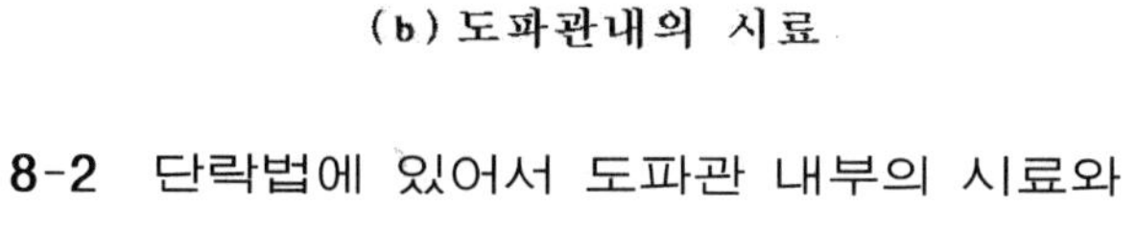

(b) 도파관내의 시료

그림 8-2 단락법에 있어서 도파관 내부의 시료와 정재파

8.2.2 단락법

그림 8-2와 같이 뒷면을 금속판으로 단락한 두께 d의 유전체시료 ($\dot{\mu}$= 1)를 도파관에 삽입한 경우, 시료 전면의 부하임피던스 $\dot{Z}_L$은, 부록V에 나타내는 바와 같이 식 (8.6)으로 구할 수 있다. 또, $\dot{Z}_L$은 상기한 것처럼 $l_{\min}$과 ρ를 측정함으로써 식 (8.5)로 구할 수 있으므로 이들을 이용해서 $\dot{\varepsilon}_r$을 구할 수 있다. 여기서, Z_g는 식 (8.2)에 나타낸 중공 도파관의 특성임피던스이다.

$$\frac{\dot{Z}_L}{Z_g} = j\sqrt{\frac{1-(\lambda/2a)^2}{\dot{\varepsilon}_r-(\lambda/2a)^2}}\tan\left(\frac{2\pi}{\lambda}\sqrt{\dot{\varepsilon}_r-(\lambda/2a)^2}\,d\right) \quad (8.6)$$

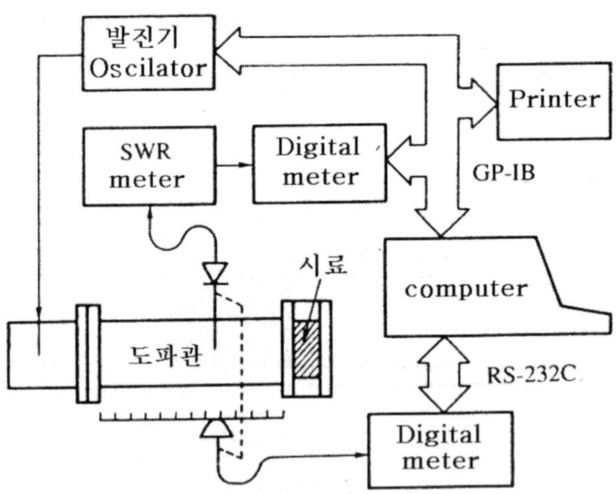

그림 8-3 정재파 측정시스템

이 측정에서는 $\dot{Z}_L$을 정확하게 측정하는 것이 중요하다. 그 때문에 $l_{\min}$과 ρ를 고정도로 측정하기 위해서 그림 8-3에 나타내는 바와 같은 컴퓨터를 이용한 자동계측시스템도 고찰되고 있다.

8.2.3 개방단락법

그림 8-4에서 나타내듯이 도파관내에 두께 d인 시료를 삽입한 경우, 시료의 뒷면에 금속판이 밀착된 단락(short)상태의 부하임피던스 $\dot{Z}_{LS}$ 및 시료의 뒷면에서 $\lambda_g/4$의 위치에 금속판이 놓인 개방(open)상태의 부하임피던스 $\dot{Z}_{LO}$는 이론적으로 다음 식으로 나타내어진다.

$$\dot{Z}_{LS} = j\dot{Z}_W \tan(\dot{\gamma}d) \tag{8.7}$$

$$\dot{Z}_{LO} = -j\dot{Z}_W \cot(\dot{\gamma}d) \tag{8.8}$$

여기서, $\dot{\gamma}$와 $\dot{Z}_W$는 이론적으로 식 (8.3), 식 (8.4)로 표현되므로, 이들을 이용해서 다음 2식이 얻어진다.

$$\frac{\dot{Z}_{LS}\,\dot{Z}_{LO}}{Z_g^2} = \left(\frac{\dot{Z}_W}{Z_g}\right)^2 = \dot{\mu}_r^2 \;\frac{1-(\lambda/2a)^2}{\dot{\varepsilon}_r\,\dot{\mu}_r-(\lambda/2a)^2} \tag{8.9}$$

$$\frac{\dot{Z}_{LS}}{\dot{Z}_{LO}} = \tan^2(\dot{\gamma}d) = \tan^2\left\{\frac{2\pi}{\lambda}\sqrt{\dot{\varepsilon}_r\dot{\mu}_r-(\lambda/2a)^2}\,d\right\} \tag{8.10}$$

따라서, $\dot{Z}_{LS}$와 $\dot{Z}_{LO}$를 측정하면 식 (8.9)및 식 (8.10)으로부터 $\dot{\varepsilon}_r$과 $\dot{\mu}_r$을 동시에 결정할 수 있다.

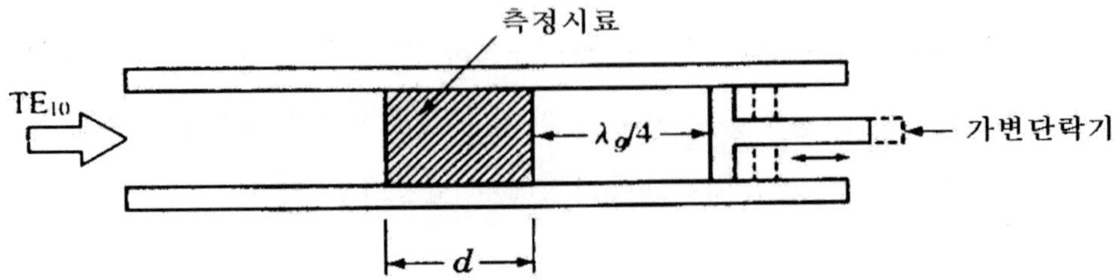

그림 8-4 개방단락법에 있어서 도파관내부의 시료

또, 이 측정법에 있어서 $\dot{Z}_{LO}$를 측정할 경우, 시료 뒷면으로부터의 거리는 반드시 $\lambda_g/4$로 하여 측정할 필요는 없다. 즉, 임의의 거리에서의 측정에 있어서도 이론적으로 부하임피던스는 계산될 수 있기 때문에, 그 간격을 고려하여 계산함으로써 $\dot{\varepsilon}_r$ 및 $\dot{\mu}_r$이 동시에 측정될 수 있다. 또, 두께가 다른 동일 시료에 관해서 각각의 부하임피던스를 측정하여, 그 측정치로부터 구할 수도 있다.

이상, 도파관에 의한 측정법에 관하여 설명했지만, 실제로 이 방법을 이용해서 측정할 경우에는 다음과 같은 오차요인에 주의할 필요가 있다.

- 측정시료의 두께나 불균일성
- 시료와 도파관 벽면과의 간격
- 도파관 접속부의 불연속
- 프로브 자체로부터의 반사
- 검파특성의 변화

8-3 동축선로법의 응용

앞에서는 도파관을 이용한 측정법에 관하여 설명하였지만, 이러한 사고 방식은 동축선로를 이용한 경우에도 응용 가능하다. 다만, 동축선로의 경우는 차단(cut-off) 주파수가 존재하지 않고, 식 (8.6)에 있어서 $(\lambda/2a) \to 0$ 로 간주함으로써 시료전면으로부터 들여다 본 부하임피던스는 다음과 같이 표현된다.

$$\frac{\dot{Z}_L}{Z_g} = \frac{j}{\sqrt{\dot{\varepsilon}_r}} \tan\left(\frac{2\pi}{\lambda}\sqrt{\dot{\varepsilon}_r}\, d\right) \tag{8.11}$$

그리고, 이 식을 이용해서 계산한 부하임피던스와 실제로 측정한 부하임피던스로부터 $\dot{\varepsilon}_r$의 측정이 가능하다.

이상, 도파관이나 동축선로에 시료를 삽입해서 재료정수를 측정하는 방법에 관해서 기술하였지만, 최근 측정의 합리화를 꾀할 목적으로 주파수 소인에 의한 임피던스 측정을 응용해서 재료정수를 구하는 S-파라미터법이 사용되고 있다. 즉, 이 방법은 동축계나 도파관계와 같은 전송선로에 시료를 삽입한 경우의 S-파라미터 S_{11}을 측정하거나 S_{11} 및 S_{21}을 동시에 측정하고, 전송선이론에 기초해서 $\dot{\varepsilon}_r$, $\dot{\mu}_r$의 값을 도출하는 것이며, 비교적 간단히 측정이 가능한 장점이 있다. 다만, 이 같이 넓은 주파수범위에 걸쳐 측정이 가능한 반면, 손실이 작은 재료의 측정에서는 측정 정확도가 떨어지는 문제도 있다.

8.3.1 1-Port법

여기서는 1-Port법에 의한 동축관을 이용하는 재료정수 측정법에 관하여 설명한다.

(1) 개방단락법

그림 8-5는 우리가 일반적으로 접할 수 있는 동축관으로 공기층의 종단에 전파흡수체 재료를 삽입한 상태이며, 이것을 등가적으로 그림 8-6에 나타내었다.

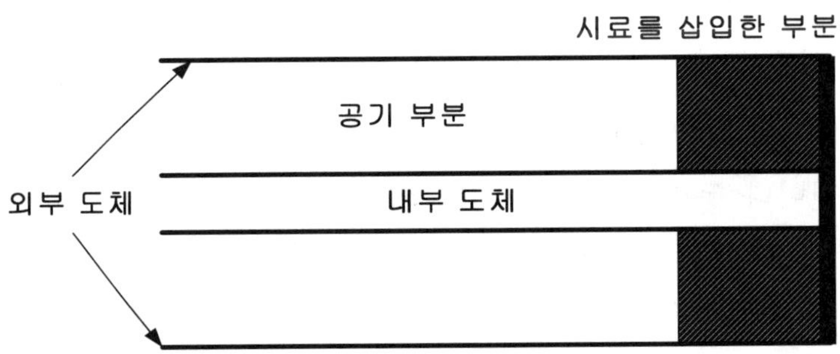

그림 8-5 시료를 삽입한 동축선로

그림 8-6(a)에서 전파흡수체의 두께 d의 종단을 단락한 경우와 그림 8-6(b)와 같이 시료 종단에서 $\lambda/4$ 만큼 떨어진 곳을 단락 한 경우의 입력단에서 시료측을 들여다 본 입력임피던스를 각각 측정에 의하여 구한다. 시료의 표면에서 금속판쪽을 들여다 본 정규화 임피던스(normalized impedance)는

$$z(d)=\frac{z_L+\tanh\gamma d}{1+z_L\tanh\gamma d} \tag{8.12}$$

이다. 그림 8-6(a)의 경우는 시료의 종단이 단락 되어 있어 $z_L=0$ 이므로

$$z_s=z_c\tanh\gamma d \tag{8.13}$$

의 종단단락 임피던스로 주어지고, 그림 8-6(b)의 경우는 시료의 종단에서 $\lambda/4$ 떨어진 곳이 단락되어 있으므로 식 (8.12)에서 $z_L=\infty$, $\gamma=j\beta=j2\pi/\lambda$, $l=\lambda/4$ 로 두면 시료 전면에서 들여다 본 임피던스는

$$z_o=z_c\coth\gamma l \tag{8.14}$$

로 종단개방상태가 된다.

단락임피던스와 개방임피던스의 식 (8.13)과 식 (8.14)를 곱하면 특성임피던스는

$$z_c=\sqrt{z_s\cdot z_o} \tag{8.15}$$

식 (8.13)을 식 (8.14)로 나누면

$$\tanh\gamma l=\sqrt{\frac{z_s}{z_o}} \tag{8.16a}$$

$$\gamma=\frac{1}{l}\tanh^{-1}\sqrt{\frac{z_s}{z_o}} \tag{8.16b}$$

이 된다.

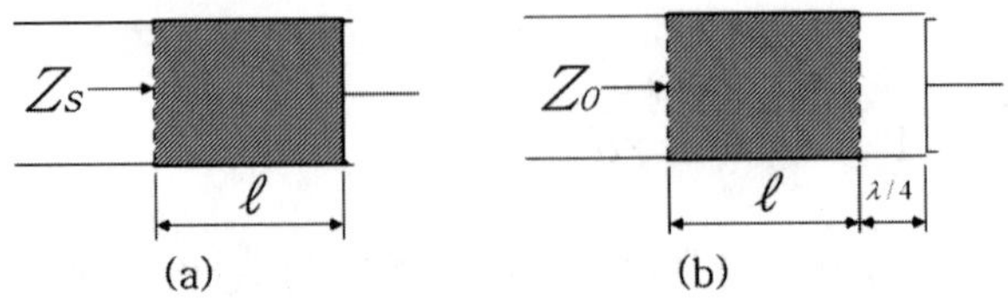

그림 8-6 개방단락법

여기서 선로의 정규화 특성임피던스 z_c와 전파정수 γ는 각각 다음과 같다.

$$z_c=\sqrt{\frac{\mu_r}{\varepsilon_r}} \tag{8.17}$$

$$\gamma=j\frac{2\pi}{\lambda}\sqrt{\varepsilon_r\mu_r} \tag{8.18}$$

식 (8.17) 및 (8.18)로부터 비유전율 ε_r과 비투자율 μ_r이 다음과 같이 구해진다.

$$\varepsilon_r=-j\frac{\lambda}{2\pi}\cdot\frac{\gamma}{z_c} \tag{8.19}$$

$$\mu_r=-j\frac{\lambda}{2\pi}\cdot z_c\cdot\gamma \tag{8.20}$$

(2) 길이 ℓ의 변화에 의한 측정법($\ell-2\ell$ method)

개방단락법은 시료의 종단을 단락하거나 개방하여 재료정수를 구하지만 종단을 단락한 상태에서 시료의 길이를 변화시켜 구할 수도 있다. 그림 8-7과 같이 길이가 각각 ℓ 및 2ℓ인 시료를, 종단을 단락한 길이가 각각 ℓ 및 2ℓ 인 동축관에 삽입하고 시료의 전면에서 들여다본 정규화 입력임피던스를 측정하여 각각 z_1, z_2 로 한다.

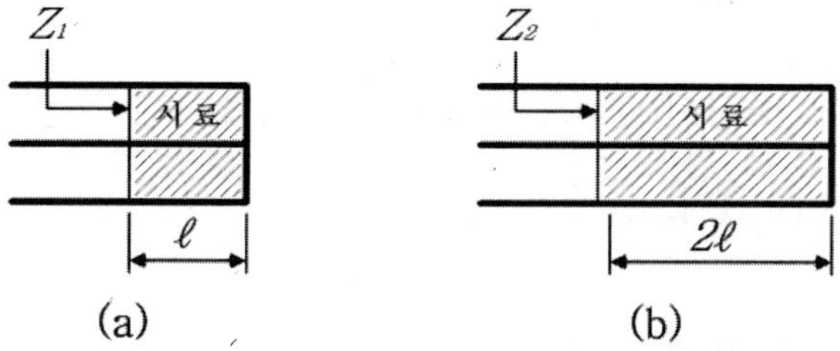

그림 8-7 시료의 길이를 ℓ 및 2ℓ 로하여 측정하는 경우

식 (8.12)으로부터 $z_L=0$, 길이는 ℓ 이라고 두면 z_1, z_2 는 다음과 같이 된다.

$$z_1 = z_c \tanh \gamma \ell \tag{8.21}$$

$$z_2 = z_c \tanh(\gamma \cdot 2\ell) \tag{8.22}$$

여기서 식 (8.22)는 tanh의 성질을 이용하면

$$z_2 = \frac{2z_2}{1+\tanh^2 \gamma \ell} \tag{8.23}$$

이 된다. 따라서 식 (8.21), (8.22)로부터

$$\tanh \gamma \ell = \sqrt{\frac{2z_1 - z_2}{z_2}} \tag{8.24}$$

또 전파정수는

$$\gamma = \frac{1}{\ell} \tanh^{-1} \sqrt{\frac{2z_1 - z_2}{z_2}} \tag{8.25}$$

가 되고 식 (8.21) 및 (8.24)를 고려하면 특성임피던스는

$$z_c = z_1\sqrt{\frac{z_2}{2z_1 - z_2}} \tag{8.26}$$

로 구해진다. 따라서 식 (8.19), (8.20)을 사용하면 특성임피던스 z_c와 γ를 구할 수 있다.

(3) 비자성 재료의 경우

복소유전율 ε_r과 복소투자율 μ_r을 구하는 방법으로 개방단락법이나 길이 ℓ의 변화에 의한 측정법은 일반적으로 어떠한 재료의 경우에도 사용할 수 있으나 비자성재료인 경우를 보면 μ_r은 $\mu_r' = 1$, $\mu_r'' = 0$ 으로 진공중의 μ_o라고 둘 수 있다. 따라서 정규화 임피던스와 전파정수는 식 (8.17) 및 (8.18)에서 $\mu_r = 1$ 이라 놓으면

$$z_c = \frac{1}{\sqrt{\varepsilon_r}} \tag{8.27}$$

$$\gamma = j\frac{2\pi}{\lambda}\sqrt{\varepsilon_r} \tag{8.28}$$

로 되어 거리 ℓ에서 정규화 입력 임피던스는

$$z(\ell) = \frac{1}{\sqrt{\varepsilon_r}}\tanh\left(j\frac{2\pi}{\lambda}\sqrt{\varepsilon_r}\,\ell\right) \tag{8.29}$$

이며, 여기서 $z(\ell)$, λ, ℓ 은 기지의 항으로 이 식을 만족하는 ε_r의 값을 정하면 된다.

오차를 줄이면서 좀더 정확한 값을 얻기 위하여서는 일반적으로 ℓ 의 값을 여러 가지로 바꾸면서 그것에 대한 $z(\ell)$ 의 궤적을 측정하고, 식 (8.29)를 그 궤적에 가깝게 되도록 ε_r 을 정하는 것이 필요하다.

(4) 자성재료의 $\boldsymbol{\mu_r}$ 만의 측정

자성재료에서 시료의 종단을 단락하고 또한 시료의 길이 ℓ 이 다음 조건을 만족할 정도의 얇은 두께인 경우에는 간단히 μ_r 을 구할 수 있다. 즉, 그림 8-6(a)에서 식 (8.17) 및 (8.18)의 정규화임피던스와 전파정수를 적용하면

$$z_s = z_c \tanh \gamma\ell = \sqrt{\frac{\mu_r}{\varepsilon_r}} \tanh\left(j\frac{2\pi}{\lambda}\sqrt{\varepsilon_r \mu_r}\, \ell \right) \tag{8.30}$$

로 된다. 여기서 $\gamma\ell \ll 1$ 을 만족시키는 ℓ 을 정하면 이 조건에서는

$$\tanh\gamma\ell \cong \gamma\ell \tag{8.31}$$

이 되어 식 (8.30)에 대입하면

$$z_s \cong \sqrt{\frac{\mu_r}{\varepsilon_r}}\, j\frac{2\pi}{\lambda}\sqrt{\varepsilon_r \mu_r}\, \ell = j\frac{2\pi}{\lambda}\mu_r \ell \tag{8.32}$$

식 (8.32)로부터

$$\mu_r = -j\frac{\lambda}{2\pi\ell} z_s \tag{8.33}$$

로 μ_r 이 구해진다.

(5) ε_r 만의 측정

그림 8-6(b)와 같이 동축관의 종단개방 상태(금속판에서 1/4파장 띄움)에서는, 식 (8.17), (8.18)과 식 (8.14)로부터

$$z_o = z_c \coth \gamma \ell = \sqrt{\frac{\mu_r}{\varepsilon_r}} \coth \left(j\frac{2\pi}{\lambda}\sqrt{\mu_r \varepsilon_r}\ \ell \right) \tag{8.34}$$

이 된다. 여기서 ℓ 이 충분히 얇은 조건 $|\gamma \ell| \ll 1$ 을 만족시킨다고 하면

$$\coth \gamma \ell = \frac{1}{\gamma \ell} \tag{8.35}$$

이므로 식 (8.34)에 대입하면

$$z_o = \sqrt{\frac{\mu_r}{\varepsilon_r}} \frac{1}{j\frac{2\pi}{\lambda}\sqrt{\mu_r \varepsilon_r}\ l} = \frac{\lambda}{j2\pi \varepsilon_r \ell} \tag{8.36}$$

이 되므로

$$\varepsilon_r = -j\frac{\lambda}{2\pi z_o \ell} \tag{8.37}$$

로 ε_r 이 구해진다.

8.3.2 2-Port법

2-Port법에 의한 재료정수측정은 S_{11} 및 S_{21}을 측정하여, 이것으로부터 ε_r, μ_r을 구하는 방법으로 투과반사법이라고도 불리운다. 전

송선로방정식으로부터 $S_{11}(\omega)$ 및 $S_{21}(\omega)$는 다음과 같이 표현할 수 있다.

$$S_{11}(\omega)=\frac{(1-T^2)\Gamma}{1-T^2\Gamma^2}$$

$$S_{21}(\omega)=\frac{(1-\Gamma^2)T}{1-T^2\Gamma^2} \quad (8.38)$$

여기서,

$$\Gamma=\frac{Z_s-Z_0}{Z_s+Z_0}=\frac{\sqrt{\mu_r/\varepsilon_r}-1}{\sqrt{\mu_r/\varepsilon_r}+1} \quad (8.39)$$

$$T=e^{-j\omega\sqrt{\mu\varepsilon}d}=e^{-j\frac{\omega}{c}\sqrt{\varepsilon_r\mu_r}d} \quad (8.40)$$

c는 자유공간에서의 광속

따라서, Γ 및 T를 구하면 식 (8.38)로부터 ε_r 및 μ_r을 구할 수 있다.

다음에 전파흡수체의 재료정수 측정법으로 S-parameter법, 즉 투과반사법(2-Port Method)에 의한 측정기법에 관하여 기술한다. 분포정수회로를 기본으로 하여 전송선로에 시료를 삽입하여 2-Port 전송선로에 대한 입사파와 반사파를 구하고, 그로부터 산란행렬을 구하여 투과계수와 반사계수를 구한 다음, 재료정수 즉 복소유전율과 복소투자율을 계산하여 보자. 우선 시료가 채워진 그림 8-8과 같은 전송선로를 생각해 보자.

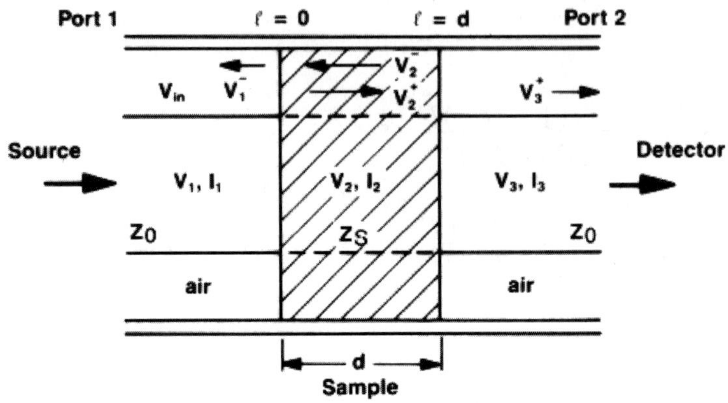

그림 8-8 시료가 채워진 전송선로

그림 8-8을 참고로 해서 다음과 같은 전압·전류방정식들을 유도할 수 있다.

$$V_1 = V_1 e^{-j\gamma\ell} + V_1^- e^{j\gamma\ell}$$

$$\ell \leq 0 \qquad (8.41)$$

$$I_1 = \frac{1}{Z_0}(V_1 e^{-j\gamma\ell} - V_1^- e^{j\gamma\ell})$$

$$V_2 = V_2^+ e^{-j\gamma\ell} + V_2^- e^{j\gamma\ell}$$

$$0 \leq \ell \leq d \qquad (8.42)$$

$$I_2 = \frac{1}{Z_s}(V_2^+ e^{-j\gamma\ell} - V_2^- e^{j\gamma\ell})$$

$$V_3 = V_3^+ e^{-j\gamma(\ell - d)}$$

$$\ell \geq d \qquad (8.43)$$

$$I_3 = \frac{1}{Z_0}(V_3^+ e^{-j\gamma(\ell - d)})$$

위의 방정식을 다음과 같은 경계조건하에서 풀면 된다.

$$\left.\begin{array}{l} V_1 = V_2 \\ I_1 = I_2 \end{array}\right\} : \ \ell = 0 \text{일 때}$$

$$\left.\begin{array}{l} V_2 = V_3 \\ I_2 = I_3 \end{array}\right\} : \ \ell = d \text{일 때}$$

다시 정리하여 $S_{11} = V_1^- / V_{in}$, $S_{21} = V_3^+ / V_{in}$ 을 이용하고 $k = Z_S / Z_0 = (1+\Gamma)/(1-\Gamma)$로 치환해서 S_{11}과 S_{21}에 대해서 정리하면

$$S_{11}(\omega) = \frac{(1-T^2)\Gamma}{1-T^2\Gamma^2} \tag{8.44}$$

$$S_{21}(\omega) = \frac{(1-\Gamma^2)T}{1-T^2\Gamma^2} \tag{8.45}$$

식 (8.44)과 식 (8.45)를 Γ에 관해서 정리하면

$$\Gamma = \frac{T - S_{21} - S_{11}}{T(S_{11} + S_{21}) - 1} \tag{8.46}$$

또 T에 관해서 정리하면

$$T = \frac{\Gamma - (S_{11} + S_{21})}{\Gamma(S_{11} + S_{21}) - 1} \tag{8.47}$$

과 같이 되고 식 (8.47)을 식 (8.56)에 대입하면 다음식이 얻어진다.

$$S_{11}\Gamma^2 - (S_{11}^2 - S_{21}^2 + 1)\Gamma + S_{11} = 0 \tag{8.48}$$

식 (8.48)은 2차 방정식이므로 근의 공식에 의해

$$\Gamma = \frac{(S_{11}^2 - S_{21}^2 + 1) \pm \sqrt{(S_{11}^2 - S_{21}^2 + 1) - 4S_{11}^2}}{2S_{11}}$$

$$= \frac{S_{11}^2 - S_{21}^2 + 1}{2S_{11}} \pm \sqrt{\{(S_{11}^2 - S_{21}^2 + 1)/2S_{11})\} - 1} \quad (8.49)$$

여기서, $K = \frac{S_{11}^2 - S_{21}^2 + 1}{2S_{11}}$ 이라고 하면

$$\Gamma = K \pm \sqrt{K - 1} \quad (8.50)$$

과 같은 결과식을 얻을 수 있다.

식 (8.47)과 식 (8.50)에서 알 수 있듯이 투과계수 T와 반사계수 Γ는 S-파라미터 S_{11}과 S_{21}으로 나타낼 수가 있다. 여기서, Γ는 시료의 길이가 무한대 (즉 l=∞)에서의 반사계수, T는 한정된 길이의 시료 ($l = d$)에서의 투과계수이며, 각각 다음과 같이 나타낸다.

$$\Gamma = \frac{Z_S - Z_0}{Z_S + Z_0} = \frac{\sqrt{\frac{\mu_r}{\varepsilon_r}} - 1}{\sqrt{\frac{\mu_r}{\varepsilon_r}} + 1} \quad (8.51)$$

$$T = \exp(-j\omega\sqrt{\mu\varepsilon} \cdot d) = \exp[-j(\omega/c)\sqrt{\mu_r \varepsilon_r} \cdot d] \quad (8.52)$$

식 (8.51), (8.52)를 각각 ε_r과 μ_r에 관해서 정리를 하면

$$\varepsilon_r = \frac{\left(\frac{1}{\Lambda^2} + \frac{1}{\lambda_c^2}\right)\lambda_0^2}{\mu_r} \quad (8.53)$$

$$\mu_r = \frac{1+\Gamma}{\Lambda(1-\Gamma)\sqrt{\frac{1}{\lambda_0^2}-\frac{1}{\lambda_c^2}}} \tag{8.54}$$

여기서, λ_0=자유공간파장, λ_c=도파관 차단파장이며

$$\frac{1}{\Lambda^2} = -\left[\frac{1}{2\pi d}\ln\left(\frac{1}{T}\right)\right]^2$$

와 같이 된다.

결론적으로 식 (8.47), (8.50)에서 알 수 있듯이 S_{11}과 S_{21}의 S-파라미터만을 측정하면 T와 Γ는 계산할 수 있으며, 식 (8.51), (8.52)를 이용해서 복소유전율 $(\varepsilon_r = \varepsilon_r' - j\varepsilon_r'')$과 복소투자율 $(\mu_r = \mu_r' - j\mu_r'')$을 각각 식 (8.53)과 식 (8.54)로써 구할 수 있다.

8-4 공진기법(섭동법)

공진기내에 미소한 유전체나 자성체를 삽입하면, 공진주파수와 Q값이 미소하게 변화한다. 이 공진주파수와 Q값의 변화량을 측정해서, 재료의 복소유전율 및 복소투자율을 측정하는 방법이 공진기법(섭동법)이다.

공진기법에서는 삽입하는 유전체나 자성체 시료를 매우 작게 하기 때문에, 공진기내의 전자계가 시료의 삽입 전후에 같다고 가정한다. 이것을 섭동법이라 하며, 이 방법을 이용해서 식 (8.55)~식 (8.58)이 유도되지만, 이들의 식에 있어서 시료의 체적 ΔV 및 시료를 삽입하지 않은 때의 (f_0, Q_0), 나아가서 시료를 삽입한 때의 (f_L, Q_L)을 측정하고, 이 식에 각각의

측정치를 대입함으로써 복소비유전율 및 복소비투자율을 다음과 같이 구할 수 있다.

$$\varepsilon_r' = 1 - \frac{1}{\alpha_\varepsilon}\frac{f_L - f_0}{f_L}\frac{V}{\Delta V} \tag{8.55}$$

$$\varepsilon_r'' = \frac{1}{2\alpha_\varepsilon}\left(\frac{1}{Q_L} - \frac{1}{Q_0}\right)\frac{V}{\Delta V} \tag{8.56}$$

$$\mu_r' = 1 - \frac{1}{\alpha_\mu}\frac{f_L - f_0}{f_L}\frac{V}{\Delta V} \tag{8.57}$$

$$\mu_r'' = \frac{1}{2\alpha_\mu}\left(\frac{1}{Q_L} - \frac{1}{Q_0}\right)\frac{V}{\Delta V} \tag{8.58}$$

여기서,

f_0 : 무부하시의 공진주파수

f_L : 부하시의 공진주파수

α_ε, α_μ : 공진 모드, 시료형상에 의해 결정되는 정수(표 8-1참조)

V : 공진기의 체적

ΔV : 시료의 체적

Q_0: 무부하시의 Q값

Q_L: 부하시의 Q값

이들 식에 있어서, α_ε , α_μ는 공진기내의 모드나 시료형상에 의해 이론적으로 결정되는 정수이고, 각종 형상의 시료에 대한 α_ε 와 α_μ가 계산되어 여기서는 취급이 간단하고, 고정확도의 측정이 가능한 봉상 시료에 대한 α_ε 와 α_μ를 표 8-1에 나타낸다. 또, 직사각형 공동 공진기내의 TE_{101}, TE_{102}

모드의 모습 및 시료의 삽입법, 더욱이 컴퓨터로 자동계측화를 꾀한 공진기법의 블럭도를 그림 8-9에 나타낸다. 또, 이 방법에 있어서는 시료의 칫수가 커지면 측정결과에 큰 오차가 생기지만, 이러한 시료의 크기에 대한 오차의 검토도 FDTD법(Finite Difference Time Domain법) 등의 수치계산법을 이용해서 이루어지고 있다.

표 8-1 봉상 시료에 있어서 계수 α_ε 및 α_μ

공 진 모 드	α	α_μ
직사각형 TE_{10n}	2	$(n\lambda/2L)^2$
원 통 TM_{010}	1.855	-
원 통 TE_{011}	-	$\frac{3.094}{1+(0.82a/L)^2}$

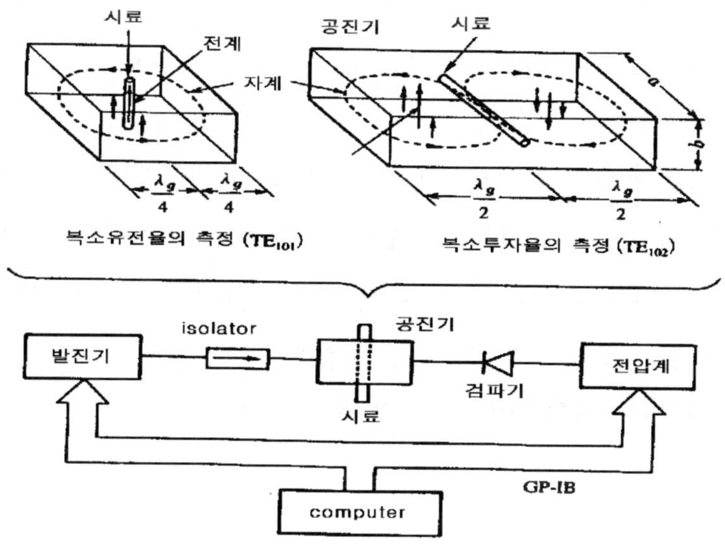

그림 8-9 공진기법에 의한 측정시스템 블럭도

8-5 자유공간법

그림 8-10에 나타내는 바와 같이, 자유공간에 놓여진 평판상의 측정시료에 평면파를 조사하고, 그 때의 반사계수나 투과계수를, 주파수나 입사각도, 나아가서 편파(TE파, TM파)를 변화시켜서 측정하고, 이 측정결과로부터 복소유전율이나 복소투자율을 측정하는 방법이 자유공간법이다. 여기에서는 일례로서, 금속판을 뒤에 붙인 두께 d의 유전체시료($\dot{\mu}_r = 1$)에 관해서 그 흡수량의 주파수특성을 측정하고, 복소유전율을 측정하는 방법에 관해서 설명한다. 즉, 이러한 시료의 흡수량 S[dB]는 식 (3.6) 및 식 (3.7)로 나타낸 반사계수 $\dot{\Gamma}$를 이용해서 다음 식으로 나타내어진다.

$$S\,[dB] = -20 \log_{10} |\dot{\Gamma}| \qquad (8.59)$$

예를 들어 그림 8-11에 나타내는 바와 같이 $\theta = 0°$에 있어서의 흡수량 S의 주파수특성을 측정하고, 식 (8.59)로부터 계산한 흡수량과 측정치와의 차의 제곱의 합이 최소가 되도록 하여 $\dot{\varepsilon}_r$을 결정한다. 이 그림에 있어서 이론치로는 ○표시로 나타낸 측정치로부터 $\dot{\varepsilon}_r$을 결정하고, 그 값을 이용해서 주파수특성을 계산한 것이며, $\dot{\varepsilon}_r$이 바르게 추정되고 있는 경우에는 양자가 잘 일치한다. 또한, 이 경우 흡수량은 금속판의 반사량을 기준으로 해서 그 비를 데시벨(dB)로 나타내고 있다

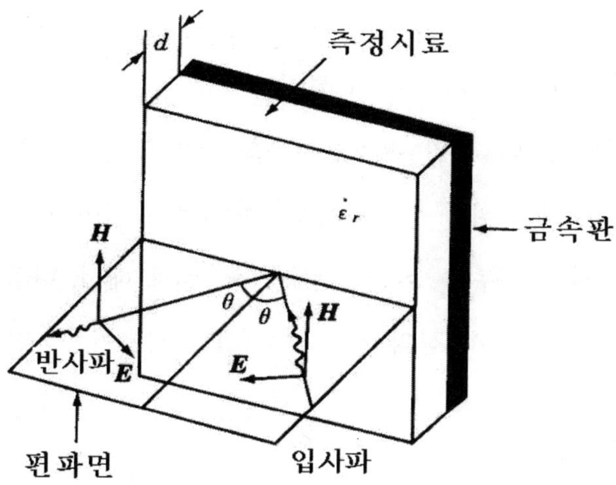

그림 8-10 자유공간법에 의한 $\dot{\varepsilon}_r$의 측정

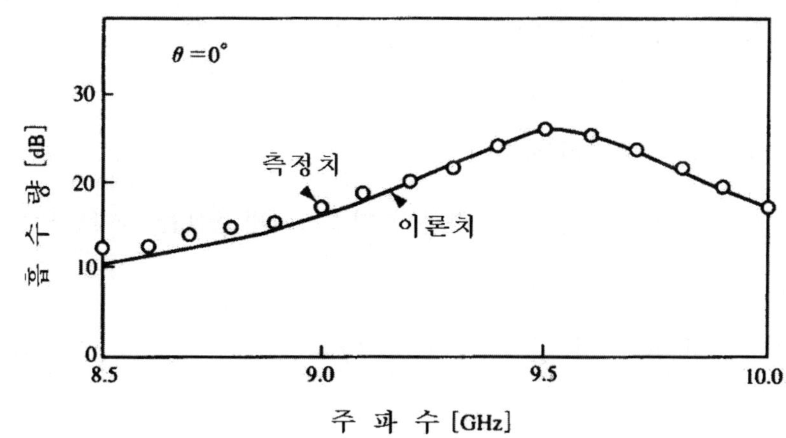

그림 8-11 흡수량의 측정결과와 계산결과

이상의 방법에 있어서, 구체적으로 $\dot{\varepsilon}_r$을 추정하기 위해서는 흡수량의 이론치와 측정치의 차의 제곱의 합이 최소가 되도록 뉴튼법에 의하여 복소유전율을 결정한다. 이 경우, 복소유전율의 초기치 $\dot{\varepsilon}_i$ 를 주었을 때, 이것이 참값으로 수렴하기 위한 증가분 $\Delta\varepsilon_i$ 는 다음과 같이해서 구할 수 있다. 즉, 복소유전율의 실수부를 ε_1 및 허수부를 ε_2로 해서, 다음과 같이 오차의 제곱의 합을 이용해서 정의한 f_i ($i=1, 2$)를 이용하면

$$f_i = \frac{dF}{d\varepsilon_i} = 0 \qquad (i=1,\ 2)$$

여기서,

$$F(\varepsilon_1,\ \varepsilon_2) = \sum_{i=1}^{N} (X_i - Y_i)^2$$

X_i : 측정된 흡수량

Y_i : 계산된 흡수량

N : 측정 데이타 수

수렴을 위한 변화분 $\Delta\varepsilon_i$ 는 다음의 연립 1차방정식을 풀이함으로써 구해질 수 있다(부록Ⅳ 참조).

$$[a_{ij}][\Delta\varepsilon_i] = [b_i] \quad (i=1,2)\ (j=1,2) \qquad (8.60)$$

단,

$$a_{ij} = \left(\frac{\partial^2 F}{\partial\varepsilon_i \partial\varepsilon_j} \right)_{\varepsilon_i = \varepsilon_i}$$

$$b_i = -f(\varepsilon_1', \ \varepsilon_2'')$$

더욱이 이렇게 해서 구한 복소유전율에 대한 오차 σ_i는 다음 같이 최소자승법의 이론으로 결정될 수 있다.

$$\sigma_i = \sum_{j=1}^{N} (\Delta\sigma_i^{(j)})^2 \qquad (i=1,2) \tag{8.61}$$

$$(\Delta\sigma_i^{(j)}) = \varepsilon_i(X_1, X_2, \cdots, X_j + \sigma, \cdots, X_N) - \varepsilon_{0i}$$

여기서,

ε_{0i} : 최확치(측정한 복소비유전율)

S : 최확치에 있어서 오차의 제곱의 합

σ : $\sqrt{S/(N-2)}$

또, 본 측정법의 측정 정확도는 추정에 이용하는 흡수량의 변화에 크게 의존하기 때문에, 시료의 두께 등을 조정해서 큰 흡수량의 변화를 얻도록 할 필요가 있다. 또 주파수, 편파 및 입사각도 등 측정제원을 여러가지로 변화시키고, 여러가지의 측정치를 이용해서 최소자승법을 이용함으로써 정확한 추정이 가능해진다.

참고문헌

1. S. Roberts and A. VON. Hippel : "A new method for measuring dielectric constant and loss in the range of centimeter waves," J. Appl. Phys., Vol.17, pp.610-616, Apr. 1946.
2. T. W. Dakin and C. N. Works : "Microwave dielectric measurements," J. Appl. Phys., pp.787-796, Sept. 1947.
3. W. H. Surber and G. E. Crouch : "Dielectric measurement method for solids at microwave frequencies," J. Appl. Phys., Vol.19, pp.1130-1139, Dec. 1948.
4. W. A. Cumming : "The dielectric properties of ice and snow at 3.2 centimeters," J. Appl. Phys., Vol.23, pp.768-773, July 1952.
5. 小笠原 直幸 : "導波管による誘電率測定の實際," 應用物理, Vol.22, Nov. 1952.
6. 小笠原 直幸 : "30～900MCにおけるポリアイアンの透磁率の分離測定," 電子情報通信學會マイクロ波伝送研究專門委員會資料, Dec. 1952.
7. 小笠原 直幸 : "空洞共振器の攝動を利用する ε, μの分離測定法," 電學誌, Vol.74, No.795, pp.1486-1492, Dec. 1954.
8. E. E. Conrad, C. S. Porter, N. J. Doctor, and P. J. Franklin : "Extension of the thin-sample method for the measurement of initial complex permittivity," J. Appl. Phys., Vol.27, pp.346-350, Apr. 1956.
9. 小笠原 直幸 : "棒試料によるフエライトの誘電率とテンソル透磁率の測定," 電學誌, Vol.77, No.825, pp.661-666, June 1957.
10. 小笠原 直幸 : "S-Bandにおけるフエライトの ε及び μの測定と應用," 電子情報通信學會マイクロ波伝送研究專門委員會資料, Sept. 1957.
11. 鈴木 道也 : "ミリ波帯おける實效反射係數測定の一方法," 電學誌, Vol.43, No.11, pp.1325-1329, Nov. 1960.

12. 石井 正博, 角田 稔, 山下 榮吉：“マイクロ波工學,” 近代科學社, 1972.
13. 大河内 正陽, 牧本 利夫：“マイクロ波測定,” オーム社, 1985.
14. O. Hashimoto and Y. Shimizu : “Reflecting characteristic of anisotropic rubber sheets and measurement of complex permittivity tensor,” IEEE Trans., Vol.MTT-34, No.11, pp.1202-1207, Nov. 1986.
15. O. Hashimoto and Y. Shimizu : “Measurement of complex permittivity tensor by standing wave method on rectangular waveguide,” IEEE Trans., Vol.EMC-29, No.2, pp.141-149, May. 1987.
16. 越智 正行, 清水 康敬：“反射法による反射係數から求めたε_rとμ_r非破壊測定法,” 電子情報通信學會技術研究報告書, EMCJ91-41, pp.19-24, Oct. 1991.
17. 橋本 修, 坂井 和義：“炭化ケイ素 FRP の50GHz帯における電波吸收特性に關する基礎的検討,” 電子情報通信學會論文誌, Vol.J75-B-Ⅱ, No.8, pp.599-601, Aug. 1992.
18. 橋本 修, 船越 一就：“電波吸收体特性の溫度依存性に關する研究,” 電子情報通信學會論文誌, Vol.J78-B-Ⅱ, pp.729-732, 1995.
19. 橋本 修, 阿部琢美：“FDTD法による方形空洞共振器を用いた誘電率測定に關する一檢討,” 電子情報通信學會論文誌, Vol.J79-B-Ⅱ, pp.121-122, 1996.
20. 橋本 修, 東 壽志, 織壁健太郎, 石坂宏幸：“60GHz帯におけるレーダドーム用材料の複素比誘電率測定,” 電子情報通信學會技術研究報告書, MW96- 83, pp.13-17, Sept. 1996.
21. 橋本 修, 阿部琢美：“FDTD法による方形導波管定在波法を用いた複素誘電率測定における試料変形に起因する誤差検討,” 電氣學會論文誌A, 117卷, pp.456-460, 1997.

제9장

전파흡수능의 측정법

목표 전파흡수능의 측정법

설계, 제조된 전파흡수체에 대해서는 그 특성을 측정·평가할 필요가 있다. 본 장에서는 전파흡수체의 흡수능측정·평가에 사용되는 각종 측정법에 관해서, 자유공간에서 행할 경우와 도파관내에서 행할 경우의 측정시 유의점을 설명한다.

9-1 측정시 유의사항

전파흡수체의 특성을 종합적으로 평가할 경우에는

- 주파수 특성
- 수직입사 특성
- 모노스테이틱(mono-static) 사입사 특성
- 바이스테이틱(bi-static) 사입사 특성

등을 측정할 필요가 있으며, 입사각도나 주파수를 변화시켜서 측정하는 것이 일반적이다. 그리고 이들의 측정법은 크게 나눠서

- 도파관내에서 측정하는 방법
- 자유공간에서 측정하는 방법

으로 분류할 수 있다. 여기에서 도파관내에서 측정하는 방법에서는, 입사각도나 주파수에 제한이 나타나거나, 관내에 삽입하는 시료의 가공정밀도에 따라 그 측정치에 큰 오차가 포함되는 경우가 있다.

한편, 자유공간에서 측정하는 방법에서는, 측정에 있어서 제한은 적게 되지만 측정하는 전파흡수체 이외로부터의 반사파(예를 들면, 벽면으로부터의 불필요한 반사파)가 큰 오차원인이 된다. 이하, 일반적인 측정으로서 자유공간에서 측정하는 경우에 대한 유의할 점을 설명한다.

자유공간에서 흡수량을 측정할 경우에는, 전파암실을 이용하는 경우와 야외에서 측정하는 경우, 나가서 일반적인 실내에서 측정하는 경우로 크게 나눌 수 있다. 여기서 각 방법에는 각각 특징이 있지만, 예를 들면 전파암실을 이용할 경우에는, 우선 그 제작에 큰 비용이 드는 점과, 한번 제작하면 전파암실내에서 회전대 등의 설치장소의 변경이나 사용 하한주파수의

변경이 불가능한 결점이 있다. 또, 야외 측정에 있어서는 벽면 등으로부터의 불필요한 반사파는 경감될 수 있지만 날씨에 좌우된다든지, 측정에 적절한 장소나 전원 등의 확보가 곤란한 결점이 있다. 나아가서 일반적인 실내에서 측정할 경우에는 이러한 결점은 없어지지만, 벽면에서의 반사 등에 의하여 측정 정확도가 저하되는 결점이 새롭게 생긴다. 이와 같이 각 방법 모두 여러가지 특징을 가지고 있지만, 측정시에는 측정환경에 맞는 최적의 측정법을 선택할 필요가 있다.

그림 9-1은 측정에 있어서 반사파의 형태를 나타내고 있다. 이 그림에 나타내듯이, 흡수량의 측정에는, 송수신간의 안테나 결합(coupling)이나 벽에서의 반사, 그리고 흡수체 취부대에서의 반사가 있으며, 이들이 측정에 큰 오차를 일으킨다. 이러한 관점에서, 이들의 불필요한 반사파를 어떻게 저감할 수 있는가가 측정 정확도의 향상에 중요하게 된다.

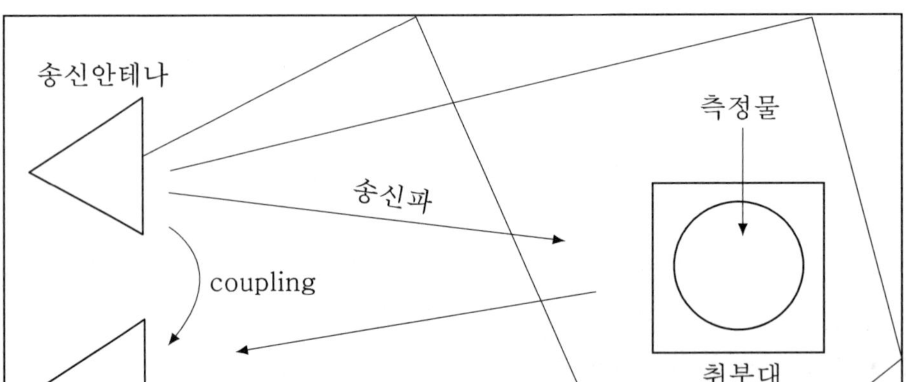

그림 9-1 측정공간의 모습

이하, 일반적으로 범용성이 큰 자유공간이나 도파관내에서 측정하는 각종의 측정법에 관해서 설명하지만, 특히 자유공간에서의 측정법에 있어서는 이들 반사의 영향을 어떤 방법으로 저감시키는가가 중요한 포인트로 되고 있다.

9-2 반사전력법

반사전력법이란 측정하고자 하는 전파흡수체에 직접 전파(CW파)를 송신하고 흡수체로부터의 전파 반사레벨을 측정한 후, 이것과 기하학적으로 동일 면적인 금속판으로부터의 반사레벨을 같은 방법으로 측정하여, 양자의 비로부터 흡수량을 산출하는 방법이다. 그림 9-2는 이 반사전력법의 블럭도를 나타낸 것이다. 이하, 이 방법의 특징을 정리하면 다음과 같다.

① 구성이 간단하며, 게다가 간이한 방법이다. 따라서 부품 등이 고가인 밀리미터파대에서의 측정법으로서 유효하다. 다만, 시료 이외의 반사체에서의 반사파의 영향을 받기 쉽기 때문에 일반적으로는 전파암실 내에서 측정한다.

② 수직입사의 측정을 할 경우, 송수신 안테나 사이의 결합으로 인하여 측정가능 범위를 크게 취하는 것이 불가능한 결점이 있다. 이 때문에 사용하는 안테나의 빔폭 등에 따라 다르지만, 통상 -20∼-30 dB 정도의 커플링이 나타나며, 그 이상의 흡수량의 평가는 어려워진다.

③ 안테나의 원방계 조건을 만족시키는 범위에서 측정거리를 짧게 할 수 있다. 그러나, 시료에 전자파 에너지가 집중되도록 안테나의 빔폭을 커버할 수 있는 큰 시료를 필요로 한다. 밀리미터파대처럼 높은 주파

수대에서는 지향성이 첨예한 안테나가 얻어지기 때문에 안테나 커플링도 적고, 또 벽면 등에서의 반사도 적어지게 되므로, 실내의 일부에 전파흡수체를 배치해서 전파환경을 약간 개선하는 것만으로 양호한 측정이 가능하게 된다.

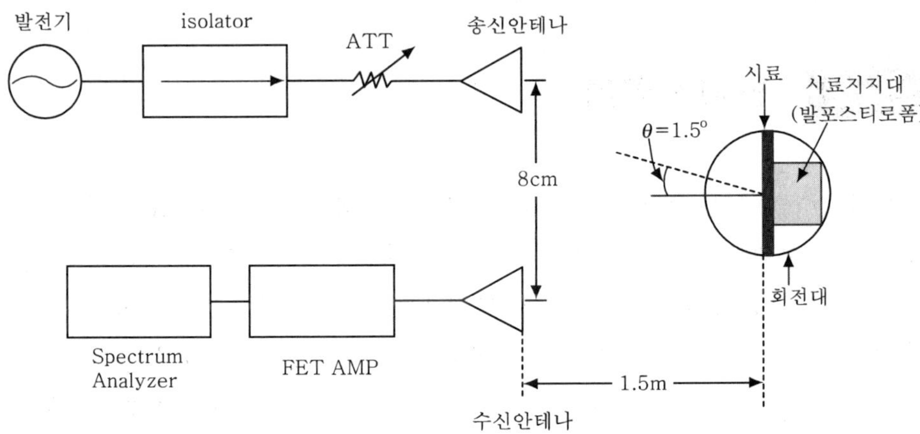

그림 9-2 반사전력법의 블럭도

9-3 전계벡터 회전법

아치법(Arch법) 이라고도 불리우며, 금속판과 시료를 아주 조금 이동시킴으로써 시료 이외에서의 반사파를 분리해서 측정정도를 향상시키는 방법이다. 그림 9-3은 그 블럭도 및 측정원리를 나타낸 것이다. 이 그림에 나타내듯이, 수신안테나에 수신되는 반사파에는 시료에서의 반사파뿐만 아니라, 안테나간의 커플링에 의하여 돌아 들어오는 전파나 바닥 등에서의 반사파로서 전계 벡터 $\dot{E}_d$ 가 포함된다. 그러나, 금속판이나 시료를 Δh만큼 약간 움직이면, 이동하는 금속판이나 시료에서의 반사파의 위상(수직입사의 경우, $\phi=\frac{4\pi}{\lambda}\Delta h$)만이 변화하고, 수신된 합성전계 벡터는, 전계 벡터 $\dot{E}_d$의 선단 O점을 중심으로 복소평면상에서 원궤도를 그린다. 그래서, 이 원궤도를 네트워크 아날라이저로 측정하고, 금속판과 시료의 원궤도의 반경으로부터 흡수량을 구한다. 이하, 이 방법의 특징을 간단히 정리하면 다음과 같이 된다.

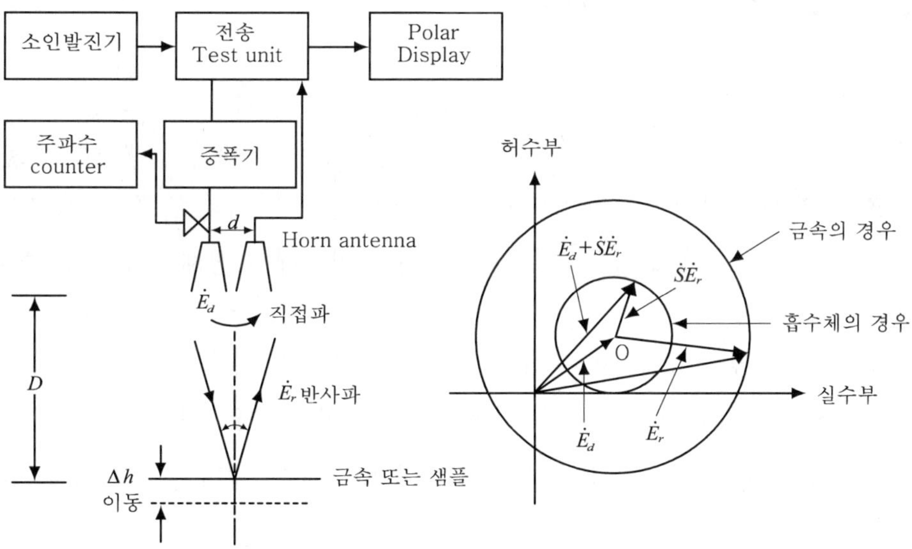

(a) 블럭도 (b) 전계벡터의 변화

그림 9-3 전계벡터회전법

① 불필요한 반사파를 분리 측정할 수 있으므로 측정정도가 향상된다. 또, 전파암실 등의 설비가 없어도 통상의 실내에서 측정 가능한 장점이다.

② 측정가능 범위는 X대역(8~12 GHz)에 있어서 -40 dB 정도 얻어진다.

③ 반사전력법과 마찬가지로 안테나의 빔폭을 커버할 수 있을 만큼 시료를 크게 할 필요가 있다.

④ 송수신 안테나의 배치각도를 자유롭게 변화시킬 수 있기 때문에 간단히 모노스테이틱 사입사 특성과 바이스테이틱 사입사 특성의 측정이 가능하게 된다.

9-4 공간정재파법

공간내에 놓여진 고유 임피던스가 다른 물체에 전파가 입사되면, 그 경계면에서 반사한 전파와 입사전파에 의하여 공간에 정재파가 생긴다. 그림 9-4에 나타내듯이, 이 측정법은 이렇게 생긴 공간 정재파를 흩트러뜨리지 않을 정도로 미소하고 이동 가능한 안테나를 이용해서 정재파비 ρ를 측정하는 방법이다.

그림 9-5에 공간정재파의 모습의 일례를 나타낸다. 이 그림에 나타내듯이 포락선을 연장해서, 전파흡수체 전면에 있어서의 전계의 최대치 E_{max} 및 최소치 E_{min}을 측정함으로써 식 (9.1)에서 반사계수 $|\dot{\Gamma}|$를 구할 수 있다.

$$\rho = \frac{E_{max}}{E_{min}} = \frac{1+|\dot{\Gamma}|}{1-|\dot{\Gamma}|} \tag{9.1}$$

그러나, 이 방법에 있어서는 시료로부터의 반사파뿐만 아니라, 바닥과 측면 등 각 벽면에서의 반사파도 마찬가지로 미소 안테나에 수신된다. 이 경우, 정재파로는 "구불거림"과 "비트"가 생겨, 정재파의 형태는 복잡하게 된다. 그러나, 이와 같은 경우에 있어서도 그 복잡한 정재파로부터 반사계수의 산출방법에 관한 검토도 이루어지고 있다.

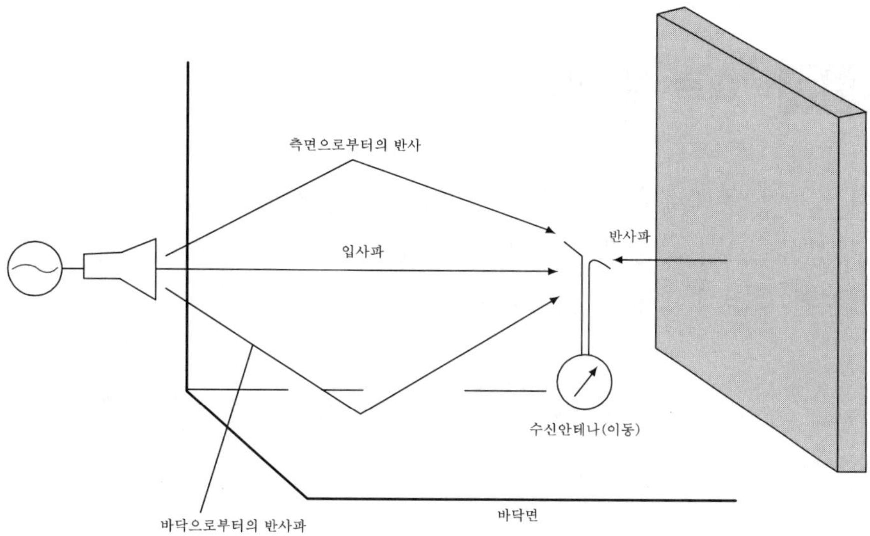

그림 9-4 공간 정재파법에 의한 측정법 및 반사파

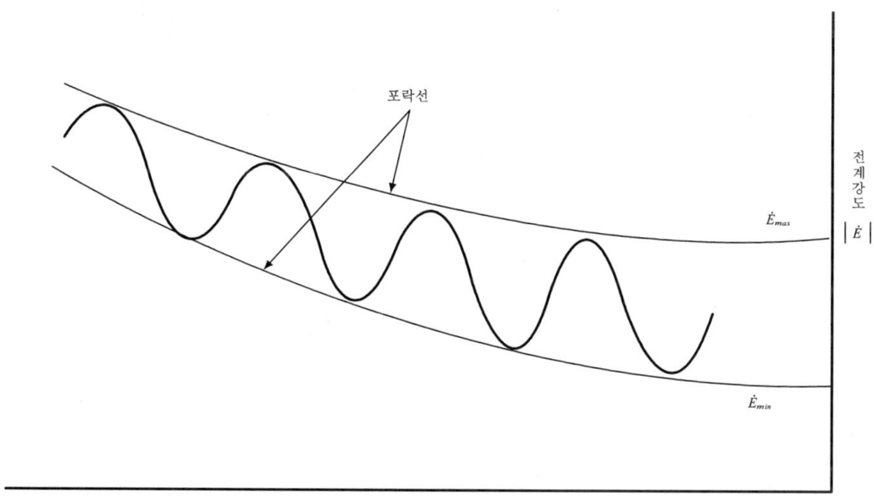

그림 9-5 공간 정재파의 모양

9-5 쇼트 펄스법

이 방법은 종래로부터 물체의 레이다 단면적(RCS; Radar Cross Section)의 측정법으로서 사용되어 오고 있는 펄스법을 전파암실내나 일반적인 실내에서의 측정에 응용한 것이다.

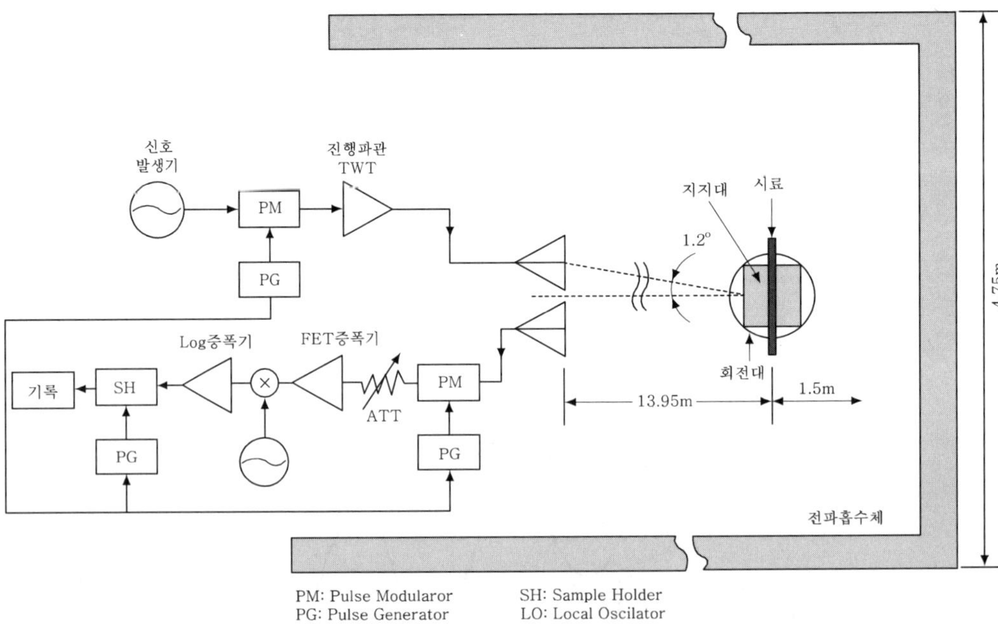

그림 9-6 쇼트 펄스법의 블럭도

그림 9-6은 그 블럭도를 보여주고 있으며, 이 그림에 나타내는 바와 같이, 이 경우에는 전파암실내에서의 측정에 있어서는 측정거리를 그다지 확보할 수 없기 때문에 10 ns의 쇼트 펄스를 사용해서 거리분해능을 향상시

킴과 동시에 수신측에서 같은 10 ns의 타임 게이트를 걸고 있다. 이 타임 게이트는 측정시료 전후의 불필요한 반사파를 소거하기 위해 이용하고 있는 것으로서, 10 ns의 타임 게이트가 있다면 $t=2L/C$(L : 전파거리, C : 광속)에 의하여, 시료의 전후 0.75 m의 불필요한 반사파를 소거할 수 있다. 또 시료좌우 벽면에서의 반사파에 관해서는, 빔폭이 샤프한 송수신 안테나를 사용해서 빔의 퍼짐을 막고, 측벽면에 전파가 부딪히지 않도록 함으로써 소거할 수 있다.

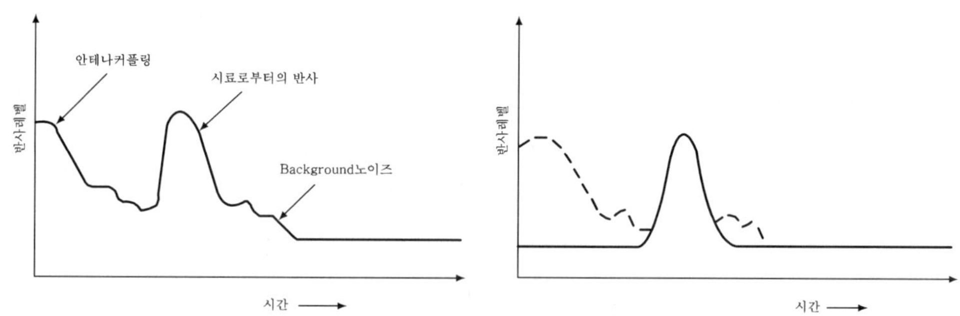

(a) 타임게이트를 걸지 않았을때 (b) 타임게이트를 걸었을때

그림 9-7 반사파의 개요

그림 9-7은 타임 게이트를 걸기 전후의 비디오 출력의 개략을 나타낸 것으로, 펄스 발생기(PG)의 시간 지연을 변화시켜서 시료에서의 반사파만을 취해낸 상태를 나타내고 있다. 그림 9-8은 이 측정법의 측정가능 범위의 일례를 나타내고 있으며, 30×30 cm 의 금속판의 반사 레벨을 0 dB로 해서 잡음레벨과 비교한 것이다. 이로부터 −60 dB정도의 측정 가능범위가 확인되고 있고, 또 안테나 커플링은 −28 dB 정도이고, 앞에서 나타낸 반사전력법에 있어서는 이 정도의 레벨이 측정한계로 되는 것을 알 수 있다. 또한, 이러한 측정법에 필요한 측정 스팬(span)에 관해서 부록 Ⅶ에 나타낸다.

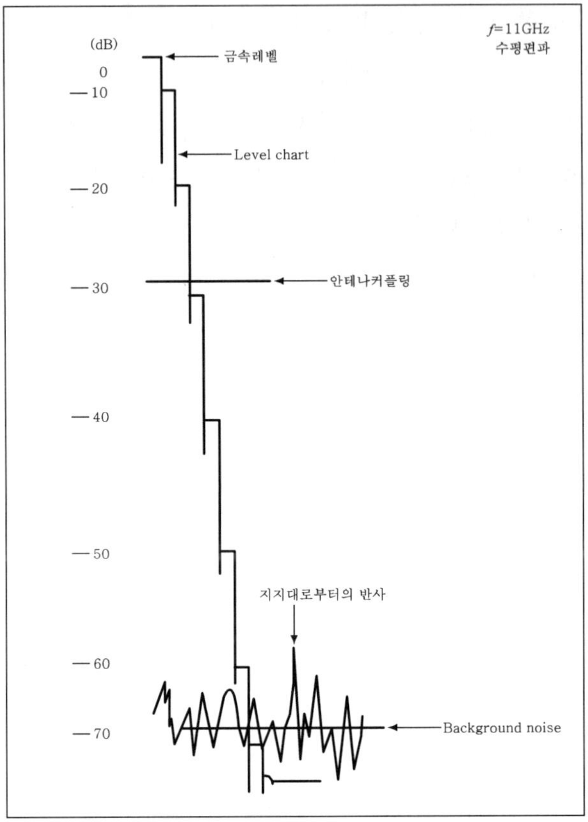

그림 9-8 측정가능 범위의 일례

9-6 타임 도메인법

이 측정법은 측정시료에 연속파(CW파)를 주파수를 변화시켜서 조사하고, 그 주파수의 변화에 대한 측정치를 고속 퓨리에 역변환(IFFT)해서 시간영역으로 변환하고, 나아가서 불필요한 반사파를 타임 게이트 기구로 제거한 후에 다시 주파수 영역으로 고속 퓨리에 변환(FFT)해서 측정시료의 흡수량을 측정하는 방법이다. 이와 같이 이 측정법에서는 복잡한 데이터처리가 요구되지만, 회로망분석기(Network Analyzer)의 타임 도메인 기능을 이용해서 시행하는 것이 가능하고, 전파환경이 양호하지 않은 일반적인 실내에서도 높은 정확도의 흡수량 측정이 가능하다. 이와 같이 시간영역에서는 측정시료에서의 반사파와 다른 주변 산란파를 식별할 수 있기 때문에, 타임 게이트를 걸음으로써 다른 불필요한 산란파를 제거할 수 있다.

또, 이 측정법에서는 불필요한 산란파를 시간영역에서 분리해서 측정할 수 있기 때문에 전파암실을 이용하지 않고도 높은 정확도의 측정이 가능하지만, 측정시료 근방의 벽면이나 바닥에서의 반사파는 분리할 수 없기 때문에 이들 반사파에 대해서는 주의를 요한다.

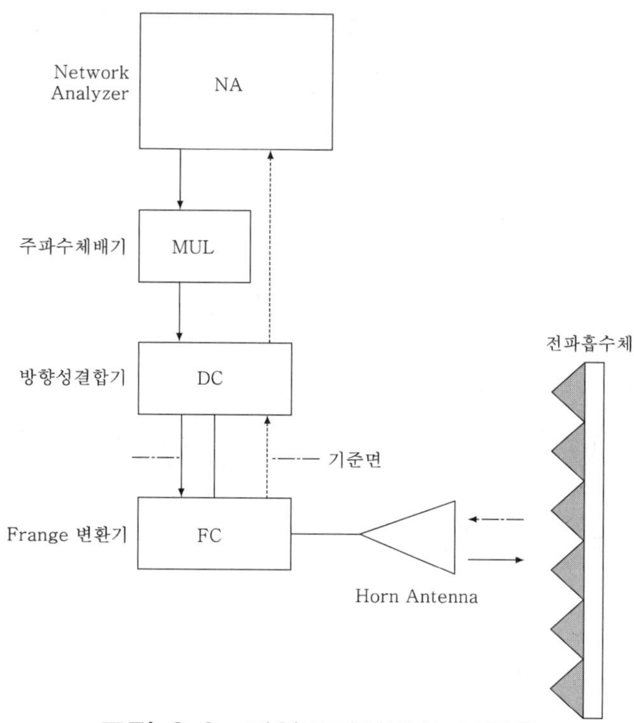

그림 9-9 타임도메인법의 블록도

9-7 렌지 도플러 이미징법

그림 9-10 및 그림 9-11에 나타내는 바와 같이, 이동물체에 전파를 조사한 경우에 생기는 도플러 주파수에 퓨리에 변환을 하고, 주파수 축상에서 관찰함으로써 흡수량을 측정하는 방법이다. 이 측정법에 의한 측정시스템의 블럭도를 그림 9-12에 나타낸다. 즉, 신호발생기에서 발생한 주파수 40 MHz의 CW파는 8~18 GHz로 상향변환(up-convert)되고, 송신안테나로부터 이동물체를 향해 송신 된다. 이 물체에서의 반사파는 송신 주파수에 도플러 주파수 편이 Δf를 포함하여 수신안테나로 수신되고, FET앰프에서 증폭된 후, 하향변환(down-convert)되서 도플러 주파수 편이가 정확히 추출된다. 그리고 이 도플러 주파수 편이를 FFT처리해서 물체에서의 반사를 구한다.

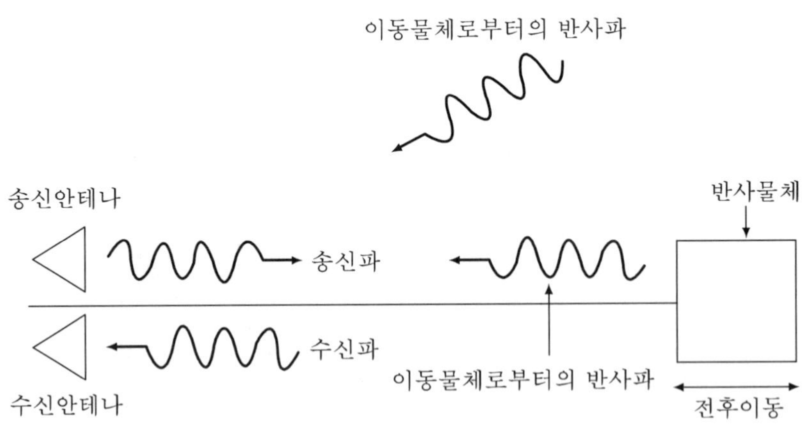

그림 9-10 렌지 도플러 이미징법

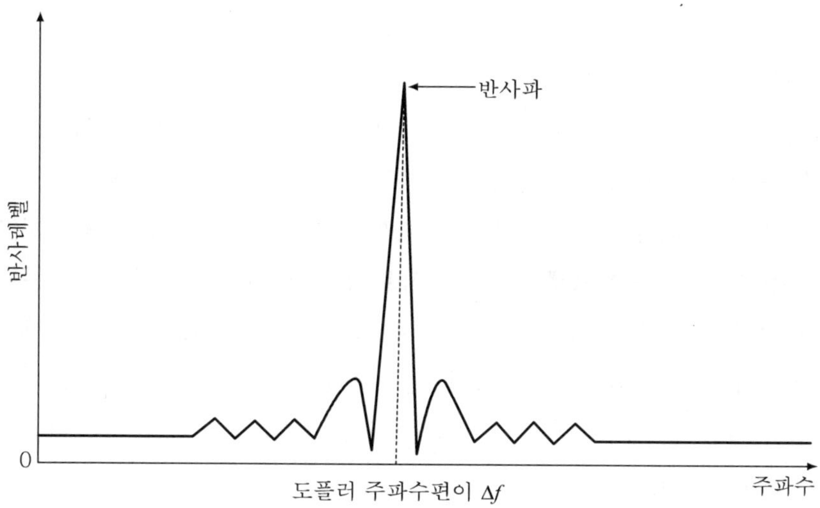

그림 9-11 반사파의 개략 개요

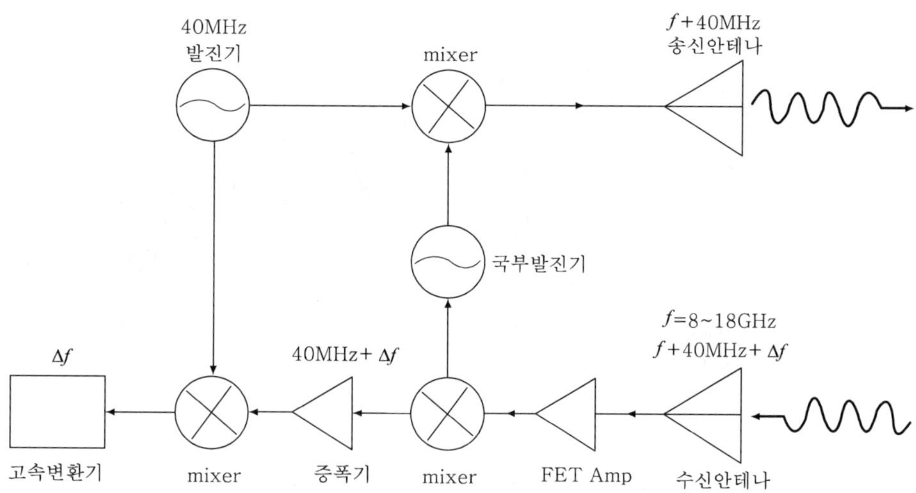

그림 9-12 렌지 도플러 이미징 측정시스템의 블럭도

그림 9-13은 이 측정법에 의한 측정결과의 일례를 나타낸 것으로, 금속판에서의 반사레벨이 정확히 관찰되고 있는 모습을 알 수 있다. 또 이 방법은 회전물체로부터의 반사 측정법으로서도 유효하다. 그림 9.14는 그 측정결과를 나타낸 것으로 회전중심으로부터 반경방향을 따라 회전속도가 다르고, 도플러 주파수 편이도 각 부분에서 다른 것으로부터, 금속으로 제작된 브레이드에 부분적으로 장착된 시트상의 전파흡수체 부분으로부터의 반사가 저하하고 있는 모습도 정확히 관찰되고 있다. 또, 이 측정법에 따르면 이동물체(회전물체) 이외에서의 반사파를 분리할 수 있으므로, 타임 도메인법과 마찬가지로 일반적인 실내에서도 높은 정확도의 측정이 가능해지는 이점이 있다.

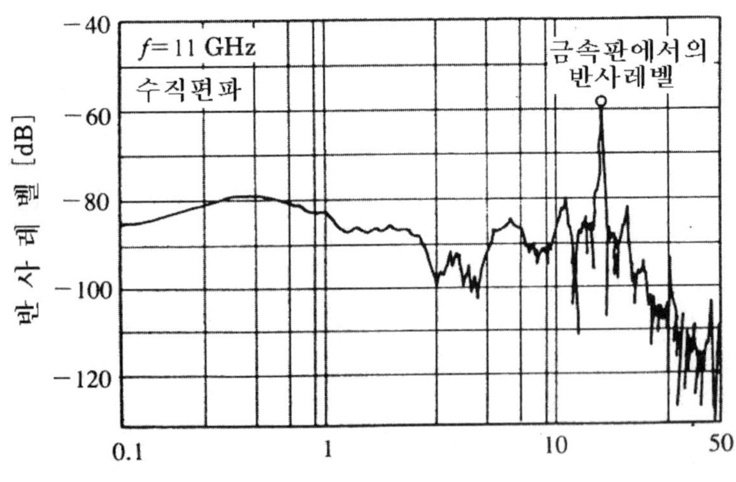

그림 9-13 금속판으로부터의 반사레벨

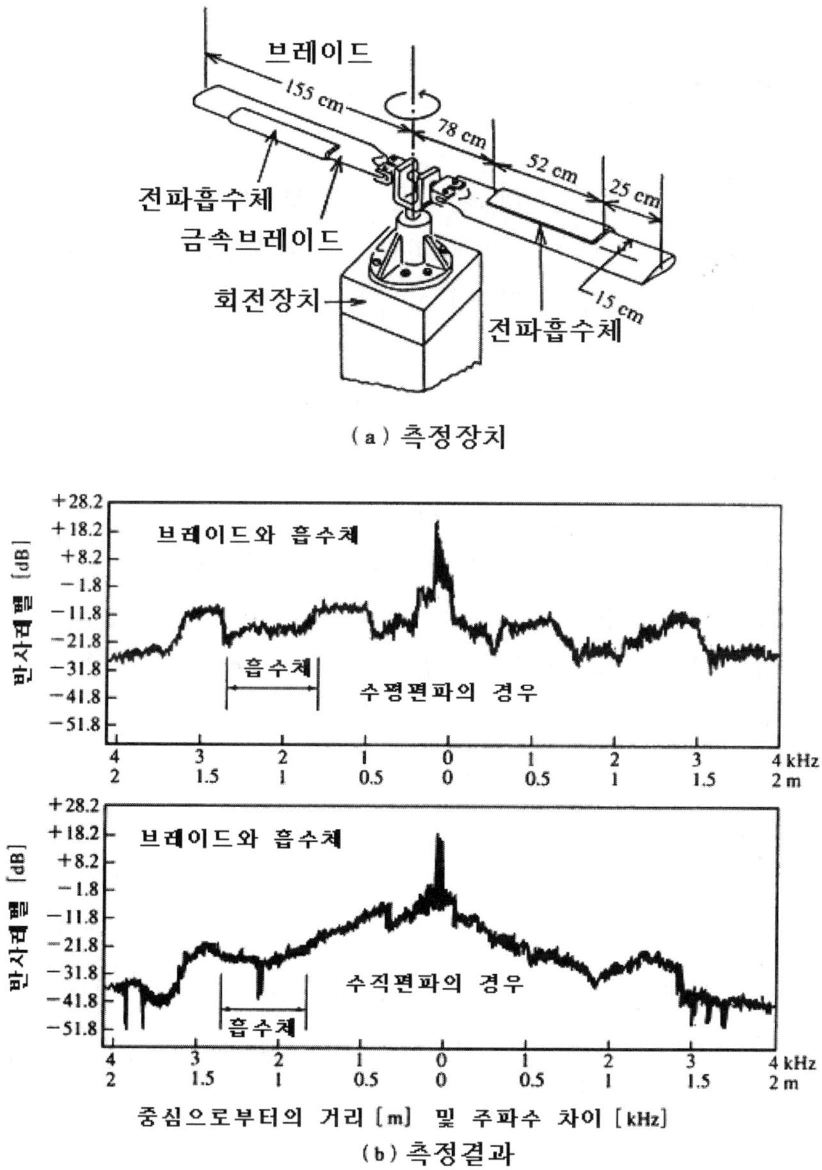

그림 9-14 측정장치의 외관과 정면방향에서의 측정예

9-8 위상합성법

VHF~UHF대(수백 MHz대)의 비교적 긴 파장영역의 측정에 있어서는, 시료의 칫수나 측정장소를 파장에 비교해서 충분히 크게 취할 수 없는 경우가 많다. 이러한 경우에 TV 방송파 등을 이용해서, 자유공간에 있어서 입사파에 포함된 불필요한 반사파를 분리측정하는 방법이 위상합성법이다. 즉, 이 측정에 있어서는, 우선 시료에서의 반사파를 수신하는 안테나를 시료면에서의 반사각 $-\theta$방향으로 그 편파면에 일치시켜 배치한다. 이 안테나는 2개의 다이폴 안테나(소자간격 $\lambda/4$)로 구성되고, 2개의 안테나에 의하여 입사 전계의 진폭과 위상을 조정함으로써, 주입사파 방향에 지향성의 null(주입사파 방향에 대한 감도를 가능한 작게 한다)을 형성시켜, 시료로부터의 반사파를 2개의 안테나의 합성(최대감도)에 의해 수신한다.

여기에서 시료를 그림 9-15와 같이 입사각 θ로 유지한 채 수파장 이동시킨다. 이렇게 하면 잔류 주입사파, 복수 멀티패스(multi-path ; 다중경로)파의 진폭, 위상은 변화하지 않지만, 시료의 반사 $E(d)$만이 그 이동거리 d에 따라 위상회전을 일으킨다. 이 때에 기준점으로부터 순차적으로 그 거리에서 생기는 위상회전($\phi_d = 2\pi d(1+\cos 2\theta)/\lambda$)를 보정 가산하면, 시료에서의 반사파는 항상 동상으로 가산되어 진폭, 위상이 일정했던 잔류 주입사파, 멀티패스파는 보정 가산시에 일어나는 위상회전이 2π[rad]의 정수배로 될 때 상쇄되어 소거된다.

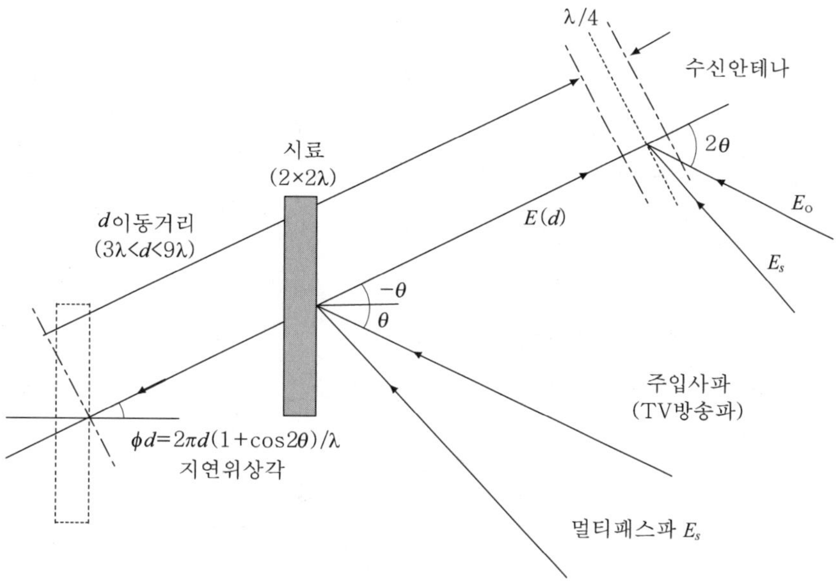

그림 9-15 위상정합법의 원리도

9-9 대형 도파관법

대형 도파관법은 UHF 및 VHF대에서의 측정에 유용한 측정법이다. 그림 9-16에 나타내듯이, 이 측정계는 S-파라미터 테스트 셋트를 조합한 네트워크 애널라이저, 도파관내에 전파를 공급하는 신호발생기, 양단에 전파흡수체를 배치한 금속 평행평판 내에서 측정 시료를 이동시키는 평행평판부, 대형도파관에 전파를 공급하는 도파관구동부와 테이퍼변환기, 그리고 반사파 레벨의 거리특성을 기록하는 X-Y 레코더부로 구성된다. 이 측정법의 측정주파수 범위는 도파관구동부의 크기에 의해 결정되는 차단주파수 및 고주파의 발생에 의해 제한되지만, VHF용 및 UHF용 도파관구동부를 교환해서 사용함으로써 130~600 MHz 정도에서 가능하다.

이 측정계를 이용한 반사계수의 측정에 있어서는, 예를 들면 600 mm × 900 mm 크기의 측정 샘플을 1파장 이상 이동시켜서 반사파의 거리특성을 구하고, 반사계수를 구할 때에 기준이 되는 측정 샘플과 동일한 형상의 금속판의 특성을 같은 방법으로 구한다.

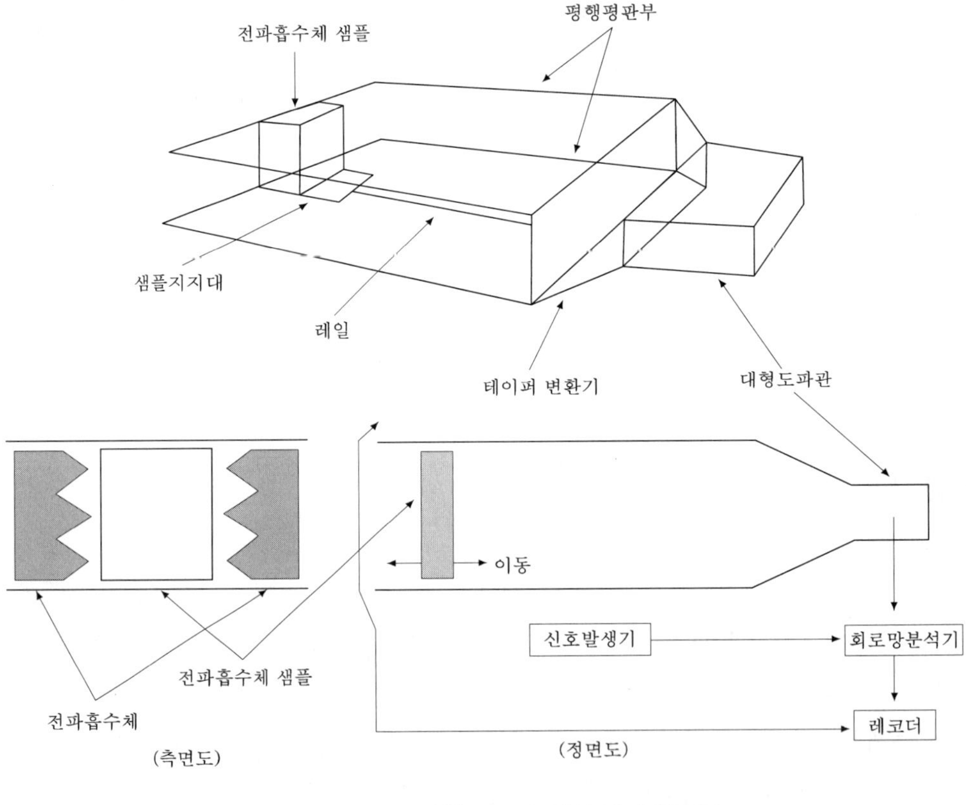

그림 9-16 대형 도파관법의 블록도

이 측정예로서 측정 샘플과 금속판의 이동거리에 대한 반사 레벨을 그림 9-17에 나타낸다. 이와 같은 측정치를 이용해서 시료의 흡수량은 B [dB] - A [dB]로 구할 수 있다. 또 시료를 1파장 이상 이동시킨 경우의 각각의 거리에 대한 반사량과 위상을 측정해서 재료전면에서의 임피던스를 구하고, 동일한 형상의 금속판의 임피던스 특성을 기준으로해서 규격화임피던스를 구할 수도 있다.

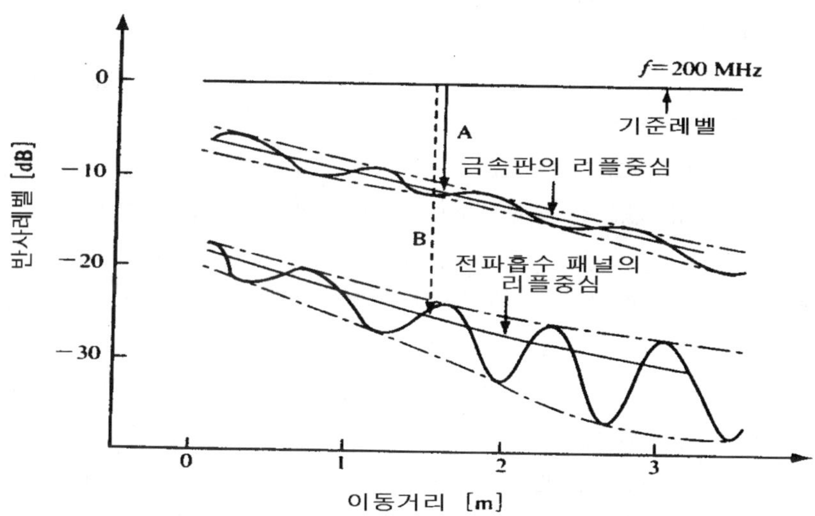

그림 9-17 대형 도파관법에 의한 측정예

참고문헌

1. C. C. H. Tang : "Electromagnetic back scattering measurement by a time separation method," IRE Trans., Vol.MTT-7, pp.209-213, 1959.
2. 小野 光弘："斜入射空間定在波直接測定法,"電子情報通信學會技術研究報告書, EMCJ 77-17, pp.35-42, July 1977.
3. 上野 良一："二, 三の電波吸收体の評價,"電子情報通信學會技術研究報告書, EMCJ 78-10, p.9, June 1978.
4. 橋本 修, 次郎丸 廣希, 渡辺 芳東, 岸本 晃："ショートパルスを用いた電波吸收体特性の測定法," 電子情報通信學會技術研究報告書, EMCJ 82-51, Nov. 1982.
5. セミナーテキスト ："ホットワーク・アナライザーを用いたタイム・ドメイン,"横河・ヒユーレット・パッカード, 1989.
6. 森 孝幸："タイム・ドメイン機能による電波吸收体の反射減衰量の測定,"電子情報通信學會論文誌, Vol.J73-B-Ⅱ, pp.124-126, Feb. 1990.
7. 橋本 修, 溝上 收："高速で回轉しているヘリコプタのロータブレードの反射断面積について,"電子情報通信學會論文誌, Vol.J73-B-Ⅱ, No.8, pp.413- 420, 1990.
8. 橋本 修, 溝上 收："50GHz 帯における炭素粒子混入ゴムシートの吸收特性の複素誘電率について," 電子情報通信學會論文誌, Vol.J73-B-Ⅱ, No.8, pp.441- 443, 1990.
9. 橋本 修, 溝上 收, 神力 正宣："レンジドツプラーイメージングに基づくレーダ反射断面積の測定に關する一檢討,"電子情報通信學會論文誌, Vol.J72 -B-Ⅱ, pp.505-508, Sept. 1990.
10. 橋本 修, 松本 吉紀 : "室内におけるショートパルス法を用いた物体からの

反射特性の測定," 電子情報通信學會論文誌, Vol.J75-B-Ⅱ, No.6, pp.407- 411, 1992.

11. O. Hashimoto, T. Abe, and W. Tsuchida : "Measurement of wave intensity reflected from object by range doppler imaging in ordinary laboratory room," IEICE Trans. Electron., Vol.E77-C, No.6, pp919-924, 1994.

제10장

전파무향실의 특성평가

목표

전파무향실의 특성평가

각종 전기 · 전자 · 통신 · 제어기기로부터 방사되는 전자파를 측정(EMI test)하거나 이들 기기의 전자파내성(EMS)을 시험하는 공간으로서 야외시험장(Open Area Test Site) 대신 전파무향실(Anechoic chamber) 또는 전파반무향실(Semi-anechoic chamber)을 사용하는 추세에 있다. 본 장에서는 전파반무향실의 특성을 고전적 시험장감쇠량(Classical site attenuation)을 영상법(Image method)으로 계산함으로써 평가하는 방법을 설명한다.

10-1 야외시험장

10.1.1 송수신 안테나에 의한 수신전계강도

손실이 없고 지향성이 없는 등방성안테나의 복사전력 P_T 는 반경 r 이 일정한 구표면에서 전계강도가 일정하므로 복사전력과 전계강도는

$$P_T = \frac{E^2}{120\pi} 4\pi r^2 \ [\mathrm{W}] \tag{10.1}$$

$$E = \frac{\sqrt{30 P_T}}{r} e^{-j\beta r} \ [\mathrm{V/m}] \tag{10.2}$$

로 된다. 여기서 등방성안테나를 기준안테나로 사용하여 절대이득 G 를 도입하면, 거리 d 의 자유공간에서의 전계강도 E 는

$$E = \frac{\sqrt{30 P_T G}}{d} e^{-j\beta d} \ [\mathrm{V/m}] \tag{10.3}$$

이며, 여기서 β 는 위상정수이고 G 는 안테나 이득이다.

안테나 전류 I, 안테나 저항 R_A 라면 식 (10.3)은

$$E = \frac{I\sqrt{30 R_A G}}{d} e^{-j\beta d} \ [\mathrm{V/m}] \tag{10.4}$$

가 된다.

또한 수신안테나에서 수신된 전압을 V_R, 안테나인자를 AF_R, 입사전계를 E 라고 하면

$$V_R = \frac{E}{AF_R} \tag{10.5}$$

로 나타낼 수 있다.

신호발생기의 개회로 전압을 V, 안테나 인자를 AF_T 라 하면 안테나 전류 I는

$$I = \frac{V\pi}{50\,AF_T\lambda}\sqrt{\frac{120}{GR_A}} \tag{10.6}$$

따라서 식 (10.4)와 (10.6)으로부터 전계 E는

$$E = \frac{V\pi\sqrt{120\times 30}}{50\,AF_T\lambda}\,\frac{e^{-j\beta d}}{d}\ \ [\mathrm{V/m}] \tag{10.7}$$

이다. $\lambda = 300/f_M$ 이고, f_M 을 MHz 단위로 하여 식 (10.7)에 대입하면 수신전계 E는

$$E = \frac{V\pi f_M}{79{,}58\,AF_T}\,\frac{e^{-j\beta d}}{d}\ \ [\mathrm{V/m}] \tag{10.8}$$

로 나타낼 수 있다.

10.1.2 수직편파에 대한 전계강도 최대치

반사계수 $\Gamma_V = |\Gamma_V|\,e^{-j\beta d}$ 인 수직 다이폴안테나로부터 복사된 전계는 그림 10-1에서와 같이 직접파와 반사파를 벡터적으로 합한 것과 같으므로 수직편파의 전계강도는

$$E_V = \frac{Vf_M}{79.58AF_T}\left(\frac{e^{-j\beta_1}}{d_1}F(\theta_1)\sin\theta_1 + \frac{|\Gamma h|\, e^{-j\beta d_2}}{d_2}F(\theta_2)\sin\theta_2\right) \tag{10.9}$$

로 나타낼 수 있다. 여기서, 경로장 d_2는 Image Ant.로부터 RX Ant. 까지의 거리와 같으며 이와 같은 방법을 영상법이라 한다. 식 (10.9)의 크기는

$$E_V = \frac{Vf_M R^2}{79.58AF_T} \cdot \frac{\sqrt{d_2^6|\Gamma_V|^2 + 2d_1^3 d_2^3|\Gamma_V|\cos[\phi_V - \beta(d_2 - d_1)]}}{d_1^3 d_2^3} \tag{10.10}$$

이고, 식 (10.10)을 편의상

$$E_{DV} = \frac{\sqrt{49.2}\,R^2\sqrt{d_2^6 + d_1^6|\Gamma_V|^2 + 2d_1^3 d_2^3|\Gamma_V|\cos[\phi_V - \beta(d_2 - d_1)]}}{d_1^3 d_2^3} \tag{10.11}$$

라고 놓는다. 여기서,

$$d_1 = \sqrt{R^2 + (h_1 - h_2)^2}$$

$$d_2 = \sqrt{R^2 + (h_1 + h_2)^2}$$

$$\Gamma_V = \frac{(K - j60\lambda\sigma)\sin\xi - \sqrt{(K - j60\lambda\sigma - \cos^2\xi)}}{(K - j60\lambda\sigma)\sin\xi + \sqrt{(K - j60\lambda\sigma - \cos^2\xi)}}$$

이고, K는 상대 유전상수이고 σ는 도전율[S/m]을 나타낸다.

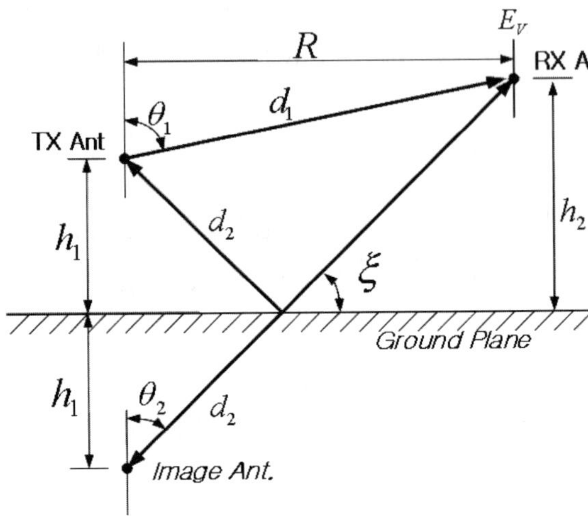

그림 10-1 수직편파의 전파전파

수신안테나 높이를 1~4 m로 변화시켰을 때 이 범위에서 식 (10.11)의 최대치를 $E_{V\max}$ 라 하면 식 (10.9)와 (10.10)으로부터 수직전계강도의 최대치는 다음과 같이 된다.

$$E_{V\max}=\frac{Vf_M E_{DV\max}}{75.58AF_T\sqrt{49.2}} \tag{10.12}$$

10.1.3 수평편파에 대한 전계강도 최대치

반사계수 $\Gamma_H=|\Gamma_H|e^{-j\beta h}$ 인 수평 다이폴안테나로부터 복사된 전계는 그림 10-2를 이용해서

$$E_H=\frac{Vf_M}{79.58AF_T}\left(\frac{e^{-j\beta d_1}}{d_1}+\frac{|\Gamma_H|e^{-j\beta d_2}e^{j\phi h}}{d_2}\right) \tag{10.13}$$

로 나타낼 수 있으며, 식 (10.13)의 크기는

$$E_H = \frac{Vf_M}{79.58AF_T} \cdot \frac{\sqrt{d_2^2 + d_1^2 \mid \Gamma_H \mid + 2d_1 d_2 \mid \Gamma_H \mid \cos[\varphi_h - \beta(d_2 - d_1)]}}{d_1 d_2} \tag{10.14}$$

이고, 식 (10.14)를 편의상 다음과 같이 놓으면

$$E_{DH} = \frac{\sqrt{49.2}\sqrt{d_2^2 + d_1^2 \mid \Gamma_H \mid^2 + 2d_1 d_2 \mid \Gamma_H \mid \cos[\varphi_h - \beta(d_2 - d_1)]}}{d_1 d_2} \tag{10.15}$$

로써 지표파의 전계강도를 구할 수 있다.

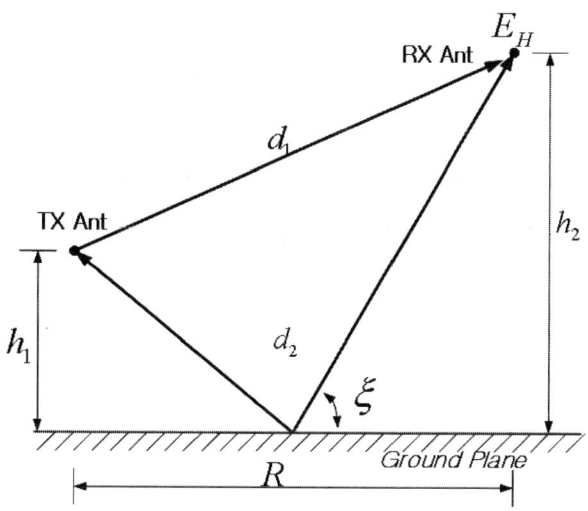

그림 10-2 수평편파의 전파전파

안테나 높이를 1~4 m까지 변화시켰을 때, 이 범위 안에서 식 (10.15)의 최대치를 $E_{DH\max}$ 라 하면 식 (10.14)와 (10.15)로부터 수평 편파의 전계강도의 최대치는

$$E_{H\max} = \frac{Vf_M E_{DH\max}}{75.58AF_T\sqrt{49.2}} \tag{10.16}$$

로 나타낼 수 있다.

10.1.4 야외시험장의 시험장감쇠량

각종 전자기기로부터 발생하는 불요전자파의 전파경로를 보면 낮은 주파수 성분은 주로 전원선과 같은 도선을 따라 전달되고, 높은 주파수 성분은 공간으로 직접파로 전파된다. 공간으로 방사되는 전자파를 측정하기 위해서는 야외 시험장에서 측정하는 것이 국제적 기준으로 되어있다.

그러나 이러한 야외시험장의 구축은 주변의 전자파환경 또는 공간적 제약 등으로 인해 실현하기 어렵기 때문에 전파무향실로 야외시험장을 대신하는 경향에 있다. 통상적인 시험장비 또는 신호발생기를 접속한 송신용 다이폴 안테나를 이용하여 전자파를 방사하고 수신용 안테나를 이용하여 일정한 범위 내에서 상하로 이동하여 수신했을 때 수신된 최대 수신전계강도를 측정한다. 이렇게 하여 얻어진 송·수신안테나 사이의 전송손실을 야외시험장의 시험장감쇠량(Site Attenuation)이라 하며, 야외시험장의 적합성 평가의 파라미터로 사용한다.

야외시험장의 이론적 시험장감쇠량을 구하고 실제로 설치된 전파반무향실의 시험장감쇠량의 실측치를 비교하여 그 차이가 ±3 dB 이내

이면 전파무향실로 사용이 가능하게 된다.

지금 신호발생기에 나타난 전압을 V_I, 수신안테나의 수신전압을 V_R이라면 시험장감쇠량 A는 다음과 같이 정의된다.

$$A = \frac{V_I}{V_R} \tag{10.17}$$

그런데 신호발생기의 전압은 $V = 2V_I$ 이므로

$$A = \frac{V}{2V_R} \tag{10.18}$$

이 되고, 식 (10.5)를 식 (10.18)에 대입하면 다음과 같다.

$$A = \frac{VAF_R}{2E} \tag{10.19}$$

식 (10.16)을 식 (10.18)에 대입하면

$$A = \frac{79.53AF_R AF_T \sqrt{49.2}}{f_M E_{D\max}} \tag{10.20}$$

으로 되고, 식 (10.20)을 dB 단위로 고치면 식 (10.21)과 같다.

$$\begin{aligned} A[dB] = \; & -20\log f_M + 48.92 + AF_R\,[dB/m] \\ & + AF_T\,[dB/m] - E_{D\max}\,[dB \cdot \mu V/m] \end{aligned} \tag{10.21}$$

10.1.5 전파반무향실의 시험장감쇠량

전파반무향실은 벽면과 천정에는 전파흡수체를 부착하고 바닥에는 금속판을 깔은 것이다. 또 전파반무향실 내에서의 전파가 반사하는 모양을 그림 10-3에 나타내었다. 전파반무향실 내에서는 전파흡수체에 의해서 1회 반사파의 경우 약 90% 이상 흡수되기 때문에 전계강도를 계산할 때, 전파흡수체에서의 2회 반사파까지만 고려해도 충분하므로 1회 및 2회 반사파의 반사 Pattern은 1회의 경우 5가지, 2회의 경우 10가지로 분류하여 각각 이들에 대한 전파경로장을 고려하여 시험장감쇠량을 계산하며, 각각의 전파경로는 그림 10-3과 같다.

반사파의 반사경로를 15가지로 구분하여 구한 반사파의 경로장을 각각 $d_1, d_2, d_3, \cdots\cdots, d_{15}$ 라 하면, 이들 반사파에 의한 전계강도 E_{VC} 는

$$E_{VC} = \frac{|\gamma_V| e^{-j\beta d_1} e^{-j\phi V}}{d_1} + \frac{|\gamma_V| e^{-j\beta d_2} e^{-j\phi V}}{d_2} + \cdots\cdots + \frac{|\gamma_V| e^{-j\beta d_{15}} e^{-j\phi V}}{d_{15}} \tag{10.22}$$

로 나타낼 수 있다.

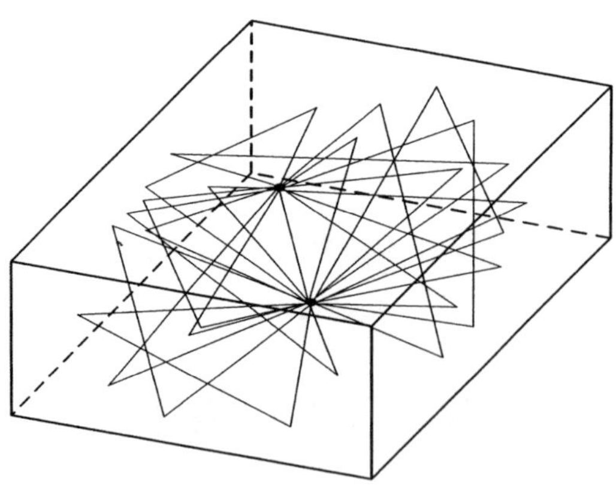

그림 10-3 전파반무향실에서 송수신 안테나간의 전파경로

전파반무향실에서의 전계강도는 직접파와 반사파의 벡터적 합이므로 식 (10.9) 및 (10.22)로부터 크기를 구하면

$$CE_{VC} = \sqrt{49.2} \times | E_V + E_C | \tag{10.23}$$

가 되고, 식 (10.23)의 최대치 $CE_{VC\max}$ 는 식 (10.16)으로부터

$$CE_{VC\max} = \frac{V f_M CE_{VC\max}}{79.58 AF_T \sqrt{49.2}} \tag{10.24}$$

식 (10.19)와 (10.24)로부터

$$A = \frac{VAF_R (79.58) AF_T \sqrt{49.2}}{2 V f_M CE_{VC\max}} \tag{10.25}$$

식 (10.25)를 dB로 바꾸면

$$A[dB] = -20 \log f_M + 48.92 + AF_R [dB/m] + AF_T [dB/m] - CE_{VC\max} \tag{10.26}$$

이며, 수평편파의 경우도 같은 방법으로 해서

$$A[dB] = -20 \log f_M + 48.92 + AF_R [dB/m] + AF_T [dB/m] - CE_{HC\max} \tag{10.27}$$

로 나타낼 수 있다.

따라서 수직편파와 수평편파의 경우 각각 식 (10.26) 및 (10.27)로부터 시험장감쇠량을 구할 수 있다.

10.1.6 안테나간의 상호결합

(1) 입력임피던스

길이가 ℓ인 다이폴 안테나의 입력임피던스는

$$ZL = K_a \frac{(K_a - M)\cos\beta\ell + j(Z_a + j\omega C_t K_a^2 - jN)\sin\beta\ell}{(Z_a + j\omega C_t K_a^2 + jN)\cos\beta\ell + j(K_a + M)\sin\beta\ell} \tag{10.28}$$

과 같다. 여기서,

$$K_a = 120(\log\frac{2\ell}{a} - 1)$$

a : 안테나 끝 부분의 반경

$$M(\beta\ell) = \beta\int_0^{\ell} [K_a - K(z,\rho)]\sin 2\beta z dz$$

$$N(\beta\ell) = \beta\int_0^{\ell} [K_a - K(z,\rho)]\cos 2\beta z dz$$

$$R_a(\beta\ell) = 60Cin2\beta\ell + 30(2Cin2\beta\ell - Cin4\beta\ell)\cos\beta\ell + 30(Si4\beta\ell - 2Si2\beta\ell)\sin 2\beta\ell$$

$$X_a(\beta\ell) = 60Si2\beta\ell - 30(Cin4\beta\ell - \log 4)\sin 2\beta\ell - 30Si4\beta\ell\cos 2\beta\ell$$

C_t : Capacitance

(2) 상호결합

접근해 있는 두 안테나는 상호간 전자장의 영향에 의하여 상호결합(Mutual coupling)이 일어나는데, 특히 주파수가 낮을 경우 그 영향이 크기 때문에 시험장감쇠량에는 이것을 고려해야 한다.

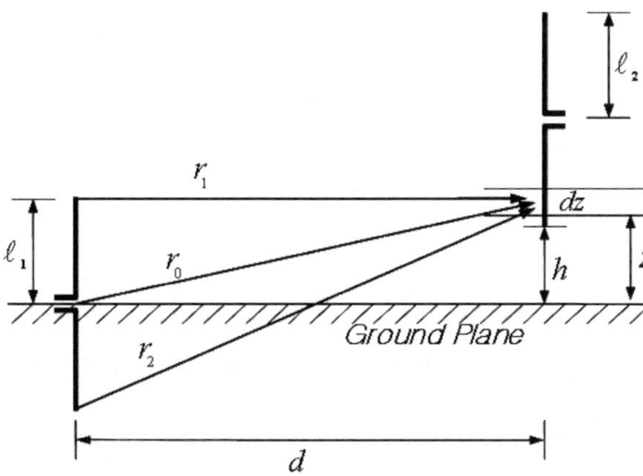

그림 10-4 두 안테나의 상호결합

그림 10-4에서와 같이 두 개의 안테나가 평행할 경우 두 안테나의 상호결합 임피던스는

$$-\frac{V_{21}}{I_1}=Z_{21}=Z_{12}=-\frac{V_{12}}{I_2} \tag{10.29}$$

로 나타낼 수 있어 상호임피던스를 계산하기 위해서는 V_{21}과 I_1이 필요하다. 두 안테나의 반파장 길이가 ℓ_1, ℓ_2이고 거리가 d만큼 평행하게 떨어져 있는 경우에서 안테나 1의 전류 I_1에 의하여 유도된 안테나 2의 개방전압 V_{21}은 가역정리에 의해서

$$V_{21}=\int\frac{1}{I_2}\left(\int_h^{\ell_2+h}E_{z1}I_2(z)dz+\int_{\ell_2+h}^{2\ell_2+h}E_{z1}I_2(z)dz\right)dz \tag{10.30}$$

으로 나타낼 수 있다. 안테나의 전류분포는

$$I_z=I_2\sin\beta z\,dz \tag{10.31}$$

과 같고, 안테나 1의 전류 I_1에 의하여 안테나 2에 유도된 전계 E_{z1}은

$$E_{z1} = 30I_1\left[\frac{-je^{-j\beta r_1}}{r_1} + \frac{-je^{-j\beta r_2}}{r_2} + 2j\cos\beta\ell_1\frac{e^{-j\beta r_0}}{r_o}\right] \tag{10.32}$$

와 같다.

식 (4.1.30), (4.1.31), (4.1.32)를 식 (4.1.29)에 대입하여 정리하면

$$Z_{12} = -30\left[\left\{\int_h^{\ell_2+h}\sin\beta(z-h) + \int_{\ell_2+h}^{2\ell_2+h}\sin\beta(2\ell_2+h-z)\right\}\left(\frac{-je^{-j\beta r_1}}{r_1} + \frac{-je^{-j\beta r_2}}{r_2} + \frac{2j\cos\beta l_1 + e^{-j\beta r}}{r_0}\right)dz\right] \tag{10.33}$$

과 같고 여기서

$$r_o = \sqrt{d^2+z^2}$$

$$r_1 = \sqrt{d^2+(\ell_1-z)^2}$$

$$r_2 = \sqrt{d^2+(\ell_1+z)^2}$$

가역정리에 의하여

$$Z_{21} = R_{21} + jX_{21} = Z_{12} = R_{12} + jX_{12} \tag{10.34}$$

이고, R_{12}와 X_{12}는 다음 식으로 나타낼 수 있다.

$$R_{12} = 15\{\cos\beta(\ell_1-h)(C_i(u_0)+C_i(v_0)-C_i(u_1)-C_i(v_1))$$

$$+\sin\beta(\ell_1-h)(-S_i(u_0)+S_i(v_0)+S_i(u_1)-S_i(v_1))$$

$$+ \cos\beta(\ell_1 + h)(C_i(u_0') + C_i(v_0') - C_i(u_2) - C_i(v_2))$$

$$+ \sin\beta(\ell_1 + h)(-S_i(u_0') + S_i(v_0') + S_i(u_2) - S_i(v_2))$$

$$+ \cos\beta(\ell_1 - 2\ell_2 - h)(-C_i(u_1) - C_i(v_1) + C_i(u_3) + C_i(v_3))$$

$$+ \sin\beta(\ell_1 - 2\ell_2 - h)(S_i(u_1) - S_i(v_1) - S_i(u_3) + S_i(v_3))$$

$$+ \cos\beta(\ell_1 + 2\ell_2 + h)(-C_i(u_2) - C_i(v_2) + C_i(u_4) + C_i(v_4))$$

$$+ \sin\beta(\ell_1 + 2\ell_2 + h)(S_i(u_2) - S_i(v_2) - S_i(u_4) + S_i(v_4))$$

$$+ 2\cos\beta\ell_1\cos\beta h(-C_i(w_1) - C_i(y_1) + C_i(w_2) + C_i(y_2))$$

$$+ 2\cos\beta\ell_1\sin\beta h(S_i(w_1) - S_i(y_1) - S_i(w_2) + S_i(y_2))$$

$$+ 2\cos\beta\ell_1\cos\beta(2\ell_2 + h)(C_i(w_2) + C_i(y_2) - C_i(w_3) - C_i(y_3))$$

$$+ 2\cos\beta\ell_1\sin\beta(2\ell_2 + h)(-S_i(w_2) + S_i(y_2) + S_i(w_3) - S_i(y_3))\} \tag{10.35}$$

$$X_{12} = 15\{\cos\beta(\ell_1 - h)(S_i(u_0) - S_i(v_0) + S_i(u_1) + S_i(v_1))$$

$$+ \sin\beta(\ell_1 - h)(-C_i(u_0) + C_i(v_0) + C_i(u_1) - C_i(v_1))$$

$$+ \cos\beta(\ell_1 + h)(-S_i(u_0') - S_i(v_0') + S_i(u_2) + S_i(v_2))$$

$$+ \sin\beta(\ell_1 + h)(-C_i(u_0') + C_i(v_0') + C_i(u_2) - C_i(v_2))$$

$$+ \cos\beta(\ell_1 - 2\ell_2 - h)(S_i(u_1) + S_i(v_1) - S_i(u_3) - S_i(v_3))$$

$$+ \sin\beta(\ell_1 - 2\ell_2 - h)(C_i(u_1) - C_i(v_1) - C_i(u_3) + C_i(v_3))$$

$$+ \cos\beta(\ell_1 + 2\ell_2 + h)(S_i(u_2) + S_i(v_2) - S_i(u_4) - S_i(v_4))$$

$$+\sin\beta(\ell_1+2\ell_2+h)(C_i(u_2)-C_i(v_2)-C_i(u_4)+C_i(v_4))$$

$$+2\cos\beta\ell_1\cos\beta h(S_i(w_1)+S_i(y_1)-S_i(w_2)-S_i(y_2))$$

$$+2\cos\beta\ell_1\sin\beta h(C_i(w_1)-C_i(y_1)-C_i(w_2)+C_i(y_2))$$

$$+2\cos\beta\ell_1\cos\beta(2\ell_2+h)(-S_i(w_2)-S_i(y_2)+S_i(w_3)+S_i(y_3))$$

$$+2\cos\beta\ell_1\sin\beta(2\ell_2+h)(-C_i(w_2)+C_i(y_2)+C_i(w_3)-C_i(y_3)))\} \quad (10.36)$$

여기서,

$$u_o=\beta\left(\sqrt{d^2+(h-\ell_1)^2}+(h-\ell_1)\right)$$

$$v_o=\beta\left(\sqrt{d^2+(h-\ell_1)^2}-(h-\ell_1)\right)$$

$$u_o'=\beta\left(\sqrt{d^2+(h+\ell_1)^2}-(h+\ell_1)\right)$$

$$v_o'=\beta\left(\sqrt{d^2+(h+\ell_1)^2}+(h+\ell_1)\right)$$

$$u_1=\beta\left(\sqrt{d^2+(h-\ell_1+\ell_2)^2}+(h-\ell_1+\ell_2)\right)$$

$$v_1=\beta\left(\sqrt{d^2+(h-\ell_1+\ell_2)^2}-(h-\ell_1+\ell_2)\right)$$

$$u_2=\beta\left(\sqrt{d^2+(h+\ell_1+\ell_2)^2}-(h+\ell_1+\ell_2)\right)$$

$$v_2=\beta\left(\sqrt{d^2+(h+\ell_1+\ell_2)^2}+(h+\ell_1+\ell_2)\right)$$

$$u_3=\beta\left(\sqrt{d^2+(h-\ell_1+\ell_2)^2}+(h-\ell_1+\ell_2)\right)$$

$$v_3=\beta\left(\sqrt{d^2+(h-\ell_1+\ell_2)^2}-(h-\ell_1+\ell_2)\right)$$

$$u_4=\beta\left(\sqrt{d^2+(h+\ell_1+\ell_2)^2}-(h+\ell_1+\ell_2)\right)$$

$$v_4 = \beta\left(\sqrt{d^2 + (h + \ell_1 + \ell_2)^2} + (h + \ell_1 + \ell_2)\right)$$

$$w_1 = \beta(\sqrt{d^2 + h^2} - h)$$

$$y_1 = \beta(\sqrt{d^2 + h^2} + h)$$

$$w_2 = \beta\left(\sqrt{d^2 + (h + \ell_2)^2} - (h + \ell_2)\right)$$

$$y_2 = \beta\left(\sqrt{d^2 + (h + \ell_2)^2} + (h + \ell_2)\right)$$

$$w_3 = \beta\left(\sqrt{d^2 + (h + 2\ell_2)^2} - (h + 2\ell_2)\right)$$

$$y_3 = \beta\left(\sqrt{d^2 + (h + 2\ell_2)^2} + (h + 2\ell_2)\right)$$

자체임피던스 $Z_s = R_s + jX_s$ 이고, 상호임피던스 $Z_m = R_m + jX_m$ 인 다이폴 안테나의 안테나 인자는

$$AF = \frac{50 + Z_s + Z_m}{50h} \tag{10.37}$$

로 나타낼 수 있다. 고립된 안테나 인자는

$$AF_o = \frac{50 + Z_s}{50h} \tag{10.38}$$

$$\Delta AF = \frac{AF}{AF_o} = \frac{50 + Z_s + Z_m}{50 + Z_s} \tag{10.39}$$

이다. 이것을 dB로 바꾸면

$$\Delta AF(dB) = 10\log\left[\frac{(50 + R_s + R_m)^2(X_s + X_m)^2}{(50 + R_s)^2 + X_s^2}\right] \tag{10.40}$$

따라서 식 (10.40)에 의하여 안테나 인자를 수정할 수 있다.

10-2 하이트 패턴과 시험장 감쇠량

10.2.1 야외시험장에 대한 하이트 패턴

전파암실에서 송신안테나의 높이를 고정하고 수신안테나의 높이를 1~4 m 사이의 범위에서 변화시켰을 때 수신안테나는 송신안테나로부터의 직접파와 벽면으로부터의 반사파가 합성되어 수신된다. 이렇게 송신안테나 높이를 일정하게 고정하고 수신안테나의 높이를 1~4 m의 범위에서 변화를 주었을 때 수신안테나 높이에 따른 전계강도 패턴을 하이드 패틴(Height pattern)이라 한다.

송·수신안테나 사이의 거리를 3 m에 두고 수평편파이고 주파수가 200 MHz와 500 MHz일 때 오픈사이트와 전파암실에서의 하이트 패턴을 그림 10-5에 나타내었다. 그림 10-5(a)에서 주파수가 200 MHz 일 때 오픈 사이트와 전파암실의 하이트 패턴의 차이가 가장 크게 나타난 수신안테나의 높이는 1.4 m로 오픈 사이트의 감쇠량이 33.3 dB, 전파암실의 감쇠량이 29.4 dB로 그 차이는 3.9 dB이었고, 차이가 가장 작게 나타난 수신안테나의 높이는 3.1 m로 오픈 사이트의 감쇠량은 25.4 dB 전파암실의 감쇠량은 25.4 dB로 차이가 없이 일치하였다. 또 그림 10.5(b)에서 500 MHz일 때 오픈 사이트와 전파암실과의 하이트 패턴의 차이가 가장 크게 나타난 수신안테나의 높이는 1.1 m로 하이트 패턴은 각각 41.96 dB와 35.48 dB로 그 차이는 6.49 dB이었고, 하이트 패턴의 차이가 가장 작은 수신안테나의 높이는 3.05 m로 오픈 사이트의 하이트 패턴은 28.39 dB, 전파암실의 하이트 패턴은 28.5 dB로 그 차이는 0.11 dB이었다.

또 수직편파일 때의 하이트 패턴을 그림 10-6에 나타내었다. 그림 10-6(a)에서 주파수가 200 MHz일 때 오픈 사이트와 전파암실의 하이트 패턴의 차이가 가장 크게 나타난 수신안테나의 높이는 3.9 m로 이 높이에서는 오픈 사이트의 감쇠량은 29.46 dB이었고 전파암실의 감쇠량은 25.78 dB로 그 차이는 3.68 dB이였으며, 하이트 패턴의 차이가 가장 작게 나타난 수신안테나의 높이는 2.70 m로 오픈 사이트와 전파 암실에서 감쇠량은 각각 23.57 dB와 23.61 dB로 그 차이는 0.04 dB에 불과하였다.

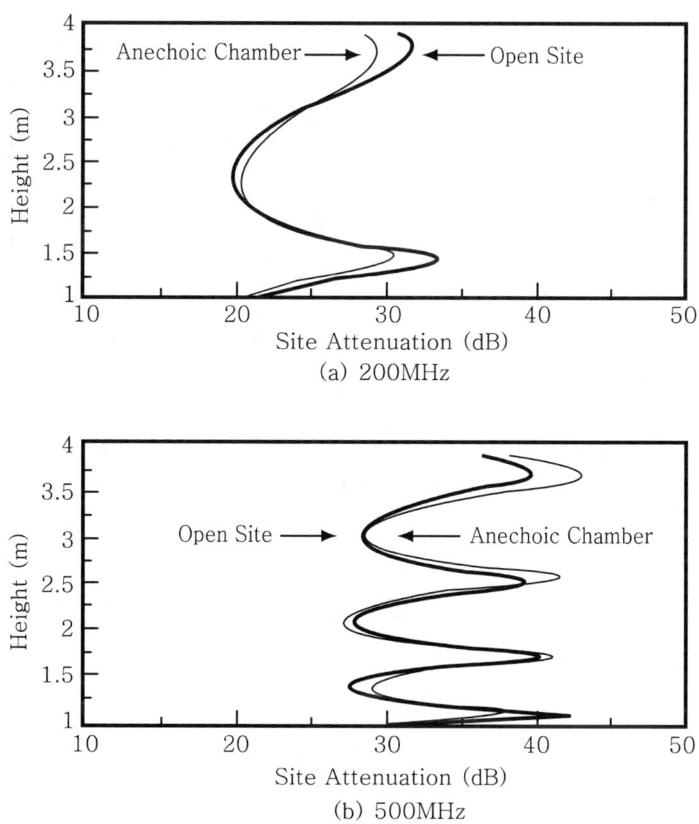

그림 10-5 수평편파에 대한 하이트 패턴

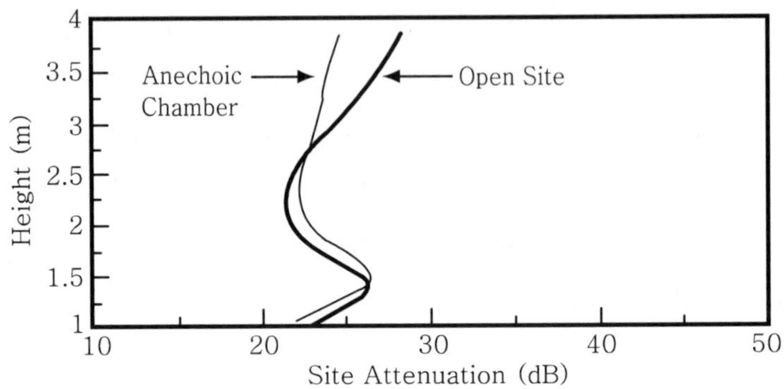

(a) 200MHz

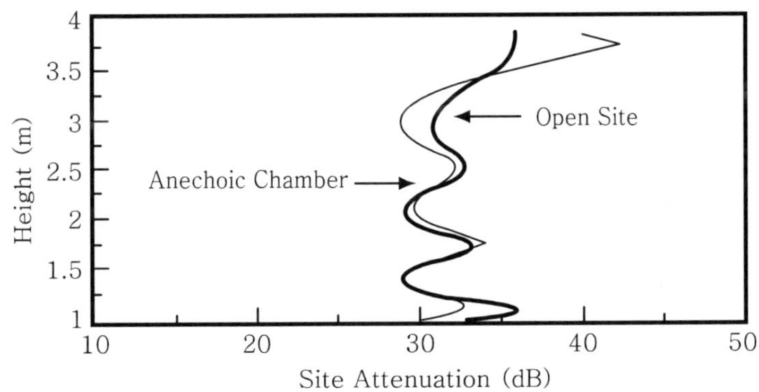

(b) 500MHz

그림 10-6 수직편파에 대한 하이트 패턴

또 그림 10-6(b)에서 500 MHz일 경우 수신안테나의 높이가 3.8 m일 때 오픈 사이트의 감쇠량은 37.0 dB이었다. 전파암실의 감쇠량은 43.61 dB로 그 차이는 6.61 dB로 하이트 패턴의 차이가 가장 컸으며, 수신안테나 높이가 2.30 m일 때 오픈 사이트의 하이트 패턴은 31.27 dB, 전파암실의 하이트 패턴은 31.24 dB로 그 차이는 0.03 dB에 불과했다.

그림 10-5와 그림 10-6에서 수신안테나의 높이에 따른 하이트 패턴

의 변화하는 모양은 오픈 사이트의 경우 그 변화하는 모양이 완만한 곡선을 이루고 있는데 비하여, 전파암실의 경우 부분적으로 찌그러지고 예리하게 변하고 있다. 이와 같이 오픈 사이트의 경우 주위가 개방되어 반사파의 영향을 받지 않으나 전파암실의 경우 벽면과 천장으로부터의 반사파가 완전히 흡수되지 못하여 그 영향을 받고 있기 때문이다.

10.2.2 시험장감쇠량

(1) 타일형 및 그리드형 전파흡수체의 수평편파 특성

전파반무향실에 타일형과 그리드형의 전파흡수체를 각각 사용했을 경우의 시험장감쇠량과 오픈 사이트에 있어서 시험장감쇠량을 시뮬레이션을 한 결과를 각각 그림 10-7과 그림 10-8에 나타내었다.

그림 10-7에서 30 MHz에서부터 100 MHz까지 오픈 사이트와 타일형 전파반무향실에 있어서 감쇠량 차이의 평균치는 0.96 dB로 30 MHz부터 1,000 MHz까지 감쇠량 차이의 평균치 1.76 dB의 약 절반 정도로 그 차이가 작게 나타났다. 또 30 MHz부터 700 MHz까지 오픈 사이트와 전파반무향실에서 시험장감쇠량의 차이는 모두 ±3 dB 이내의 범위이었으나 765 MHz부터 그 차이가 ±3 dB의 범위를 벗어나기 시작하였다.

한편 그리드형의 경우를 나타낸 그림 10-8에서 30 MHz부터 100 MHz까지 이들 차이의 평균치는 1.54 dB로 30 MHz부터 1,000 MHz까지 전체 평균치인 1.23 dB보다 0.31 dB 높게 나타났다. 30 MHz부터 1,000 MHz 까지 전 주파수의 범위에 걸쳐서 오픈 사이트와 전파반무향실에서 시험장감쇠량의 차이는 모두 ±3 dB 이내의 범위에 있었다. 또 100 MHz 이하의 낮은 주파수에서는 타일형의 전파흡수체를 사용한 전파반무향실에서 감쇠량이 오픈 사이트에 있어서 시험장감쇠량에 가까웠으나 그 사용 상한 주파수의 범위는 대략 760 MHz 정도이었다.

이와 같이 타일형의 경우 사용 가능 상한 주파수 대역이 그리드형에 비하여 좁은 것은 전파흡수체로서 성능을 발휘할 수 있는 -20 dB의 반사감쇠량을 가지는 상한 주파수가 370 MHz로 그리드형에 비하여 좁기 때문이다.

따라서 100 MHz 이하의 낮은 주파수에서는 그리드형의 전파흡수체보다 타일형의 전파흡수체가 성능이 좋았으나 그 사용 상한 주파수의 범위는 대략 760 MHz 정도이었고, 그 이상의 주파수에서는 타일형의 전파흡수체의 사용은 부적절함을 알 수 있다.

(2) 타일형 및 그리드형 전파흡수체의 수직편파 특성

수직편파를 사용할 때의 특성 그래프를 위와 같은 방법으로 계산하면 타일형은 그림 10-9에 그리드형은 그림 10-10에 나타내었다. 그림 10-9에서 주파수가 30 MHz에서 부터 100 MHz까지 전파반무향실과 오픈사이트에서 시험장감쇠량의 차이의 평균치는 1.07 dB로, 30 MHz부터 1,000 MHz까지 오픈 사이트와 전파반무향실에서 시험장감쇠량 차이의 평균치 2.25 dB보다 1.18 dB 작게 나타났다.

그러나 같은 주파수의 범위에서 그리드형을 사용했을 경우 그 차이의 평균치는 1.35 dB로 100 MHz 이하의 낮은 주파수에서는 타일형을 사용하는 것이 오픈 사이트에 있어서의 시험장감쇠량에 가깝다는 것을 알 수 있다. 또 100 MHz부터 500 MHz까지 오픈 사이트와 전파반무향실에서 시험장감쇠량의 차이가 모두 ±3 dB 이내의 범위에 있었으나, 510 MHz부터 그 차이가 ±3 dB를 벗어나고 있어서 타일형의 경우 사용할 수 있는 주파수의 범위는 대략 500 MHz 정도 이었다.

그리드형의 경우를 나타낸 그림 10-10에서 30 MHz부터 1,000 MHz

까지 오픈 사이트에 있어서의 시험장감쇠량과 전파반무향실에서 감쇠량과의 차이는 모두 ±3 dB 이내의 범위에 있었다. 한편, 전 주파수의 범위에 걸쳐서 전파반무향실과 오픈 사이트에 있어서 감쇠량의 차이는 평균 1.48 dB이었으나, 830 MHz부터 1000 MHz사이에 있어서 감쇠량 차이의 평균치는 2.29 dB로 전체 평균치 보다도 0.8 dB 높았다. 따라서 전파반무향실에서 타일형의 사용 가능한 주파수의 대역은 500 MHz 정도까지이며, 그리드형의 경우에는 1,000 MHz까지 사용 가능하나 더욱 좋은 성능의 전파반무향실을 만들려면 1,000 MHz 이상의 높은 주파수에서는 그리드형 전파흡수체보다 광대역특성을 가지는 전파흡수체를 사용해야 함을 알 수 있다.

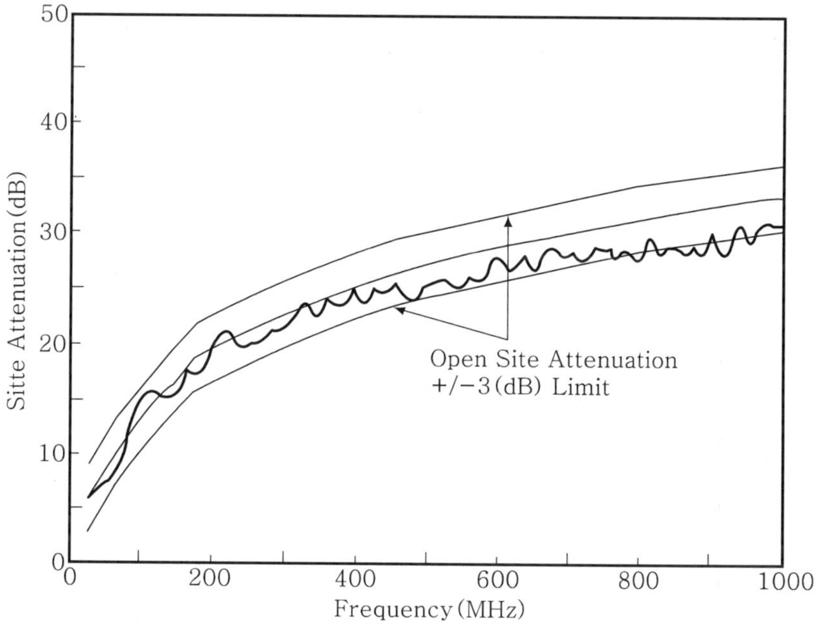

그림 10-7 타일형의 전파반무향실 수평편파의 시험감쇠량

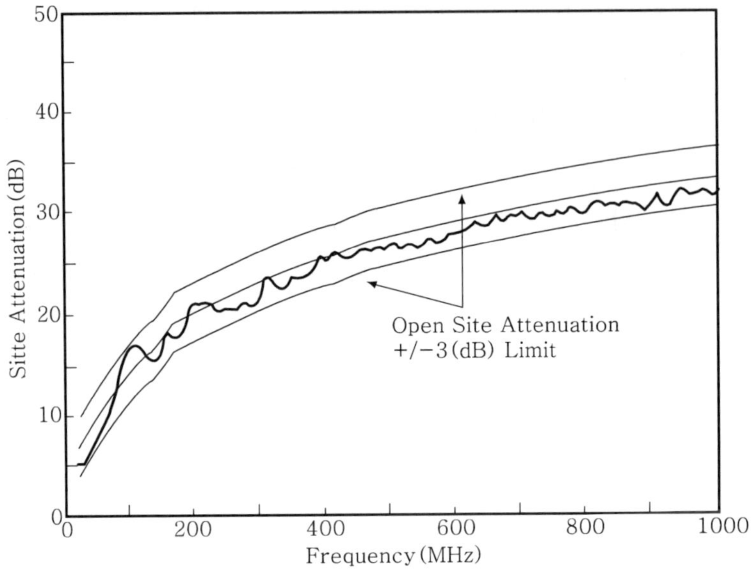

그림 10-8 그리드형 페라이트의 전파반무향실 수평편파의 시험감쇠량

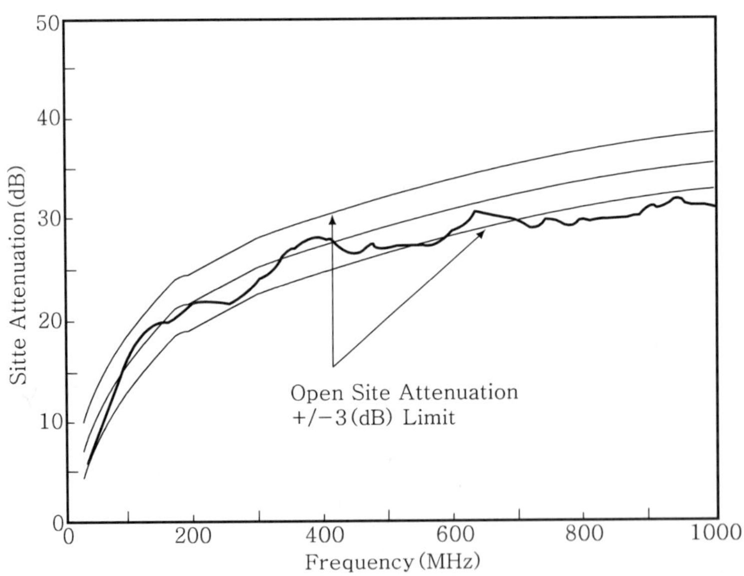

그림 10-9 타일형 페라이트의 전파반무향실 수직편파 시험감쇠량

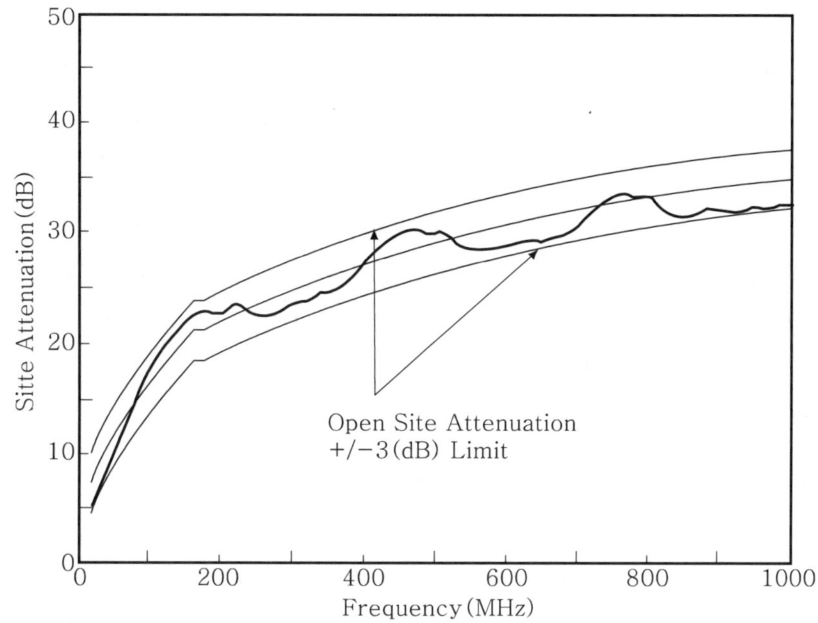

그림 10-10 그리드형 페라이트의 전파반무향실 수직편파 시험감쇠량

10.2.3 시험장감쇠량의 계산치와 실측치의 비교

(1) 수평편파에 대한 계산치와 실측치의 시험장 감쇠량 비교

전파반무향실에 그리드형의 전파흡수체를 사용했을 경우 계산에 의한 시험장감쇠량과 실제로 그리드형의 전파흡수체를 사용하여 만든 전파반무향실의 시험장감쇠량의 실측치를 그림 10-11에 나타내었다.

그림 10-11에서 주파수 30 MHz에서 50 MHz까지 수평편파에 대한 시험장감쇠량의 계산치와 실측치의 차이는 5 MHz 간격으로 각각 6.7, 6.8, 6.5, 5.7, 4.7 dB로, 50 MHz 이하의 주파수에서는 계산치와 실측치

의 차이가 모두 ±3 dB 의 범위를 벗어났다. 60 MHz부터 100 MHz까지 10 MHz 간격으로 전파반무향실에서 시험장감쇠량의 계산치와 실측치의 차이는 각각 3.4, 1.8, 0.5, 2.0, 3.4 dB로 60 MHz와 100 MHz에서도 계산치와 실측치의 차이가 ±3 dB의 범위를 벗어났다.

또 125 MHz부터 1,000 MHz까지 실측치와 계산치의 차이는 모두 ±3 dB의 범위를 만족하고 있다. 이와 같이 100 MHz 이하에서 시험장감쇠량의 계산치와 실측치의 차이가 ±3 dB의 범의를 벗어나 큰 차이를 보인 것은 주파수가 낮을 경우 파장에 비하여 전파반무향실의 크기가 작아서 충분한 감쇠가 이루어지지 않고 반사파의 영향이 크게 작용하며 안테나 사이의 결합을 고려하지 않았기 때문이다.

(2) 수직편파에 대한 계산치와 실측치의 시험장 감쇠량 비교

전파반무향실에서 그리드형의 전파흡수체를 사용했을때 주파수 변화에 따르는 수직편파에 대한 시험장감쇠량을 계산한 결과와 실제로 그리드형의 전파흡수체를 사용하여 만든 전파반무향실에서 시험장감쇠량을 측정하여 얻은 결과를 그림 10-12에 나타내었다.

그림 10-12에서 100 MHz에서 1,000 MHz까지 계산치와 실측치와의 차이는 1,000 MHz를 제외한 전 주파수 범위에서 계산치와 실측치의 차이가 ±3 dB 이내에 있었으나 30 MHz부터 90 MHz에서 계산치와 실측치의 차이는 모두 ±3 dB의 범위를 벗어났다.

이처럼 수평편파에서와 마찬가지로 수직편파의 경우도 100 MHz 이하의 전주파수에 걸쳐서 계산치와 실측치의 차이가 모두 ±3 dB의 범위를 벗어나고 있는 것은 송·수신 안테나 사이의 상호결합을 고려하지 않았기 때문이다.

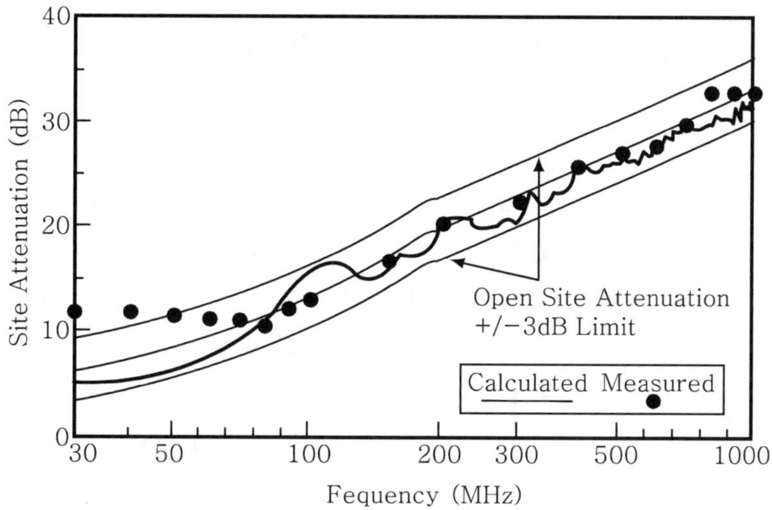

그림 10-11 수평편파의 계산치와 실측치 시험장 감쇠량 비교
(그리드형 흡수체를 사용한 전파반무향실)

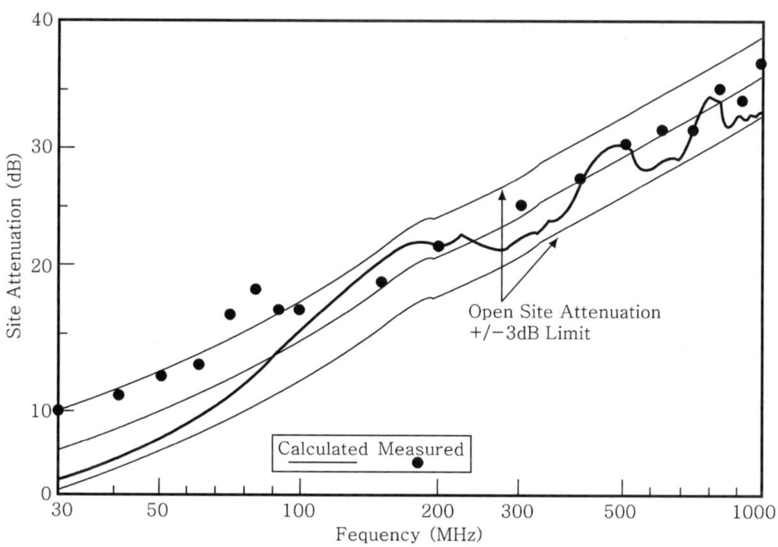

그림 10-12 수직편파의 계산치와 실측치 시험장감쇠량 비교
(그리드형 흡수체를 사용한 전파반무향실)

10.2.4 상호결합을 고려한 시험장감쇠량

(1) 상호결합을 고려한 수평편파의 시험장 감쇠량 비교

두 안테나 사이의 상호결합이 다른 주파수대의 경우에 비하여 비교적 크게 작용하는 150 MHz 이하의 낮은 주파수의 범위에서 수평편파에 대한 시험장감쇠량의 계산치와 실측치, 그리고 송・수신 안테나 사이의 상호결합효과를 10.1.6항에서 기술한 방법으로 고려했을 경우에 대한 계산 결과를 그림 10-13에 나타내었다. 그림 10-11에서 안테나 사이의 상호결합을 고려하지 않았을 경우 30 MHz부터 100 MHz까지 전파반무향실에서 시험장감쇠량의 계산치와 실측치의 차이는 모두 ±3 dB의 범위를 벗어났다. 그러나 안테나 사이의 상호결합을 고려했을 경우에는 계산치와 실측치의 차이가 모두 ±3 dB 이내에 있었다.

따라서 전파반무향실에서 100 MHz 이하의 낮은 주파수대역의 시험장감쇠량을 계산할 때 상호결합효과를 고려함으로써 실측치에 가까운 이론 치를 구할 수 있다.

(2) 상호결합을 고려한 수직편파의 시험장 감쇠량 비교

전파반무향실에서 송・수신 안테나 사이의 상호결합 효과를 고려하지 않았을 경우와 고려했을 경우 시험장감쇠량을 계산한 결과와 실제로 그리드형 전파흡수체를 사용하여 만든 전파반무향실에서 수직편파에 대한 시험장감쇠량을 측정하여 구한 실측치를 그림 10-14에 나타내었다. 그림 10-14에서 알 수 있는 바와 같이 30 MHz부터 95 MHz에서 안테나간의 상호결합을 고려하지 않은 경우의 계산치와 실측치와의 차이는 모두 ±3 dB의 범위를 벗어났다.

또한 100 MHz부터 150 MHz까지에서 25 MHz 간격으로 상호결합을 고려한 경우의 시험장감쇠량의 계산치는 16.7, 19.7, 21.7 dB이고 실측치는 18.5, 19.8, 20.5 dB이지만, 계산치와 실측치의 차이는 각각 1.8, 0.1, 1.2 dB이지만, 안테나 사이의 상호결합을 고려하지 않았을 경우 30 MHz부터 90 MHz까지 계산치와 실측치의 차이가 모두 ±3 dB의 범위를 벗어났다. 그리고 안테나 사이의 상호결합을 고려했을 경우 30 MHz부터 60 MHz까지 계산치와 실측치와의 차이는 모두 ±3 dB 이내의 범위에 있었다.

따라서 전파반무향실에서 100 MHz 이하의 주파수에서 시험장 감쇠량을 계산할 때 수평편파의 경우와 마찬가지로 수직편파의 경우도 상호결합효과를 고려함으로써 실측치에 가까운 계산치를 구할 수 있음을 알 수 있다.

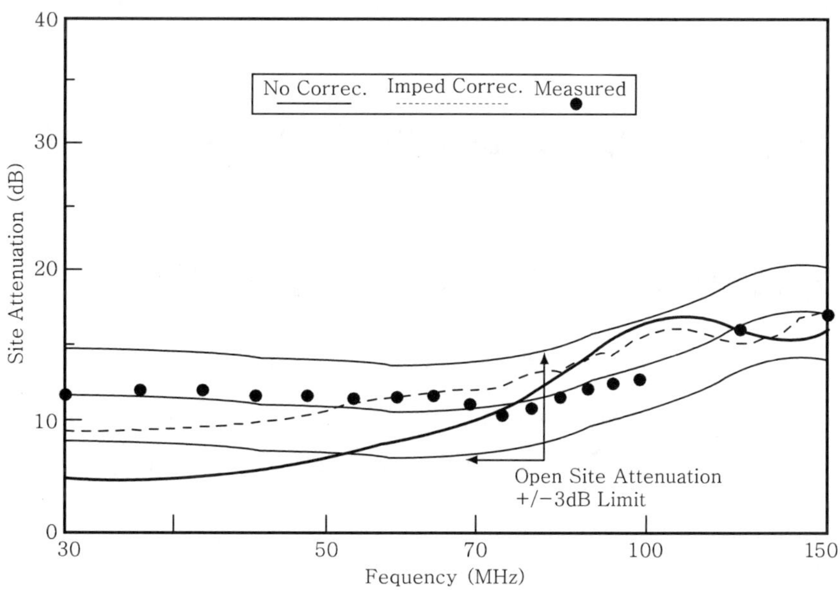

그림 10-13 상호결합을 고려한 수평편파의 시험장감쇠량 비교 (그리드형 흡수체를 사용한 전파반무향실)

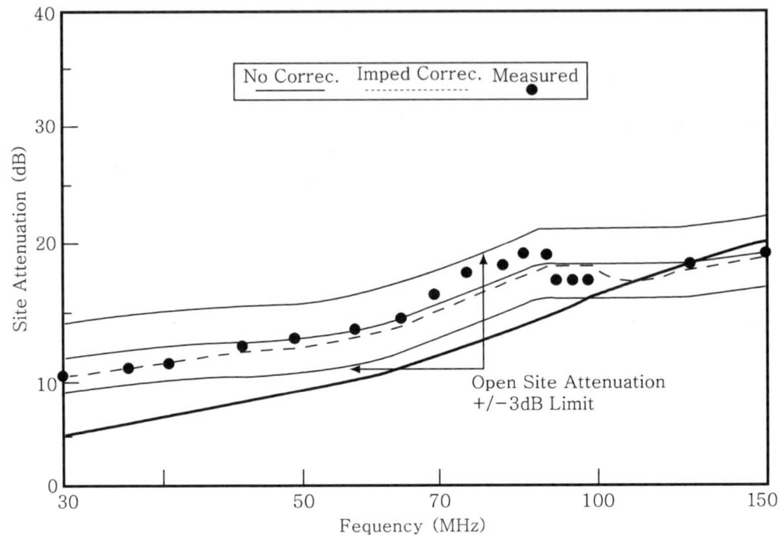

그림 10-14 상호결합을 고려한 수직편파의 시험장감쇠량 비교 (그리드형 흡수체를 사용한 전파반무향실)

10-3 십자돌기형 페라이트 전파흡수체의 전파반무향실 특성

10.3.1 십자돌기형 페라이트 전파흡수체 특성

그림 10-5(a)에 나타낸 십자돌기형 페라이트 전파흡수체 흡수특성을 그림 10-15(b)에 나타내며, 그 제원은 표 10-1과 같다. 타일형과 그리드형에 비해 주파수 흡수대역이 4 GHz까지 확장되었음을 볼 수 있다. 이는 기존의 규격인 30 MHz~1 GHz의 흡수대역을 잘 만족하면서도 두께가 16.4 mm로 매우 작은 부피를 차지한다.

이와 같은 특성을 가지는 십자돌기형 전파흡수체를 전파암실에 적용하여 시험장감쇠량을 구해 보자.

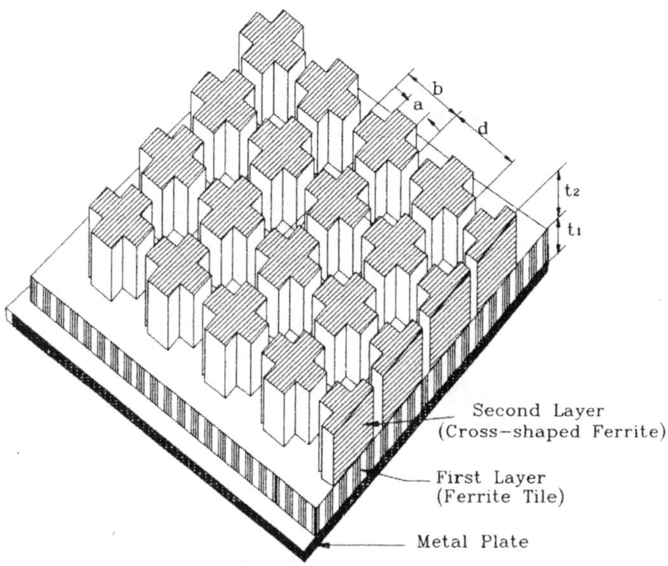

그림 10-15(a) 십자돌기형 페라이트 전파흡수체

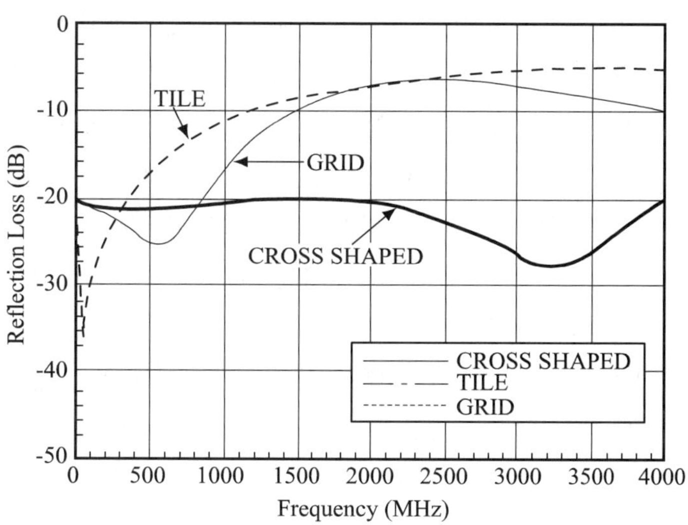

그림 10-15(b) 십자돌기형 전파흡수체의 흡수특성

표 10-1 십자돌기형 페라이트 전파흡수체 제원

재료정수 파라메터	칫 수					20 dB 흡수대역폭
	t_1	t_2	a	b	d	
ε_r = 14.0 K = 2,500 f_m = 2.5 MHz	6.4	10.0	14.8	15.2	20	30～3,990 MHz

10.3.2 시험장감쇠량

(1) 수평편파

전파암실에 바닥에는 금속판을 깔고 벽면과 천정에 십자돌기형 전파흡수체를 부착하여 전파반무향실을 만들었을 경우 수평편파에 대한 전파암실에서의 시험장감쇠량을 오픈 사이트에 있어서의 감쇠량과 함께 그림 10-16에 나타내었다. 또한, 그림 10-16에서의 수평편파에 대한 30 MHz～100 MHz 대역에서의 시험장감쇠량을 표로 정리하면 표 10-2와 같다.

표 10-2에서 30 MHz～100 MHz 사이의 사이트 감쇠량차의 평균치는 0.74 dB로 30 MHz부터 3,000 MHz까지 전 주파수의 범위에 걸쳐서 오픈 사이트와 전파암실에서 감쇠량 차이의 평균치 0.84 dB보다 0.10 dB 정도 큰 것을 알 수 있다. 100 MHz 이하의 주파수대에서는 타일형이나 그리드형과 같이 오픈 사이트와의 감쇠량 차이가 크게 나타났다. 또 타일형의 경우 주파수가 760 MHz일 때 감쇠량은 27.95 dB이었고 이 때 오픈 사이트의 감쇠량은 31.36 dB로 ±3 dB의 범위를 벗어났으며, 그리드형의 경우 주파수가 1,050 MHz일 때 오픈 사이트와 전파암실의 감쇠량 차이가 ±3 dB의 범위를 벗어나서 수평편파일 경우 타일형과 그리드형의 상한주파수는 각각 760 MHz와 1,050 MHz정도인데

비해 십자돌기형의 경우 상한 주파수는 3,000 MHz로 대역폭이 상당히 높아짐은 물론 주파수가 높을수록 오픈 사이트와의 차이가 타일형이나 그리드형에 비하여 작아짐을 알 수 있다.

(2) 수직편파

수직편파의 경우 오픈 사이트와 전파암실에서 감쇠량을 주파수별로 나타낸 것이 그림 10-17이다. 그림 10-17에서 30 MHz로부터 100 MHz까지 10 MHz 간격으로 오픈 사이트 및 전파암실의 수직편파에 대한 감쇠량은 각각 표 10-3과 같다.

표 10-3에서 30 MHz～100 MHz 사이의 사이트 감쇠량차의 평균치는 1.31 dB로 30 MHz부터 3,000 MHz 까지 오픈 사이트와 전파암실에서 감쇠량 차이의 평균치인 1.10 dB 보다 0.21 dB 정도 큰 것을 알 수 있다. 또 타일형의 경우 주파수가 530 MHz일 때 감쇠량은 27.95 dB이었고 이 때 오픈 사이트의 감쇠량은 31.36 dB로 ±3 dB의 범위를 벗어났다. 그리드형의 경우 주파수가 1,185 MHz일 때 오픈 사이트와 전파암실의 감쇠량 차이가 ±3 dB의 범위를 벗어나서 수직편파일 경우 타일형과 그리드형의 상한주파수는 각각 530 MHz와 1,100 MHz정도인데 비해 십자돌기형의 경우 상한 주파수는 수평편파의 경우와 같이 3,000 MHz로 대역폭이 상당히 높아짐은 물론 주파수가 높을수록 타일형이나 그리드형에 비하여 오픈 사이트와의 차이가 작아짐을 알 수 있다.

따라서 전파암실에서 전파흡수체의 종류에 상관없이 수직편파는 수직편파보다도 오픈 사이트와의 감쇠량 변화가 크게 나타남을 알 수 있다. 이것은 안테나가 수직방향으로 설치되고 수신안테나와 연결된 동축선을 비롯한 여러가지 전파장해물과 안테나의 상호결합 현상이 수직편파의 경우보다도 크게 작용하기 때문이다.

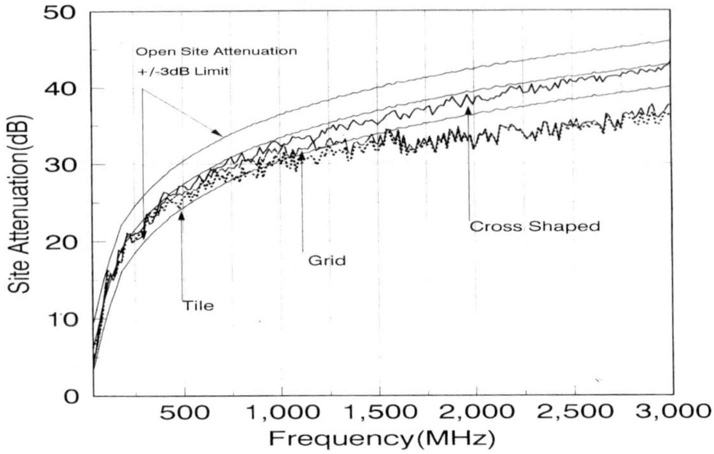

그림 10-16 타일형·그리드형·십자돌기형 페라이트 전파흡수체의 수평편파 시험장감쇠량

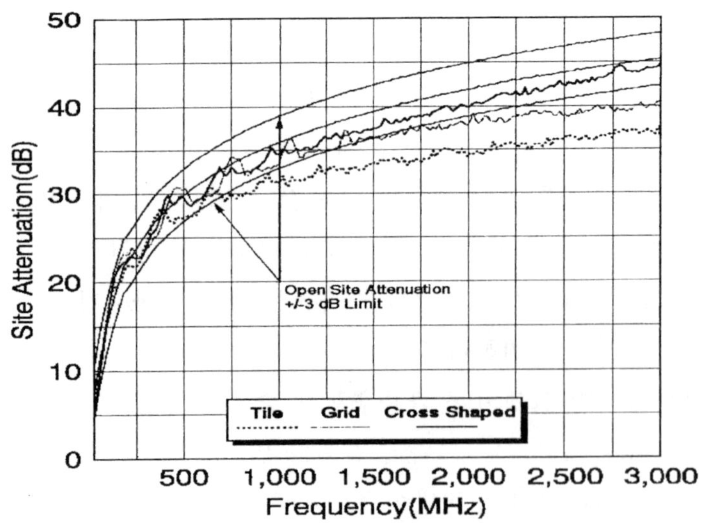

그림 10-17 타일형·그리드형·십자돌기형 페라이트 전파흡수체의 수직편파 시험장감쇠량

표 10-2 수평편파의 오픈 사이트와 십자돌기형 전파흡수체를 사용한 전파반무향실의 시험장감쇠량 차이

주파수 [MHz]	오픈 사이트 [dB]	전파암실 [dB]	감쇠량차 [dB]
30	6.16	4.04	2.13
40	7.22	5.02	2.21
50	8.32	6.90	1.42
60	9.44	9.11	0.34
70	10.52	10.57	0.04
80	10.54	11.72	0.17
90	12.49	12.94	0.45
100	13.36	11.06	0.7

표 10-3 수직편파의 오픈 사이트와 십자돌기형 전파흡수체를 사용한 전파반무향실의 시험장감쇠량 차이

주파수 [MHz]	오픈 사이트 [dB]	전파암실 [dB]	감쇠량차 [dB]
30	7.46	4.85	2.61
40	9.23	6.88	2.35
50	10.59	8.80	1.89
60	11.77	10.42	1.35
70	12.87	12.05	0.82
80	13.92	13.63	1.28
90	11.91	15.21	0.30
100	15.84	16.75	0.91

참고문헌

1. 김동일, 전상엽, "EMI/EMC 대책용 광대역화 전파흡수체의 개발에 관한 연구," 한국항해학회지, 제15권 제4호, pp.13-26, 1991. 12.
2. 김동일, 김민석, "전파반무향실의 특성평가에 관한연구-수평편파를 중심으로-," 한국항해학회지, 제19권 제1호, pp.9-16, 1995. 2.
3. 김동일, 정세모, 김민석, "전파반무향실의 특성평가에 관한연구-수직편파를 중심으로-," 한국항해학회지, 제20권 제3호, pp.107-116, 1996. 9.
4. 內藤 喜之, 電波吸收体, オーム社, pp.117-120, 1987.
5. 清水康庚, 西村公佐, "電波暗室特成とシミユレーションヨン計算の比交," EMCJ 87-4, 電子情報通信學會技術硏究報告書, pp.22-28, 1987.
6. 澤田章外, "電波無響室/半無響室 Simulation System 開發および檢討," EMCJ 89-4 of Japan, pp.21-28, 1989.
7. W. Scottbenn Eitt, "Comments on Calculation of Site Attenuation from Antenna Factors," IEEE Trans. on EMC, Vol.EMC-2S, No.2, pp.121-124, May 1983.
8. A. A. Smith, "Standard Site Method of Determining Antenna Factors," IEEE Trans., EMC-24, 3, pp.316-322, Aug. 1982.
9. Akira Ishimaru, "Electromagnetic Wave Propagation, Radiation, and Scattering," Prentice Hall, England Cliffs, New Jersey, pp.448-458, 1991.
10. R. G. FitzGerrell, "Site Attenuation," NBS Technical Note 1089, U.S Dept. of Commerce, pp.1-43, 1985.
11. A. A. Smith, "Calculation of Site Attenuation from Antenna Factors," IEEE Trans. EMC-24, 3, pp.301-316, Aug. 1982.
12. J. David Gavenda, "Near-Field Corrections to Site Attenuation," IEEE Trans. on EMC, Vol.36, No.3, pp.213-220, Aug. 1994.

13. Yoshiyuki Naito, Tetsuya Mizumoto, Hiroki Anzai, Michiharu Takahashi, "Anechoic Chamber Fitted with Ferrite Grid or Ferrite Multi-Layer Electromagnetic Wave Absorbers," Int'l Symposium on EMC, pp.239-234, Sep. 13-16, 1994.
14. "Measured Technical Data Exhibiting Anechoic Chamber Lined by 'TOYO' FFG-1000 Ferrite Grid Absorber," Toyo Corporation, Japan, 1991.
15. David M. Pozar, Microwave Engineering, Addison-Wesley Publishing Co, pp.38-53, 1990.

Appendix

부 록

부록 1 뉴튼법과 뉴튼-래프슨법

공학문제에서 비선형 방정식의 근을 구해야 할 경우가 자주 있다. 다음과 같은 2차방정식은 근의 공식을 이용하여 간단히 풀 수 있다.

$$f(x) = 2.8x^2 - 42x + 93 = 0$$

그러나, 고차다항식

$$f(x) = 38^8 + 3x^5 + 2x^2 - 9 = 0$$

이나 초월방정식

$$f(x) = x^2 e^x + \sin x + 18 + \log(x) = 0$$

과 같은 방정식의 해는 직접 공식에 대입하여 구할 수 없다.

일반적으로 5차 이상의 다항식에 대해서는 근의 공식이 존재하지 않는다는 것이 1830 년대 Galios에 의해 증명되었다. 그런데, 3차방정식이나 4차방정식은 근의 공식이 있기는 하지만 이용하기가 번거롭다.

여기서는 직접 공식을 이용해서 해를 구할 수 없는 방정식의 근을 수치해법으로 구하는 방법중 뉴튼법(Newton's Method)와 뉴튼-래프슨법(Newton-Raphson's Method)에 관하여 간단히 기술한다.

(1) 뉴튼법(Newton's Method)

그림 A.1-1을 참고하여 뉴튼의 반복식을 유도할 수 있다. 즉, 점 $(x_1,\ f(x_1))$에서 접선을 그어 그 접선이 x축과 만나는 점을 x_2 라

하면, 빗금친 삼각형에서

$$\tan\ \theta = f'(x_1) = \frac{f(x_1)}{x_2 - x_1}$$

이 되는데, 이 식을 정리하면

$$x_2 = x_1 - \frac{f(x_1)}{f'(x_1)} \tag{A.1-1}$$

이 얻어진다.

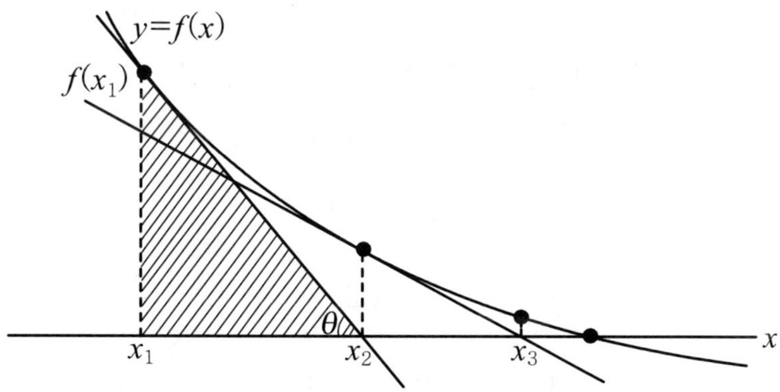

그림 A.1-1 뉴튼의 방법

다시 점 $(x_2,\ f(x_2))$에서 접선을 그어 x축과 만나는 점을 x_3로 하고, 다시 점 $(x_3,\ f(x_3))$에서 접선을 그어 x_4를 구하고, 이것을 x_5, x_6, … 등과 같이 반복해서 해를 구하는 방법을 뉴튼법(Newton's Method)이라 한다.

[예제 A.1-1] 24의 제곱근을 뉴튼법의 방법으로 시점을 24로 하여 계산하여라.

풀이 $\sqrt{24}$의 값을 x라고 하면

$$x^2 - 24 = 0$$

을 풀면 된다.

$$f(x) = x^2 - 24 = 0$$

$$(x) = 2x$$

이므로, 이 식을 Newton 의 반복식 (A.1-1)에 대입하면

$$x_2 = x_1 - \frac{x_1^2 - 24}{2x_1} = \frac{1}{2}(x_1 + \frac{24}{x_1})$$

이다. 따라서, 시작점으로 $x_1 = 24$를 대입하여 그 결과를 계속 반복적으로 대입하면

$$x_2 = \frac{1}{2}\left(24 + \frac{24}{24}\right) = 12.5$$

$$x_3 = \frac{1}{2}\left(x_2 + \frac{24}{x_2}\right) = \frac{1}{2}\left(12.5 + \frac{24}{12.5}\right) = 7.21$$

$$x_4 = \frac{1}{2}\left(x_3 + \frac{24}{x_3}\right) = \frac{1}{2}\left(7.21 + \frac{24}{7.21}\right) = 5.693$$

$$x_5 = \frac{1}{2}\left(x_4 + \frac{24}{x_4}\right) = \frac{1}{2}\left(5.693 + \frac{24}{5.693}\right) = 4.9119$$

$$\vdots$$

$$x_n = \frac{1}{2}\left(x_{n-1} + \frac{24}{x_{n-1}}\right)$$

$$x_{n+1} = \frac{1}{2}\left(x_n + \frac{24}{x_n}\right)$$

와 같이 되고, 결국 $|x_n - x_{n+1}|$이 어떤 허용오차 내에 들어 오면, 이 때의 x_{n+1}의 값을 근으로 취하면 된다.

(2) 뉴튼-래프슨법(Newton-Raphson's Method)

일반적으로 다항식

$$f(x) = a_1x^n + a_2x^{n-1} + \cdots + a_nx + a_{n+1} = 0$$

을 방정식이라고 말하고, $f(x)$의 최고 차수를 이 방정식의 차수라고 말한다. 방정식을 만족하는 x값을 근이라고 하며, 근을 구하는 것을 방정식을 푼다고 한다.

방정식은 다음 몇 가지 성질을 가진다.

(1) 방정식이 α를 근으로 가지면 $f(x)$는 $x-\alpha$로 나누어 떨어진다.
(2) n차의 방정식은 n개의 근을 갖는다.
(3) 실계수 방정식에서 허근의 개수는 짝수개이다. 따라서, 홀수차의 방정식은 적어도 하나의 실근을 갖는다.

여기서는 뉴튼-래프슨법(Newton-Raphson's Method)에 의하여 실계수 방정식의 허근을 구하는 방법과 또 모든 근을 구하는 방법을 설명한다.

프로그램에서 구하려는 근의 변수를 복소수로 선언하고, 시점의 값(초기치)을 복소수

$$x_1 = a_1 + jb_1 \qquad \text{(A.1-2)}$$

로 시작해서 반복식 (A.1-1)

$$x_2 = x_1 - \frac{f(x_1)}{f'(x_1)} \qquad \text{(A.1-3)}$$

에 계속 대입하여 그 크기 ($\sqrt{a^2+b^2}$)가 일정한 값에 수렴하거나 원하는 정도로 방정식을 만족할 때 끝내면 된다.

[예제 A.1-2] 3차 방정식 $x^3-2x^2+4x-8=0$의 모든 근을 구하여라.

풀이

$$f(x) = x^3 - 2x^2 + 4x - 8$$

$$f'(x) = 3x^2 - 4x + 4$$

시점 $x_1 = 1 + j$ 로 시작하는 경우에는

$$f(1+j) = (1+j)^3 - 2(1+j)^2 + 4(1+j) - 8$$

$$f'(1+j) = 3(1+j)^2 - 4(1+j) + 4$$

$$x_2 = (1+j) - \frac{f(1+j)}{f'(1+j)} = -2j$$

$$x_3 = (-2j) - \frac{(-2j)^3 - 2(-2j)^2 + 4(-2j) - 8}{3(-2j)^2 - 4(-2j) + 4}$$

$$x_4 = -0.937655 - j1.75312$$

$$x_5 = -0.805392 - j1.71677$$

$$x_6 = -0.632212 - j1.71473$$

$$\vdots$$

$$x_{15} = -0.000014 - j1.99999$$

$$x_{16} = -0.000003 - j1.99999$$

이 된다.

또, 시점 $x_1 = 0 + j5$로 시작하는 경우에는

$x_2 = 0.162102 + j3.47546$

$x_3 = 0.204739 + j2.57398$

$x_4 = 0.134266 + j2.14046$

⋮

$x_{12} = 0.000003 + j2.00000$

$x_{13} = 0.000000 + j2.00000$

이 된다. 실제로 윗식의 근은 $j2$이다.

그런데, 복소수 근은 공액쌍으로 존재하기 때문에 근은 $j2$와 $-j2$가 된다. 그러면 주어진 식의 몫을 $f_1(x)$라 하면

$$f(x) = (x - j2)(x + j2)f_1(x) = 0$$

로 인수 분해된다. $f_1(x)$는 조립제법으로 구할 수 있다. 즉,

$$f(x) = (x^2 + 4)f_1(x)$$

이므로 조립제법을 쓰면

0	-4)	1	-2	4	-8
				-4	8
				0	0
		1	-2	0	0

이다. 따라서,

$$f_1(x) = x - 2$$

가 된다. 그러므로, 구하는 근은 $j2$와 $-j2$, 그리고 2가 되어 3개의 근이 모두 구해진다.

부록 2 무반사곡선의 도출 프로그램

아래의 프로그램은 유전체매질에 TE파가 입사각 30°로 입사할 때 Newton-Raphson법을 이용하여 무반사곡선을 도출하는 Matlab 프로그램이다. 먼저 입사각(in_angle)을 입력하고, 유전율의 실수부($\varepsilon_r^{'}$)와 허수부($\varepsilon_r^{''}$)를 입력한 다음 d/λ의 초기치를 변화시켜 가면서 무반사 조건을 구하는 것이다. 본문의 그림 3.4에서 TE파의 입사각이 30°인 경우 무반사곡선을 도출하기위해서 $\varepsilon_r^{'}$=3.2, $\varepsilon_r^{''}$=1.8을 입력하여 te_refcoe.txt 파일에 데이터를 저장시킨다. 프로그램은 총 세 개의 m-file로 되어 있으며 변수들의 초기값을 입력받는 메인 프로그램파일은 파일명이 Dielect_TE.m 파일이고, $f(x_i)$를 구하는 서브루틴이 refcoe_te_fx.m 파일, 그리고 $f^{'}(x_i)$를 구하는 서브루틴이 refcoe_te_fx1.m 파일이다. 실행할 때 메인 프로그램에서 사용하는 서브루틴의 이름과 서브루틴 파일명은 같아야 한다. Newton-Raphson법에 있어서 $x_2 = x_1 - \dfrac{f(x_1)}{f^{'}(x_1)}$에서 우리가 구하고자 하는 것은 $\varepsilon_{r2} = \varepsilon_{r1} - \dfrac{fx}{fpx}$이다. 여기서 변수는 ε_r, d/λ, θ이고 $f(x_i) = fx$, $f^{'}(x_i) = fpx$이다. 수직입사인 경우는 입사각을 0°로 입력하면 된다.

%%%%% Program to get a design chart %%%%%

```
clear all
close all

%%%%%%%%%% 변수들의 초기값을 입력 %%%%%%%%%%%%%%%%
prompt={' Incident angle in degree ?  '}
temp=inputdlg(prompt,'입사각 입력 창');
in_angle=str2double(temp);

prompt={' Real part of complex relative permittivity :  '}
temp=inputdlg(prompt,'Input initial values and parameters Window (유전율)');
er_re=str2double(temp);

prompt={' Image part of complex relative permittivity :  '}
temp=inputdlg(prompt,'Input initial values and parameters Window (유전율)');
er_im=str2double(temp);
er = er_re - j*er_im;

%%%%%%%%%% 파일에 출력할 준비 %%%%%%%%%%%%%%%%%%
fid_out = fopen('te_refcoe.txt', 'w')
count = fprintf(fid_out, 'Material : Dielectric ₩n');
count = fprintf(fid_out, 'Complex Relative Permittivity : %3f-j%5f   ₩n',
        er_re, er_im);
count = fprintf(fid_out, 'Incident Angle[degree]: %4.2f ₩n', in_angle);
count = fprintf(fid_out, '   dlam    real(er) imge(er) ₩n');

dlam = 0.07;
npts = 16;
for (k = 1 : 1 : npts)
    dlam = 0.07 + 0.005*(k-1);
    fx = refcoe_te_fx(dlam,er,in_angle);
    loss = 0;
```

```
    while loss < 100
        roce = abs(fx);
        loss = -20*log10(roce);
        s11 = refcoe_te_fx1(dlam,er,in_angle);
        er = er - fx/fpx;
        er_re = real(er);
        er_im = -imag(er);

        if er_re < 0
            er_re = -er_re;
        end
        if er_im < 0
            er_im = -er_im;
        end

        er = er_re - j*er_im;
        fx = refcoe_te_fx(dlam,er,in_angle);
    end
    count = fprintf(fid_out, '%6.3f   %7.3f   %7.3f  ₩n', dlam, real(er),
            -imag(er));
end
fclose('all')
```

%%%%% $f(x_i)$를 구하는 서브루틴 refcoe_te_fx.m %%%%%

```
function s = refcoe_te_fx(dlam,er,in_angle)

theta = in_angle*pi/180;
sinthi = sin(theta);
costhi = cos(theta);
gcnd = j*2*pi*dlam*sqrt(er-sinthi^ 2);
tanhn = tanh(gcnd);
s = costhi/sqrt(er-sinthi^ 2)*tanhn - 1;
```

%%%%% $f'(x_i)$를 구하는 서브루틴 refcoe_te_fx1.m %%%%%

```
function sd = refcoe_te_fx1(dlam,er,deg)

theta = deg*pi/180;
sinthi = sin(theta);
costhi = cos(theta);
gcnd = j*2*pi*dlam*sqrt(er-sinthi^ 2);
tanhn = tanh(gcnd);
sechn = sech(gcnd);
s1 = -0.5*costhi/((er-sinthi^ 2)^ (3/2))*tanhn;
s2 = costhi/(er-sinthi^ 2)*(sechn^ 2)*gcnd*0.5;
sd = s1 + s2;
```

아래의 그림 A.2-1, 2, 3은 프로그램을 실행하고 나타나는 입력창에 입사각, 유전율의 실수부(ε_r'), 그리고 유전율의 허수부(ε_r'')를 입력하는 과정을 화면을 캡쳐하여 나타내었다.

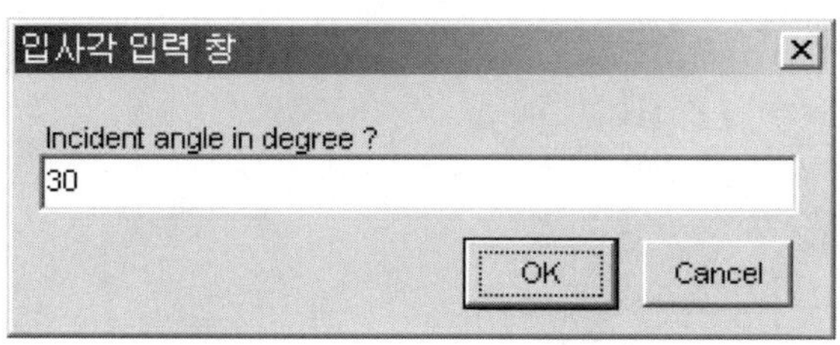

그림 A.2-1 입사각 입력창

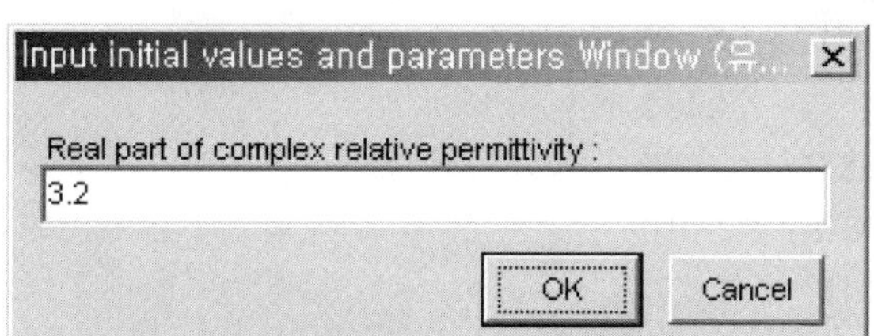

그림 A.2-2 유전율의 실수부 입력창

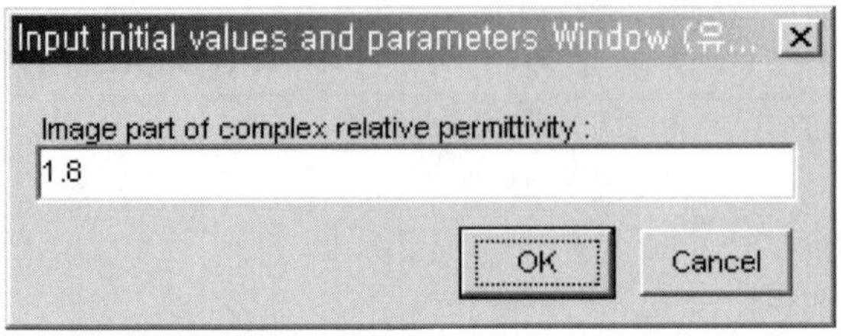

그림 A.2-3 유전율의 허수부 입력창

다음은 프로그램 실행결과 나타나는 te_refcoe.txt 파일의 내용이다.

%%%%% 실행결과 te_refcoe.txt %%%%%

Material : Dielectric

Complex Relative Permittivity : 3.200000-j1.800000

Incident Angle[degree]: 30.00

dlam	real(er)	imge(er)
0.070	13.309	3.921
0.075	11.665	3.658
0.080	10.319	3.427
0.085	9.204	3.223
0.090	8.269	3.041
0.095	7.478	2.879
0.100	6.803	2.733
0.105	6.222	2.600
0.110	5.718	2.480
0.115	5.279	2.370
0.120	4.893	2.269
0.125	4.552	2.175
0.130	4.251	2.089
0.135	3.982	2.010
0.140	3.741	1.936
0.145	3.525	1.866

부록 3 최소자승법(Least Square Method)

(1) 최소자승법에 의한 곡선의 합치(Fitting)

통계 조사나 물리, 화학, 공학 등의 실험에서 얻어지는 측정값들은 많은 측정 오차를 내포하고 있어, 이들 측정점을 모두 통과하는 보간 다항식을 구하는 것은 차수만 높아질 뿐이지 통계적 특성이나 물리적, 화학적, 공학적 특성을 찾아 내는 실험 곡선으로는 적합하지 않다. 또, 다항식에 의한 보간법에서는 함수가 비선형인 경우에는 취급이 불가능하다.

통계학이나 자연과학에서 측정되는 실험치를 가지고 그 실험치를 잘 대표할 수 있는 함수를 구해 내는 방법 중의 하나가 Lagrange에 의해서 고안되어 최소자승법(Least Square Method)으로 알려져 있다.

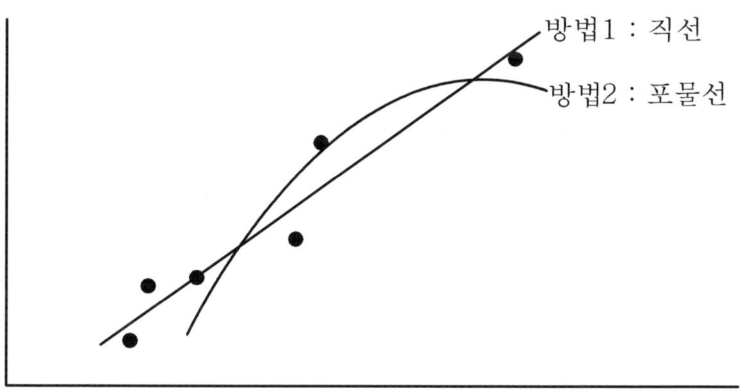

그림 A.3-1 실험 측정치 곡선

지금 그림 A.3-1 과 같이 자료가 주어졌을 경우 자료의 특성 또는 경향을 잘 대표할 수 있는 점근함수로써 실제의 함수를 추정하자.

이 때 우리가 택할 수 있는 점근 함수로는 여러 가지 곡선을 그림 A.3-1 에서와 같이 가정할 수 있다. 이제 실제 데이터에 잘 적합시킬 수 있는 함수를 $g(x)$라 하면 점 (x_i, y_i)에서 함수 $g(x)$에 의해서 계산된 값과 데이터점 y_i와의 차이(편차)는

$$z_1 = g(x_i) - y_i \tag{A.3-1}$$

이다. 데이터가 $(x_0, y_0), (x_1, y_1), \cdots, (x_n, y_n)$인 $(n+1)$개의 데이터가 있다면 이 $(n+1)$개의 점에서 얻어지는 z_i를 제곱하고, 이를 전부 합하여 M이라 하면

$$M = \sum_{i=0}^{n} [g(x_i) - y_i]^2 \tag{A.3-2}$$

가 된다. 지금 $g(x)$를 k개의 적당한 함수로 선형 복합된 다항식이라고 하면

$$g(x) = c_1 g_1(x) + c_2 g_2(x) + \cdots + c_k g_k(x) \tag{A.3-3}$$

가 된다. 이 식에서 $g_1 = g_1(x), g_2 = g_2(x), \cdots, g_k = g_k(x)$라 놓으면

$$g(x) = c_1 g_1 + c_2 g_2 + \cdots + c_k g_k \tag{A.3-3'}$$

이고, M은 $c_1, c_2, \cdots, c_k$의 함수로 생각할 수 있다.

그러면 M이 최소로 될 필요충분조건은 M이 최소값이므로 이를 c_j에 관해서 미분하면 $j = 1, 2, \cdots, k$ 에 대하여 모두

$$\frac{\partial M}{\partial c_j}=0 \tag{A.3-4}$$

가 된다. 식 (A.3-3′)를 식 (A.3-2)에 대입하고, 식 (A.3-4)를 이용하면 그 결과는 다음과 같다.

$$\frac{\partial M}{\partial c_1}=2\sum_{i=0}^{n}(c_1g_1+c_2g_2+\cdots+c_kg_k)-y_ig_1=0$$

$$\frac{\partial M}{\partial c_2}=2\sum_{i=0}^{n}(c_1g_1+c_2g_2+\cdots+c_kg_k)-y_ig_2=0$$

$$\vdots$$

$$\frac{\partial M}{\partial c_k}=2\sum_{i=0}^{n}(c_1g_1+c_2g_2+\cdots+c_kg_k)-y_ig_k=0$$

윗식을 정리하면 $c_1,\ c_2,\cdots,\ c_k$에 대한 선형 연립방정식은

$$\begin{aligned} c_1\sum_{i=0}^{n}g_1g_1+c_2\sum_{i=0}^{n}g_1g_2+\cdots+c_k\sum_{i=0}^{n}g_1g_k&=\sum_{i=0}^{n}g_1y_i \\ c_1\sum_{i=0}^{n}g_2g_1+c_2\sum_{i=0}^{n}g_2g_2+\cdots+c_k\sum_{i=0}^{n}g_2g_k&=\sum_{i=0}^{n}g_2y_i \\ &\vdots \\ c_1\sum_{i=0}^{n}g_kg_1+c_2\sum_{i=0}^{n}g_kg_2+\cdots+c_k\sum_{i=0}^{n}g_kg_k&=\sum_{i=0}^{n}g_ky_i \end{aligned} \tag{A.3-5}$$

로 되고, 행렬로 표시하면 다음과 같다.

$$\begin{pmatrix} \sum_{i=0}^{n} g_1 y_i & \sum_{i=0}^{n} g_1 g_2 & \cdots & \sum_{i=0}^{n} g_1 g_k \\ \sum_{i=0}^{n} g_2 y_i & \sum_{i=0}^{n} g_2^2 & \cdots & \sum_{i=0}^{n} g_2 g_k \\ & & & \vdots \\ \sum_{i=0}^{n} g_k y_i & \sum_{i=0}^{n} g_k g_2 & \cdots & \sum_{i=0}^{n} g_k^2 \end{pmatrix} \begin{pmatrix} c_1 \\ c_2 \\ \vdots \\ c_k \end{pmatrix} = \begin{pmatrix} \sum_{i=0}^{n} g_1 y_i \\ \sum_{i=0}^{n} g_2 y_i \\ \vdots \\ \sum_{i=0}^{n} g_k y_i \end{pmatrix} \tag{A.3-6}$$

식 (A.3-6)에서 c_i 의 계수행렬을 $\boldsymbol{G}$, $\boldsymbol{c}_i$ 의 열벡터를 $\boldsymbol{C}$, 우변 상수의 열 벡터를 $\boldsymbol{Z}$ 라고 표시하면

$$\boldsymbol{GC} = \boldsymbol{Z}$$

이므로

$$\boldsymbol{C} = \boldsymbol{G}^{-1}\boldsymbol{Z} \tag{A.3-7}$$

이 된다. 따라서, $\boldsymbol{C}$를 구하는 방법은 식 (A.3-6)을 이용하여 다원 1차연립방정식을 푸는 방법으로든지 아니면 식 (A.3-7)의 계수 행렬 $\boldsymbol{G}$의 역행렬 $\boldsymbol{G}^{-1}$을 구해서 이를 $\boldsymbol{Z}$에 곱하면 된다.

여기에서 $g(x)$가 선형 복합함수라는 것은 c_1, c_2, $\cdots$, c_k에 대하여 선형이라는 뜻이며, 이론적으로는 이 제한에 특별한 이유는 없다. 그러나, $g(x)$가 선형 복합함수가 아니라면 방정식은 선형이 아닐 것이고, 따라서 해는 쉽게 구할 수 없다. 만일, $g(x)$가 그 계수에 대하여 선형이라면

$$g(x) = c_1/x + c_2 + c_3 x + c_4 x^2$$

과 같은 함수라도 상관 없다. 또, 원점을 중심으로 하는 원, 또는 타원은

$$y^2 = c_1 + c_2 x^2$$

으로 나타낼 수 있어서 $Y = y^2$, $X = x^2$으로 놓으면

$$g(x) = Y = c_1 + c_2 X$$

인 형이 된다. 또, 점근함수형이

$$y = A\exp(bx)$$

인 경우 양변에 대수를 취하면

$$\ln y = \ln A + bx$$

가 되어 $Y = \ln y$, $c_1 = \ln \mathrm{A}$, $c_2 = b$로 놓으면

$$g(x) = Y = c_1 + c_2 x$$

가 된다. 또,

$$g_n(x) = \sin(n\pi x)$$

이어도 된다.

이러한 방법들은 독립 변수가 한개 이상인 자료에 대해서도 사용할 수 있으며, 적당한 형태의 함수를 택한다는 것은 매우 어려울지 모르지만 최소 자승법에 의한 점근법은 점근법 가운데서 가장 유용한 것으로 알려져 있다. 또, 점근 함수 $g(x)$가 n개의 항을 가지려면 자료는 n개 이상의 서로 다른 점이 주어져야 하며, 그보다 적으면 해를 구할 수 없다.

[예제 A.3-1] 다음 데이터를 직선의 방정식에 합치시켜라.

x	0	2	4	6	8	10
y	1.0	5.1	9.0	13.0	17.0	21.0

풀이 구하고자 하는 직선을 $y = a + bx$라 하자. 그러면 식 (A.3-3′)에 의하여

$$c_1 = a \qquad g_1 = 1$$
$$c_2 = b \qquad g_2 = x$$

이고, 나머지는 모두 0 이므로 식 (A.3-6)은

$$\begin{pmatrix} \sum_{i=0}^{5} g_2 & \sum_{i=0}^{5} g_1 g_2 \\ \sum_{i=0}^{5} g_2 g_1 & \sum_{i=0}^{5} g_2^2 \end{pmatrix} \begin{pmatrix} c_1 \\ c_2 \end{pmatrix} = \begin{pmatrix} \sum_{i=0}^{5} g_1 y_i \\ \sum_{i=0}^{5} g_1 y_i \end{pmatrix}$$

가 된다. 위 행렬의 각 요소를 계산하면

$$\begin{pmatrix} 6 & 30 \\ 30 & 220 \end{pmatrix} \begin{pmatrix} c_1 \\ c_2 \end{pmatrix} = \begin{pmatrix} 66.1 \\ 470.2 \end{pmatrix}$$

이고, 윗식을 c_1, c_2에 대하여 풀면

$$c_1 = 1.0381$$
$$c_2 = 1.9957$$

이다. 따라서, 구하는 직선은 다음과 같다.

$$y = 1.0381 + 1.9957x$$

(2) 최소자승법에 의한 최확치의 결정방법

본항에서는, 디지털 데이터군을 컴퓨터에 의해 처리하여 데이터 전체를 가장 잘 근사하도록 미지량의 최확치(most probable value)를 결정하는 방법을 설명한다.

데이터 처리를 행하는 것은 주로 간접측정의 경우이다. 데이터수를 N, 미지량의 수를 n이라 할 때, $N \geqq n$ 이 아니면 안된다. $N=n$ 의 경우에는 단순히 연립방정식을 푸는 것뿐이므로 생략하고, $N \gg n$의 경우의 미지량 결정 방법을 생각한다. 디지털 계측에 있어서는 데이터수의 증가는 데이터 측정 및 데이터 처리에 있어서 측정자의 작업량을 증가시키는 일 없이, 측정 시스템의 동작의 양호도의 확인, 근사정도의 평가, 이상 데이터의 검출과 그 영향의 제거등을 행할 수 있는 이점이 있다.

간접측정의 대표적인 예로서, 어떤 전기회로의 주파수 응답특성 또는 시간응답특성을 측정하여, 측정데이터로부터 회로파라미터를 결정하는 경우를 생각하자. 회로형식은 미리 알고 있어서, 회로 파라미터와 응답의 관계가 다음의 식으로 표시된다고 하자.

$$A=f(x_1,\ x_2, \cdots,\ x_n,\ y) \tag{A.3-8}$$

여기서 A는 응답으로, 예를 들어 (전압/전압)비, (전압/전류)비 등이다. 또, $x_1 \sim x_n$ 은 회로 파라미터의 값, y는 주파수 또는 시간이다.

지금, $y=y_i (i=1 \sim N)$에 있어서의 A의 값을 측정하여, N개의 데이터 $M_i (i=1 \sim N)$가 얻어졌다고 하자. 우선 $x_k (k=1 \sim n)$의 1차근사치(초기치)를 $x_k^{(1)}$으로 하고, $x_k^{(1)}$을 어떠한 방법으로든 결정

한다. 구하는 방법은 개별적인 궁리를 요하지만, 혹시 어떤 y_i의 근방에 있어서는 A가 하나의 파라미터 x_k로 대략 정해지는 경우, 즉,

$$A \cong f(x_k,\ y_i) \tag{A.3-9}$$

의 근사가 성립할 경우에는, $x_k^{(1)}$를 용이하게 결정할 수 있다.

다음에 $x_k^{(1)}(k=1\sim n)$를 이용해서 y_i에 대한 A의 1차근사치 $A_i^{(1)}$를 식 (A.3-8)로부터 계산한다. 즉.

$$A_i^{(1)} = f(x_1^{(1)},\ x_2^{(1)},\ \cdots,\ x_n^{(1)},\ y_i) \quad (i = 1 \sim N) \tag{A.3-10}$$

테일러의 전개(Taylor's expansion)는 단순 폐곡선 C로 경계된 영역을 통해서 $f(x)$가 해석적이고 x와 a가 모두 C의 내부에 있다면

$$f(x) = f(a) + f'(a)(x-a) + f''(a)\frac{(x-a)^2}{2!} + \cdots + f(a)^{(n-1)}\frac{(x-a)^{n-1}}{(n-1)!} + R_n$$

여기서, $R_n = \dfrac{(x-a)^n}{2\pi j}\displaystyle\int_c \frac{f(t)dt}{(t-a)^n(t-x)}$ 이다.

따라서, 측정치와 1차근사치와의 차를 $\delta A_i^{(1)}(\equiv M_i - A_i^{(1)})$라 할 때, $\delta A_i^{(1)} \ll A_i^{(1)}$ 이면, $\delta A_i^{(1)}$는 A 를 x_k로 테일러의 전개를 한 때의 1차근사로부터 다음의 식으로 주어진다.

$$\delta A_i^{(1)} \cong \sum_{k=1}^{n}\left[\frac{\partial A}{\partial x_k}\right]_i^{(1)} \delta x_k \tag{A.3-11}$$

단, δx_k는 x_k의 최확치와 $x_k^{(1)}$의 차이며, 또

$$\left[\frac{\partial A}{\partial x_k}\right]_i^{(1)} = \left[\frac{\partial A}{\partial x_k}\right]_{x=x_k^{(1)},\ y=y_i}$$

이지만, 간략화를 위해, 이후 [ ]의 첨자는 생략 한다.

여기서 최소자승법을 적용하여, 식 (A.3-11)의 양변의 차의 2승합 S

$$S = \sum_{i=1}^{N}\left[\delta A_i^{(1)} - \sum_{k=1}^{n}\frac{\partial A}{\partial x_k}\delta x_k\right]^2 \qquad \text{(A.3-12)}$$

를 최소로 하는 δx^k를 구한다. 윗식이 최소로 되는 조건은 다음과 같다.

$$\frac{\partial S}{\partial x_k} = 0\ (k = 1 \sim n) \qquad \text{(A.3-13)}$$

이 조건으로부터, 다음의 정규방정식이 얻어진다.

$$\begin{pmatrix} \sum\left(\frac{\partial A}{\partial x_1}\right)^2 & \sum\frac{\partial A}{\partial x_1}\frac{\partial A}{\partial x_2} & \cdots & \sum\frac{\partial A}{\partial x_1}\frac{\partial A}{\partial x_1} \\ & \vdots & \vdots & \\ \sum\frac{\partial A}{\partial x_n}\frac{\partial A}{\partial x_1} & \sum\frac{\partial A}{\partial x_n}\frac{\partial A}{\partial x_2} & \cdots & \sum\left(\frac{\partial A}{\partial x_n}\right)^2 \end{pmatrix}\begin{pmatrix}\delta x_1 \\ \vdots \\ \delta x_n\end{pmatrix} = \begin{pmatrix}\sum\delta A\frac{\partial A}{\partial x_1} \\ \vdots \\ \sum\delta A\frac{\partial A}{\partial x_n}\end{pmatrix}$$

(A.3-14)

단, Σ는 $\sum_{i=1}^{N}$을 나타낸다.

식 (A.3-14)의 정규방정식을 풀어 δx_k를 구하여, $x_k^{(1)}$을 보정한다, 즉 x_k의 2차근사치 $x_k^{(2)}$는

$$x_k^{(2)} = x_k^{(1)} + \delta x^k \qquad (k = 1 \sim n) \qquad \text{(A.3-15)}$$

식 (A.3-11)이 근사식이므로, $x_k^{(2)}$가 곧바로 최확치로는 되지 않는다. 마찬가지의 보정을 반복해서 행하여, 보정의 효과가 나타나지 않게 된

때의 $x_k^{(s)}$를 최확치로 한다.

최확치군 $x_k^{(s)}$가 어느 정도로 측정데이터군 M_i를 근사하는가는, 최종의 $\delta A_i^{(s)}$, 즉,

$$\delta A_i^{(s)} = M_i - A_i^{(s)} = M_i - A(x_1^{(s)}, x_2^{(s)}, \cdots, x_n^{(s)}, y_i) \tag{A.3-16}$$

의 표준편차 σ는

$$\sigma = \sqrt{\frac{1}{N}\sum_{i=1}^{N} \delta A_i^{(s)}} \tag{A.3-17}$$

로 평가할 수가 있다.

정규방정식 (A.3-14)의 좌변의 정칙행렬에 있어서, 비대각항이 대각항에 비하여 무시할 수 있는 경우, 즉

$$\sum_{i=1}^{N}\left(\frac{\partial A}{\partial x_x}\right)^2 \gg \left|\sum_{i=1}^{N}\frac{\partial A}{\partial x_p}\frac{\partial A}{\partial x_q}\right| \quad (\text{단, } p \neq q) \tag{A.3-18}$$

이 성립하는 경우에는, 식 (A.3-14)의 각 항은 독립으로 되어, 보정량 δx_k는 다음 식으로 간단히 구해진다.

$$\delta x^k = \sum_{i=1}^{N} \delta A_i \frac{\partial A}{\partial x^k} / \sum_{i=1}^{N}\left(\frac{\partial A}{\partial x_k}\right)^2 \tag{A.3-19}$$

이상은 M_i와 A_i와의 차를 데이터 전체에 걸쳐서 최소로 하도록 휫팅(fitting)하는 방법이지만, 상대적인 차, 즉$(M_i - A_i)/A_i$를 휫팅하고 싶은 경우도 있다. 그러한 때에는, 식 (A.3-11)의 대신에 다음의 식을 사용한다.

$$\frac{\delta A^{(1)}}{A_i^{(1)}} \cong \sum_{k=1}^{N}\left[\frac{x^k}{A}\frac{\partial A}{\partial x^k}\right]_i^{(1)} \frac{\delta x^k}{x_k^{(1)}} \tag{A.3-20}$$

모든 양을 상대치로 취급하여, 똑같은 연산을 행하면 된다.

실제로 디지털 데이터처리를 행하는 것은, 이상에서 기술한 연산을 실행하는 컴퓨터 프로그램을 작성하는 것이 된다.

부록 4 식 (8.5)의 유도

일반적으로 전파정수 γ_g 및 특성임피던스 Z_g의 전송선로에 있어서, 부하 $\dot{Z}_L$로부터 거리 l의 위치에서 부하측을 들여다 본 입력임피던스를 $\dot{Z}_{in}$라 하면 $\dot{Z}_{in}$는

$$\dot{Z}_{in} = Z_g \frac{\dot{Z}_L + Z_g \tanh(\gamma_g l)}{Z_g + \dot{Z}_L \tanh(\gamma_g l)} \tag{A.4-1}$$

로 나타낼 수 있다. 여기서 그림 A.4-1에 나타내는 바와 같이 부하로부터 거리 $l_{\min}$의 위치에서 전압이 최소 $V_{\min}$이라면,

$$\dot{Z}_{\min} = \frac{Z_g}{\rho} \tag{A.4-2}$$

로 되고, 이 관계로부터

$$\frac{Z_g}{\rho} = Z_g \frac{\dot{Z}_L + Z_g \tanh \gamma_g l_{\min}}{Z_g + \dot{Z}_L \tanh \gamma_g l_{\min}} \tag{A.4-3}$$

로 된다.

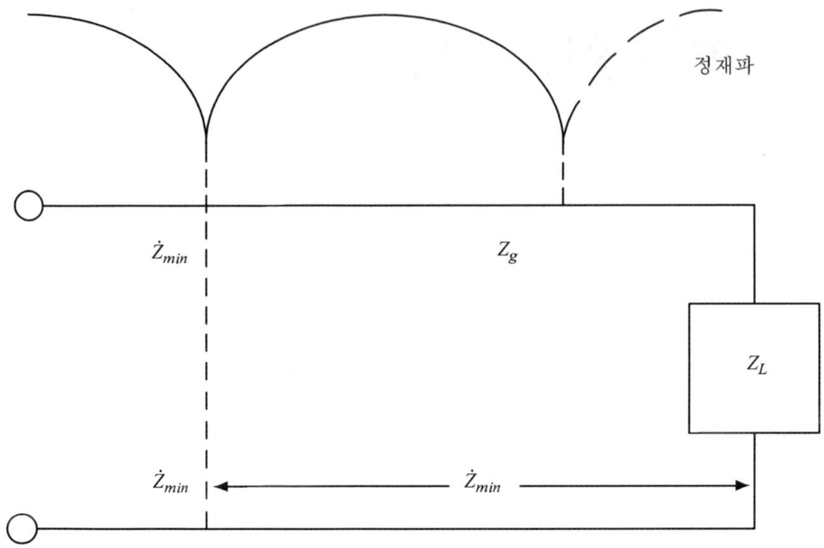

그림 A.4-1 임피던스의 측정

이에 따라, 윗 식을 변형해서 $\dot{Z}_L$에 관해서 나타내면, 다음과 같이 식 (8.5)가 도출된다.

$$\dot{Z}_L = \frac{Z_g(1-\rho \tanh \gamma_g l_{\min})}{\rho - \tanh \gamma_g l_{\min}} \tag{A.4-4}$$

이 결과, ρ와 $l_{\min}$을 측정함으로써 $\dot{Z}_L$의 측정이 가능하게 된다.

부록 5 식 (8.6)의 도출

그림 A.V-1에 나타내는 바와 같이, 도파관내에 있어서 T(기준면)로부터 들여다 본 입력임피던스를 $\dot{Z}_s$ 로 하면 TE_{10} 모드에 대해서, $\dot{Z}_s$는 다음과 같이 나타낼 수 있다.

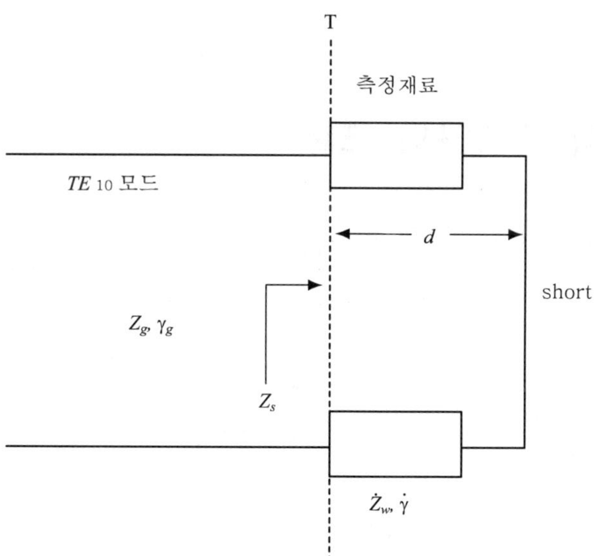

그림 A.5-1 단 락 법

$$\frac{\dot{Z}_S}{Z_g} = \frac{\dot{Z}_W}{Z_g} \tanh(\dot{\gamma} d) \qquad \text{(A.5-1)}$$

따라서, 식 (A.5-1)에 식 (8.1)~식 (8.4)를 대입해서 정리하면,

$$\frac{\dot{Z}_S}{Z_g} = \frac{j\omega\dot{\mu}/\dot{\gamma}}{j\omega\mu_0/\gamma_g}\tanh(\dot{\gamma}d)$$
$$= j\frac{[1-(\frac{\lambda}{2a})^2]^{1/2}}{[\dot{\varepsilon}_r\dot{\mu}_r-(\frac{\lambda}{2a})^2]^{1/2}}\tan\left\{\frac{2\pi}{\lambda}[\dot{\varepsilon}_r\dot{\mu}_r-(\frac{\lambda}{2a})^2]^{1/2}d\right\}$$

(A.5-2)

로 된다. 더욱이 $\dot{\mu}_r=1$의 경우에는 식 (8.6)이 유도된다.

부록 6 식 (8.60)의 도출

최소자승법을 이용해서 잔차의 제곱의 합이 최소가 되도록 하는 복소비유전율의 실수부 ε_1과 허수부 ε_2를 구하기 위해 f_1 및 f_2를 다음과 같이 정의한다.

$$f_1=\frac{\partial F}{\partial\varepsilon_1}=0, \qquad f_2=\frac{\partial F}{\partial\varepsilon_2}=0$$

여기에서, 복소비유전율의 초기치를 $\varepsilon'=\varepsilon_1'-j\varepsilon_2'$로 하고, 윗 식을 테일러(Taylor) 전개하면, $\triangle\varepsilon_1$와 $\triangle\varepsilon_2$ 는 대단히 작기 때문에,

$$f_1(\varepsilon_1, \varepsilon_2)=f_1(\varepsilon_1', \varepsilon_2')+\frac{\partial f_1}{\partial\varepsilon_1}\triangle\varepsilon_1+\frac{\partial f_1}{\partial\varepsilon_2}\triangle\varepsilon_2\simeq 0 \quad \text{(A.6-18)}$$

$$f_2(\varepsilon_1, \varepsilon_2)=f_2(\varepsilon_1', \varepsilon_2')+\frac{\partial f_2}{\partial\varepsilon_1}\triangle\varepsilon_1+\frac{\partial f_2}{\partial\varepsilon_2}\triangle\varepsilon_2\simeq 0 \quad \text{(A.6-19)}$$

로 된다. 이것을 행렬로 나타내면 본문중 식 (8.60)이 도출된다.

부록 7 측정스팬에 관해서

그림 A.7-1에 나타내듯이 크기 D의 안테나 A로부터 R만큼의 거리를 두고, 크기 d의 안테나 B가 존재하는 경우에 관해서, 그 최장 전파거리 R' (a-b)와 최단 전파거리 R(c-b)의 차 △R을 구한다. 즉, 최장 전파거리 R' 은 다음과 같이 나타낼 수 있기 때문에

$$R' = \sqrt{R^2 + \left(\frac{D}{2} + \frac{d}{2}\right)^2} = R\sqrt{1 + \left(\frac{D+d}{2R}\right)^2}$$

$$\approx R\left(1 + \frac{1}{2}\left(\frac{D+d}{2R}\right)^2\right)$$

경로차 △R은 다음과 같이 구할 수 있다.

$$\triangle R = R' - R = \frac{(D+d)^2}{8R} \qquad \text{(A.7-1)}$$

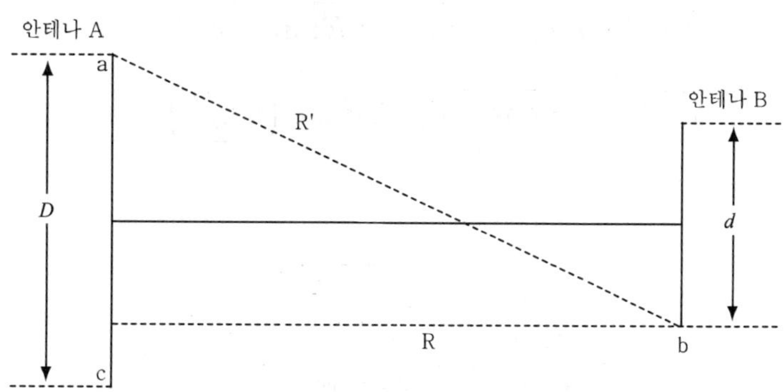

그림 A.7-1 전계의 벡터도

측정에 있어서, 이들 경로차로 인해 생기는 위상차가 $\lambda/16$까지 허용된다고 하면, 식 (A.7-1)은

$$\frac{\lambda}{16} \geq \frac{(D+d)^2}{8R}$$

으로 되며, 측정스팬 R은 다음과 같은 조건을 만족할 필요가 있다는 것을 알 수 있다.

$$R \geq \frac{2(D+d)^2}{\lambda} \qquad \text{(A.7-2)}$$

다음에, 이러한 조건하에서 측정한 경우의 오차에 관해서 검토한다. 즉, 경로 R을 거쳐서 안테나 B에 도달하는 전파가 b점에 만드는 전계를 E, 마찬가지로 R'을 거쳐서 안테나 B에 도달하는 전파가 만드는 전계를 E'이라 하고, E와 E'의 위상각을 $\triangle\phi$라 한다. 이 때의 합성전계 E_s는 그림 A.7-1을 참고로 하고, 동시에 $E \approx E'$을 고려하면 다음과 같이 된다.

$$E_s = \sqrt{E^2 + 2E^2 \cos\triangle\phi + E^2(\sin^2\triangle\phi + \cos^2\triangle\phi)}$$

$$E_s = \sqrt{(E + E\cos\triangle\phi)^2 + (E\sin\triangle\phi)^2}$$

$$= \sqrt{2}E\sqrt{1 + \cos\triangle\phi} = 2E\cos\left(\frac{\triangle\phi}{2}\right)$$

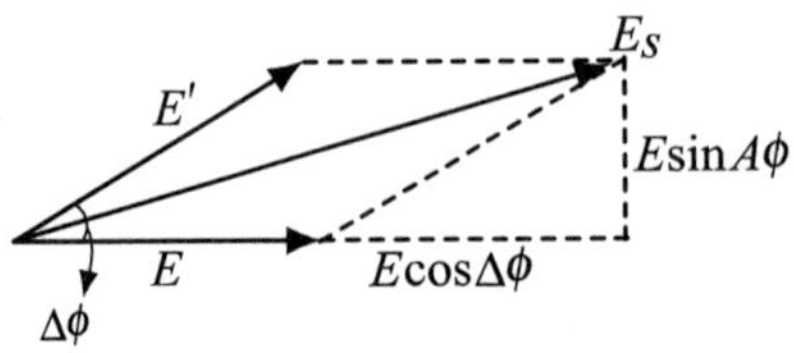

그림 A.7-2 전계의 벡터도

또 위상차가 없는 경우의 합성전계 E_{SO}는

$$E_{SO}=2E \tag{A.7-3}$$

이 되며, 더욱이 위상각 $\triangle\phi$는

$$\triangle\phi=\left(\frac{2\pi}{\lambda}\right)\triangle R \tag{A.7-4}$$

로 나타낼 수 있으므로, 이 때 오차 ε은

$$\varepsilon=\frac{(E_S-E_{SO})}{E_{SO}}\times 100(\%) \tag{A.7-5}$$

로 된다.

여기서 위에 언급한 바와 같이 위상차가 $\lambda/16$인 경우의 측정오차를 구해 보면 식 (A.7-4)에 의해 위상각 $\triangle\phi$는

$$\triangle\phi=\frac{2\pi}{\lambda}\triangle R=\frac{2\pi}{\lambda}\frac{\lambda}{16}=\frac{\pi}{8}=22.5^{o}$$

가 되며, 이 값과 식 (A.7-5)로부터, 측정오차 ε은

$$\begin{aligned}\varepsilon &=\left(\cos\frac{\triangle\phi}{2}-1\right)\times 100\ (\%)\\ &\approx(0.98-1)\times 100=-2\ (\%)\end{aligned}$$

로 구해진다.

Index

찾아보기

김동일

- 한국해양대학교 졸업(공학사)
- 한국해양대학교 대학원 졸업(공학석사)
- 동경공업대학 전기전자공학과 대학원 졸업(공학박사)
- 산학협동상 대상, 과학기술진흥유공 대통령표창 수상
- 한국전자파학회 학술상 수상, 동 학회 회장 역임
- IEEE EMC Korea Chapter Chairman
- 정보통신부 주파수심의위원회 위원/전파자문위원회 위원장
- 현재 한국해양대학교 교수

전파흡수체공학

2006년 2월 5일 인쇄
2006년 2월 10일 발행

저 자 / 金 東 一

발행자 / 김 천 수
발행처 / 大 英 社
주 소 / 서울특별시 서대문구 충정로3가 8-5
등 록 / 제9-204호
전 화 / 02-393-0417~8
F A X / 02-313-0104
E-mail / dypub@unitel.co.kr

ISBN 89-7163-280-1 93560

정가 17,000 원